• Geometry •

他依据这个方法首先在数学中把古人无法接近而今人又仅能期冀的真理从黑暗引入光明，然后给哲学奠定了不可动摇的基础，并且示范地指明了绝大部分真理都可以用数学的程序和确实性在这个基础上建立起来。

——斯宾诺莎

笛卡儿……是他那时代最伟大的几何学家……想创造一个宇宙。他造出一个哲学，就像人们造出一部小说；一切似真，一切却非真。……笛卡儿比亚里士多德还危险，因为他显得更有理性。

——伏尔泰

科学元典丛书

The Series of the Great Classics in Science

主　　编　任定成

执行主编　周雁翎

策　　划　周雁翎

丛书主持　陈　静

科学元典是科学史和人类文明史上划时代的丰碑，是人类文化的优秀遗产，是历经时间考验的不朽之作。它们不仅是伟大的科学创造的结晶，而且是科学精神、科学思想和科学方法的载体，具有永恒的意义和价值。

科学元典丛书

笛卡儿几何

（附《方法谈》《探求真理的指导原则》）

Geometry

[法] 笛卡儿 著

袁向东（正文）
彭基相 管震湖（附录） 译

北京大学出版社
PEKING UNIVERSITY PRESS

图书在版编目(CIP)数据

笛卡儿几何/（法）笛卡儿著；袁向东译. —北京：北京大学出版社，2008.11
（科学元典丛书）
ISBN 978-7-301-09550-8

Ⅰ. 笛… Ⅱ. ①笛…②袁… Ⅲ. 科学普及—解析几何—基础理论 Ⅳ. 0182

中国版本图书馆 CIP 数据核字（2005）第 096673 号

THE GEOMETRY OF RENÉ DESCARTES
By René Descartes
Translated by David Eugene Smith and Marcia L. Latham
New York: Dover Publications, 1954

书　　名	笛卡儿几何 **DIKAER JIHE**
著作责任者	[法] 笛卡儿　著　袁向东　译
丛书策划	周雁翎
丛书主持	陈　静
责任编辑	陈　静
标准书号	ISBN 978-7-301-09550-8
出版发行	北京大学出版社
地　　址	北京市海淀区成府路 205 号　100871
网　　址	http://www.pup.cn　新浪微博：@北京大学出版社
微信公众号	科学元典（微信公众号：kexueyuandian）
电子信箱	zyl@pup.pku.edu.cn
电　　话	邮购部 010-62752015　发行部 010-62750672　编辑部 010-62707542
印 刷 者	北京中科印刷有限公司
经 销 者	新华书店
	787 毫米×1092 毫米　16 开本　16.5 印张　8 插页　260 千字
	2008 年 11 月第 1 版　2023 年 6 月第 13 次印刷
定　　价	54.00 元

弁　言

· *Preface to the Series of the Great Classics in Science* ·

这套丛书中收入的著作，是自古希腊以来，主要是自文艺复兴时期现代科学诞生以来，经过足够长的历史检验的科学经典。为了区别于时下被广泛使用的“经典”一词，我们称之为“科学元典”。

我们这里所说的“经典”，不同于歌迷们所说的“经典”，也不同于表演艺术家们朗诵的“科学经典名篇”。受歌迷欢迎的流行歌曲属于“当代经典”，实际上是时尚的东西，其含义与我们所说的代表传统的经典恰恰相反。表演艺术家们朗诵的“科学经典名篇”多是表现科学家们的情感和生活态度的散文，甚至反映科学家生活的话剧台词，它们可能脍炙人口，是否属于人文领域里的经典姑且不论，但基本上没有科学内容。并非著名科学大师的一切言论或者是广为流传的作品都是科学经典。

这里所谓的科学元典，是指科学经典中最基本、最重要的著作，是在人类智识史和人类文明史上划时代的丰碑，是理性精神的载体，具有永恒的价值。

一

科学元典或者是一场深刻的科学革命的丰碑，或者是一个严密的科学体系的构架，或者是一个生机勃勃的科学领域的基石，或者是一座传播科学文明的灯塔。它们既是昔日科学成就的创造性总结，又是未来科学探索的理性依托。

哥白尼的《天体运行论》是人类历史上最具革命性的震撼心灵的著作，它向统治西方思想千余年的地心说发出了挑战，动摇了“正统宗教”学说的天文学基础。伽利略《关于托勒密和哥白尼两大世界体系的对话》以确凿的证据进一步论证了哥白尼学说，更直接地动摇了教会所庇护的托勒密学说。哈维的《心血运动论》以对人类躯体和心灵的双重关怀，满怀真挚的宗教情感，阐述了血液循环理论，推翻了同样统治西方思想千余年、被“正统宗教”所庇护的盖伦学说。笛卡儿的《几何》不仅创立了为后来诞生的微积分提供了工具的解析几何，而且折射出影响万世的思想方法论。牛顿的《自然哲学之数学原理》标志着17世纪科学革命的顶点，为后来的工业革命奠定了科学基础。分别以惠更斯的《光论》与牛顿的《光学》为代表的波动说与微粒说之间展开了长达200余年的论战。拉瓦锡在《化学基础论》中详尽论述了氧化理论，推翻了统治化学百余年之久的燃素理论，这一智识壮举被公认为历史上最自觉的科学革命。道尔顿的《化学哲学新体系》奠定了物质结构理论的基础，开创了科学中的新时代，使19世纪的化学家们有计划地向未知领域前进。傅立叶的《热的解析理论》以其对热传导问题的精湛处理，突破了牛顿《原理》所规定的理论力学范围，开创了数学物理学的崭新领域。达尔文《物种起源》中的进化论思想不仅在生物学发展到分子水平的今天仍然是科学家们阐释的对象，而且100多年来几乎在科学、社会和人文的所有领域都在施展它有形和无形的影响。摩尔根的《基因论》揭示了孟德尔式遗传性状传递机理的物质基础，把生命科学推进到基因水平。爱因斯坦的《狭义与广义相对论浅说》和薛定谔的《关于波动力学的四次演讲》分别阐述了物质世界在高速和微观领域的运动规律，完全改变了自牛顿以来的世界观。魏格纳的《海陆的起源》提出了大陆漂移的猜想，为当代地球科学提供了新的发展基点。维纳的《控制论》揭示了控制系统的反馈过程，普里戈金的《从存在到演化》发现了系统可能从原来无序向新的有序态转化的机制，二者的思想在今天的影响已经远远超越了自然科学领域，影响到经济学、社会学、政治学等领域。

科学元典的永恒魅力令后人特别是后来的思想家为之倾倒。欧几里得的《几何原本》以手抄本形式流传了1800余年，又以印刷本用各种文字出了1000版以上。阿基米德写了大量的科学著作，达·芬奇把他当作偶像崇拜，热切搜求他的手稿。伽利略以他的继承人自居。莱布尼兹则说，了解他的人对后代杰出人物的成就就不会那么赞赏了。为捍卫《天体运行论》中的学说，布鲁诺被教会处以火刑。伽利略因为其《关于托勒密和哥白尼两大世界体系的对话》一书，遭教会的终身监禁，备受折磨。伽利略说吉尔伯特的《论磁》一书伟大得令人嫉妒。拉普拉斯说，牛顿的《自然哲学之数学原理》揭示了宇宙的最伟大定律，它将永远成为深邃智慧的纪念碑。拉瓦锡在他的《化学基础论》出版后5年被法国革命法庭处死，传说拉格朗日悲愤地说，砍掉这颗头颅只要一瞬间，再长出这样的头颅一百年也不够。《化学哲学新体系》的作者道尔顿应邀访法，当他走进法国科学院会议厅时，院长和全体院士起立致敬，得到拿破仑未曾享有的殊荣。傅立叶在《热的解析理论》中阐述的强有力的数学工具深深影响了整个现代物理学，推动数学分析的发展达一个多世纪，麦克斯韦称赞该书是"一首美妙的诗"。当人们咒骂《物种起源》是"魔鬼的经典""禽兽的哲学"的时候，赫胥黎甘做"达尔文的斗犬"，挺身捍卫进化论，撰写了《进化论与伦理学》和《人类在自然界的位置》，阐发达尔文的学说。经过严复的译述，赫胥黎的著作成为维新领袖、辛亥精英、"五四"斗士改造中国的思想武器。爱因斯坦说法拉第在《电学实验研究》中论证的磁场和电场的思想是自牛顿以来物理学基础所经历的最深刻变化。

在科学元典里，有讲述不完的传奇故事，有颠覆思想的心智波涛，有激动人心的理性思考，有万世不竭的精神甘泉。

二

按照科学计量学先驱普赖斯等人的研究，现代科学文献在多数时间里呈指数增长趋势。现代科学界，相当多的科学文献发表之后，并没有任何人引用。就是一时被引用过的科学文献，很多没过多久就被新的文献所淹没了。科学注重的是创造出新的实在知识。从这个意义上说，科学是向前看的。但是，我们也可以看到，这么多文献被淹没，也表明划时代的科学文献数量是很少的。大多数科学元典不被现代科学文献所引用，那是因为其中的知识早已成为科学中无须证明的常识了。即使这样，科学经典也会因为其中思想的恒久意义，而像人文领域里的经典一样，具有永恒的阅读价值。于是，科学经典就被一编再编、一印再印。

早期诺贝尔奖得主奥斯特瓦尔德编的物理学和化学经典丛书"精密自然科学经典"从1889年开始出版，后来以"奥斯特瓦尔德经典著作"为名一直在编辑出版，有资料说目前已经出版了250余卷。祖德霍夫编辑的"医学经典"丛书从1910年就开始陆续出版了。也是这一年，蒸馏器俱乐部编辑出版了20卷"蒸馏器俱乐部再版本"丛书，丛书中全是化学经典，这个版本甚至被化学家在20世纪的科学刊物上发表的论文所引用。一般把1789年拉瓦锡的化学革命当作现代化学诞生的标志，把1914年爆发的第一次世界大战称为化学家之战。奈特把反映这个时期化学的重大进展的文章编成一卷，把这个时期的其他9部总结性化学著作各编为一卷，辑为10卷“1789—1914年的化学发展”丛书，于1998年出版。像这样的某一科学领域的经典丛书还有很多很多。

科学领域里的经典，与人文领域里的经典一样，是经得起反复咀嚼的。两个领域里的经典一起，就可以勾勒出人类智识的发展轨迹。正因为如此，在发达国家出版的很多经典丛书中，就包含了这两个领域的重要著作。1924年起，沃尔科特开始主编一套包括人文与科学两个领域的原始文献丛书。这个计划先后得到了美国哲学协会、美国科学促进会、美国科学史学会、美国人类学协会、美国数学协会、美国数学学会以及美国天文学学会的支持。1925年，这套丛书中的《天文学原始文献》和《数学原始文献》出版，这两本书出版后的25年内市场情况一直很好。1950年，他把这套丛书中的科学经典部分发展成为“科学史原始文献”丛书出版。其中有《希腊科学原始文献》《中世纪科学原始文献》和《20世纪(1900—1950年)科学原始文献》，文艺复兴至19世纪则按科学学科(天文学、数学、物理学、地质学、动物生物学以及化学诸卷)编辑出版。约翰逊、米利肯和威瑟斯庞三人主编的“大师杰作丛书”中，包括了小尼德勒编的3卷“科学大师杰作”，后者于1947年初版，后来多次重印。

在综合性的经典丛书中，影响最为广泛的当推哈钦斯和艾德勒1943年开始主持编译的“西方世界伟大著作丛书”。这套书耗资200万美元，于1952年完成。丛书根据独创性、文献价值、历史地位和现存意义等标准，选择出74位西方历史文化巨人的443部作品，加上丛书导言和综合索引，辑为54卷，篇幅2 500万单词，共32 000页。丛书中收入不少科学著作。购买丛书的不仅有“大款”和学者，而且还有屠夫、面包师和烛台匠。迄1965年，丛书已重印30次左右，此后还多次重印，任何国家稍微像样的大学图书馆都将其列入必藏图书之列。这套丛书是20世纪上半叶在美国大学兴起而后扩展到全社会的经典著作研读运动的产物。这个时期，美国一些大学的寓所、校园和酒吧里都能听到学生讨论古典佳作的声音。有的大学要求学生必须深研100多部名著，甚至在教学中不得使用最新的实验设备而是借助历史上的科学大师所使用的方法和仪器复制品去再现划时代的著名实验。至20世纪40年代末，美国举办古典名著学习班的城市达300个，学员约50 000余众。

相比之下，国人眼中的经典，往往多指人文而少有科学。一部公元前300年左右古希腊人写就的《几何原本》，从1592年到1605年的13年间先后3次汉译而未果，经17世纪初和19世纪50年代的两次努力才分别译刊出全书来。近几百年来移译的西学典籍中，成系统者甚多，但皆系人文领域。汉译科学著作，多为应景之需，所见典籍寥若晨星。借20世纪70年代末举国欢庆“科学春天”到来之良机，有好尚者发出组译出版“自然科学世界名著丛书”的呼声,但最终结果却是好尚者抱憾而终。20 世纪 90 年代初出版的“科学名著文库”,虽使科学元典的汉译初见系统,但以 10 卷之小的容量投放于偌大的中国读书界,与具有悠久文化传统的泱泱大国实不相称。

我们不得不问:一个民族只重视人文经典而忽视科学经典,何以自立于当代世界民族之林呢?

三

科学元典是科学进一步发展的灯塔和坐标。它们标识的重大突破,往往导致的是常规科学的快速发展。在常规科学时期,人们发现的多数现象和提出的多数理论,都要用科学元典中的思想来解释。而在常规科学中发现的旧范型中看似不能得到解释的现象,其重要性往往也要通过与科学元典中的思想的比较显示出来。

在常规科学时期,不仅有专注于狭窄领域常规研究的科学家,也有一些从事着常规研究但又关注着科学基础、科学思想以及科学划时代变化的科学家。随着科学发展中发现的新现象,这些科学家的头脑里自然而然地就会浮现历史上相应的划时代成就。他们会对科学元典中的相应思想,重新加以诠释,以期从中得出对新现象的说明,并有可能产生新的理念。百余年来,达尔文在《物种起源》中提出的思想,被不同的人解读出不同的信息。古脊椎动物学、古人类学、进化生物学、遗传学、动物行为学、社会生物学等领域的几乎所有重大发现,都要拿出来与《物种起源》中的思想进行比较和说明。玻尔在揭示氢原子光谱的结构时,提出的原子结构就类似于哥白尼等人的太阳系模型。现代量子力学揭示的微观物质的波粒二象性,就是对光的波粒二象性的拓展,而爱因斯坦揭示的光的波粒二象性就是在光的波动说和粒子说的基础上,针对光电效应,提出的全新理论。而正是与光的波动说和粒子说二者的困难的比较,我们才可以看出光的波粒二象性学说的意义。可以说,科学元典是时读时新的。

除了具体的科学思想之外,科学元典还以其方法学上的创造性而彪炳史册。这些方法学思想,永远值得后人学习和研究。当代研究人的创造性的诸多前沿领域,如认知心理学、科学哲学、人工智能、认知科学等,都涉及对科学大师的研究方法的研究。一些科学史学家以科学元典为基点,把触角延伸到科学家的信件、实验室记录、所属机构的档案等原始材料中去,揭示出许多新的历史现象。近二十多年兴起的机器发现,首先就是对科学史学家提供的材料,编制程序,在机器中重新做出历史上的伟大发现。借助于人工智能手段,人们已经在机器上重新发现了波义耳定律、开普勒行星运动第三定律,提出了燃素理论。萨伽德甚至用机器研究科学理论的竞争与接受,系统研究了拉瓦锡氧化理论、达尔文进化学说、魏格纳大陆漂移说、哥白尼日心说、牛顿力学、爱因斯坦相对论、量子论以及心理学中的行为主义和认知主义形成的革命过程和接受过程。

除了这些对于科学元典标识的重大科学成就中的创造力的研究之外，人们还曾经大规模地把这些成就的创造过程运用于基础教育之中。美国兴起的发现法教学，就是几十年前在这方面的尝试。近二十多年来，兴起了基础教育改革的全球浪潮，其目标就是提高学生的科学素养，改变片面灌输科学知识的状况。其中的一个重要举措，就是在教学中加强科学探究过程的理解和训练。因为，单就科学本身而言，它不仅外化为工艺、流程、技术及其产物等器物形态、直接表现为概念、定律和理论等知识形态，更深蕴于其特有的思想、观念和方法等精神形态之中。没有人怀疑，我们通过阅读今天的教科书就可以方便地学到科学元典著作中的科学知识，而且由于科学的进步，我们从现代教科书上所学的知识甚至比经典著作中的更完善。但是，教科书所提供的只是结晶状态的凝固知识，而科学本是历史的、创造的、流动的，在这历史、创造和流动过程之中，一些东西蒸发了，另一些东西积淀了，只有科学思想、科学观念和科学方法保持着永恒的活力。

然而，遗憾的是，我们的基础教育课本和科普读物中讲的许多科学史故事不少都是误讹相传的东西。比如，把血液循环的发现归于哈维，指责道尔顿提出二元化合物的元素原子数最简比是当时的错误，讲伽利略在比萨斜塔上做过落体实验，宣称牛顿提出了牛顿定律的诸数学表达式，等等。好像科学史就像网络上传播的八卦那样简单和耸人听闻。为避免这样的误讹，我们不妨读一读科学元典，看看历史上的伟人当时到底是如何思考的。

现在，我们的大学正处在席卷全球的通识教育浪潮之中。就我的理解，通识教育固然要对理工农医专业的学生开设一些人文社会科学的导论性课程，要对人文社会科学专业的学生开设一些理工农医的导论性课程，但是，我们也可以考虑适当跳出专与博、文与理的关系的思考路数，对所有专业的学生开设一些真正通而识之的综合性课程，或者倡导这样的阅读活动、讨论活动、交流活动甚至跨学科的研究活动，发掘文化遗产、分享古典智慧、继承高雅传统，把经典与前沿、传统与现代、创造与继承、现实与永恒等事关全民素质、民族命运和世界使命的问题联合起来进行思索。

我们面对不朽的理性群碑，也就是面对永恒的科学灵魂。在这些灵魂面前，我们不是要顶礼膜拜，而是要认真研习解读，读出历史的价值，读出时代的精神，把握科学的灵魂。我们要不断吸取深蕴其中的科学精神、科学思想和科学方法，并使之成为推动我们前进的伟大精神力量。

任定成
2005年8月6日
北京大学承泽园迪吉轩

勒内•笛卡儿（René Descartes，1596—1650）

← **笛卡儿的出生地** 1596年3月31日，笛卡儿诞生于法国南部图赖讷省（今属安德尔-卢瓦尔省）莱依镇的一个贵族家庭。他是这个家庭的第三个孩子，他出生后不久，母亲就因肺病去世。笛卡儿自小就体质孱弱，在大家的精心照料下活了下来，大概因此得名René，René 是“重生”的意思。

→ **笛卡儿祖母的房子，现为笛卡儿博物馆** 笛卡儿幼时虽然体弱，但已经表现出强烈的求知欲，在很小的时候，他的父亲就戏谑地称他为“小哲学家”。

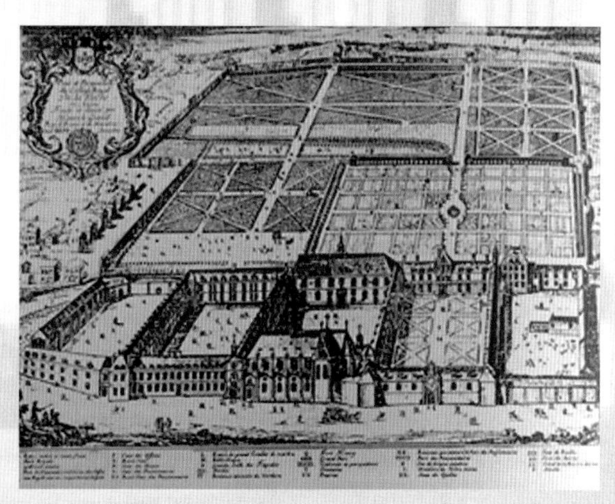

→ **拉弗莱什公学** 1604年，八岁的笛卡儿进入法国最有名望的拉弗莱什公学学习。校方为照顾他孱弱的身体，特许他可以不上早操和晨课，早晨可以在床上读书。他喜欢在早上醒来时躺在床上沉思冥想，这种生活方式渐渐成了他的生活习惯，伴随他终生。

在拉弗莱什公学，笛卡儿是个模范生，他广泛地学习了拉丁文、希腊文、诗学、物理学、数学、逻辑学、道德学、形而上学等课程，为一生的学术生涯打下了良好的基础。值得一提的是，笛卡儿的古典文学很出色，有时还创作一些诗歌抒情言志，据说晚年还曾写过一本诗集。

← **普瓦提埃大学** 笛卡儿在拉弗莱什公学毕业后，曾在普瓦提埃大学学习法律，并于1616年获得法学学位。

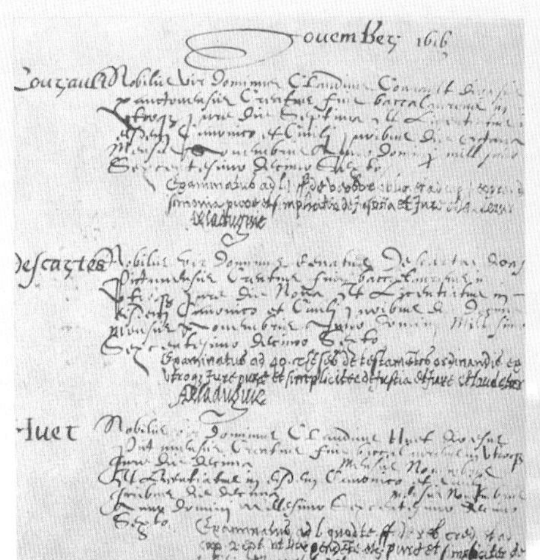

笛卡儿拉弗莱什公学毕业档案

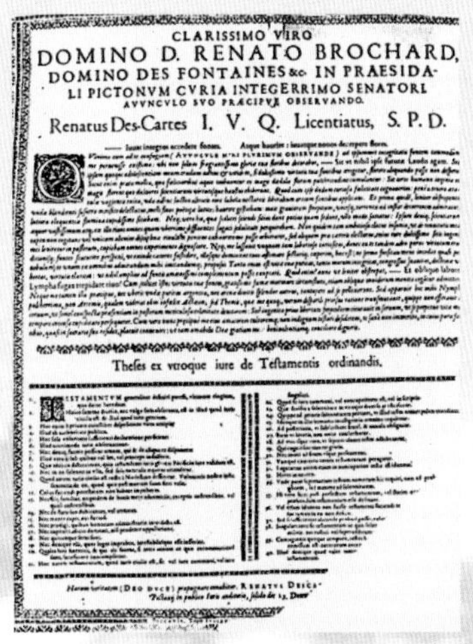

CLARISSIMO VIRO
DOMINO D. RENATO BROCHARD,
DOMINO DES FONTAINES &c. IN PRAESIDA-
LI PICTONVM CVRIA INTEGERRIMO SENATORI
AVVNCVLO SVO PRAECIPVE OBSERVANDO.
Renatus Des-Cartes I. V. Q. Licentiatus, S. P. D.

Theses ex vtroque iure de Testamentis ordinandis.

笛卡儿普瓦提埃大学的法律学位论文

尽管笛卡儿接受了当时很好的学校教育，但他对学校教育的结果并不满意。对自己的学生时代，他后来总结道：“我从孩提时代起就一直在学问的哺育下成长……可是，一旦我完成了全部学业……我似乎觉得，我受教育的结果无非是越来越发现我的愚昧。”于是，笛卡儿决定，要放弃学校和书本知识的学习，到欧洲各地旅游，去读世界这部大书。

从1617年开始，笛卡儿自费从军，服了四年兵役，借机走了很多地方。对笛卡儿来说，服兵役是他游历世界、认识世界的良好方式。他在军队里只是干些文职工作，军务并不繁忙，有时间从事科学活动。在服役期间，他最重要的事不是战争，而是进行沉思，他是穿着军装的思想家。

↑ 荷兰画家鲁本斯的油画《战争的后果》 此图反映的是欧洲经过三十年战争后遭受破坏的后果，笛卡儿曾经参加过三十年战争。

← 击剑 笛卡儿在游历期间曾经遭遇过一次历险，他所乘坐船只的水手企图抢劫并杀死他。平素孱弱、温文尔雅的笛卡儿果敢地拔出剑，使抢劫者望而却步。这个人生插曲展现了思想家笛卡儿的另外一面。事实上，笛卡儿迷恋剑术，曾写过一本《击剑术》的书，外出旅行时，他总是仗剑出游。

← 罗马的建筑　1621年，笛卡儿从军队退役。退役后，笛卡儿觉得对世界的研究还不够深入，于是继续游历，继续阅读世界这本大书。这回，他的目标指向欧洲南部，从巴黎起程，他途经巴塞尔、格里松斯、因斯布鲁克等地，于1624年圣诞节前抵达罗马；之后又到了佛罗伦萨、都灵等地。其实，真正让笛卡儿感兴趣的，并不是游历本身，而是游历引发的思索。

→ 阿尔卑斯山风光　1625年中期，笛卡儿结束南游返回法国，途中翻越阿尔卑斯山。他为大自然的美景所陶醉，在这一带观察山体的走势、雷电、雪崩和旋风等现象，他还研究高山云层的作用，研究此地夏季长于冬季的原因。这些为他的气象学研究提供了第一手资料。

← 17世纪的巴黎　1626年初夏，笛卡儿来到巴黎，在巴黎居住了三年。在此期间，他开始创作他的第一部哲学著作《探求真理的指导原则》（简称《原则》）。该书用拉丁文写成，原计划全稿应为36则，每12则一组，但未写完，如今只见到21则。

→ 荷兰画家霍贝玛的油画《林间小道》 1629年，笛卡儿对世界的研究完成了，他需要时间和宁静来进行思考、研究和写作。于是，他告别巴黎，来到荷兰，寻求“一小块宁静的乐土”。荷兰是当时欧洲最富裕、最文明和最宽容的地区，而且那里气候温暖、景色宜人。笛卡儿非常喜欢在荷兰生活，认为荷兰具有繁华都市所有的一切便利，又能过一种远离尘世的清静生活。

→ 荷兰画家伦勃朗的作品《沉思的哲学家》 笛卡儿喜欢宁静、不被打扰的生活，他认为，要想生活得愉快，就得躲起来生活。为了清修，他四处躲藏，甚至有意用假地址，并且常常改变住所。他在荷兰生活了20年，改变居所24次，穿梭于13个不同的寓所。

笛卡儿追求隐居生活，极力不让人知道他的形迹，但奇怪的是他拥有很多朋友。他在给朋友的信中曾说：这个世界，对于生活在其中的少数杰出人物来说，实在显得太大了。他们要是都能生活在一座城市中该有多好啊！要是那样，我真的愿意离开我的隐居所，如果他们愿意，我也想和他们在同一所城市中生活在一起。

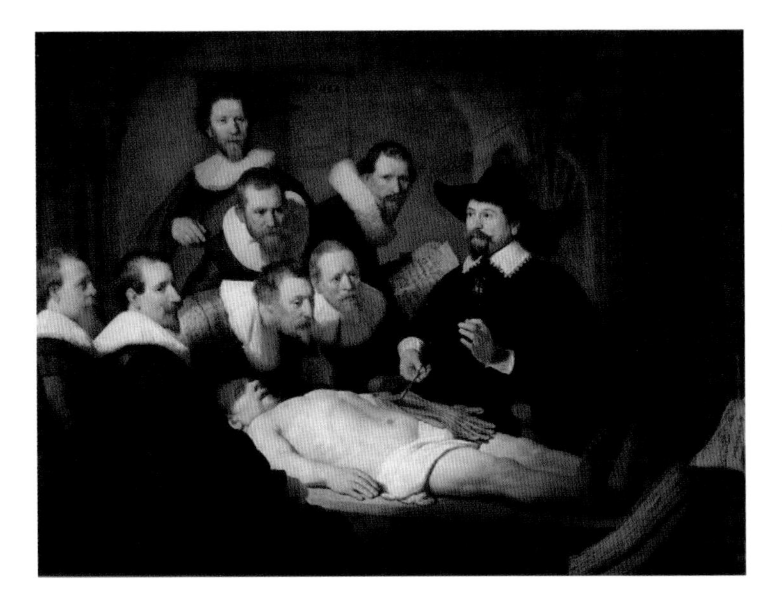

← 伦勃朗的名画《解剖课》 笛卡儿是一个爱陷入冥想之中的的思想家，但他并不只是关在书房里在纸堆里搞创作，而是重视实践，他曾亲自动手磨制光学镜片，解剖动物以及人的尸体等。解剖是当时的时髦，学校里的解剖课是公开的。图为伦勃朗1632年创作的《解剖课》，画中的蒂尔普教授戴着黑帽子，正在用刀戳进一具苍白的尸体，外科医生们在围观。在荷兰莱顿，笛卡儿也曾参加过解剖课，其情景类似于画中情景。

← **阿姆斯特丹的笛卡儿雕像** 笛卡儿在荷兰的居住地一般都选择在邻近大学附近，并且能把乡间别墅的方便与邻近城市的优越条件结合起来的地方。例如他曾隐居的安德盖斯特城堡，距离阿姆斯特丹、莱顿、海牙都很近，据描述从他的寓所走到海牙的路是世上最风光绮丽的道路。文明、美丽的荷兰给了笛卡儿创作的灵感，他一生的大部分著作都是在荷兰完成的。

→ **笛卡儿叶线** 这是笛卡儿首次提出的美丽的几何曲线，又叫茉莉花瓣曲线。笛卡儿一生未婚，即使在偶然地向他喜爱的女士献殷勤之际，还要说："没有任何美丽的东西能够比真理更美。"但在他的一生中也曾有过一些爱情小插曲，据说他曾与一位名叫海伦的女士同居并育有一女，小女深得他的宠爱，然而五岁时不幸夭折。笛卡儿曾说："一位美丽的女人，一部出色的作品，一个完美的传教士，是这个世界上最不可能找到的东西。"

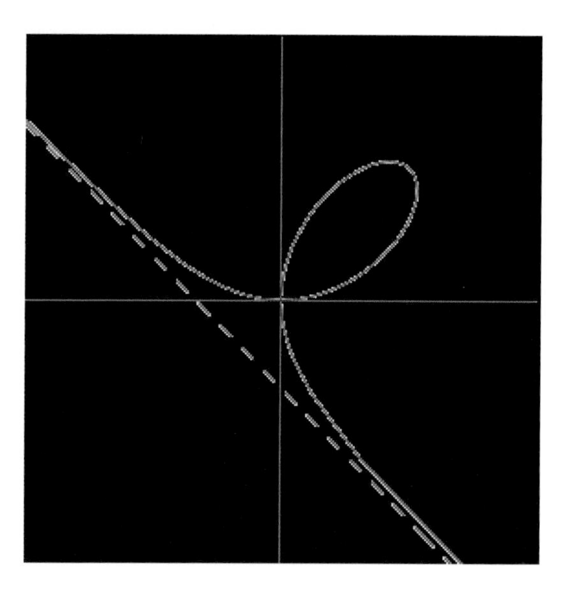

← **伊丽莎白公主** 波希米亚的伊丽莎白公主是笛卡儿交往最长久稳定的女性朋友。公主是个美人，精通数种语言，对科学也颇有见地。两人于1642年相识，此后不辍来往，书信不绝。公主认为笛卡儿是"她灵魂的最好医生"，而笛卡儿则认为公主是唯一能够既理解数学又理解形而上学的有识之士，容貌则酷似专司美丽、温雅、欢乐的美惠女神。

→ 笛卡儿与瑞典女王克里斯蒂娜　1649年9月，笛卡儿应瑞典女王克里斯蒂娜的邀请，来到斯德哥尔摩为女王讲课。女王把学习的时间定在清晨5点，打乱了笛卡儿多年来晚起的习惯，再加上他身体孱弱，不适应那里的气候，1650年2月，笛卡儿因患肺炎辞世，享年54岁。他在去世前不久写的一封信中说：“我呆在这里极不自在，我只想获得安静和休息。”这是笛卡儿留给世人最后的词句。

← 圣日尔曼教堂　笛卡儿去世后葬在瑞典，瑞典政府于当年授予他荣誉勋章，上面镌刻着阳光普照大地的图案。1666年，笛卡儿的朋友与瑞典政府反复交涉，终于自费将笛卡儿的遗骸迁回法国，后于1819年葬入巴黎圣日尔曼教堂，此后笛卡儿即安息于此。

→ 笛卡儿墓　墓志上面写着：缅怀笛卡儿，第一个自从文艺复兴以来，要求恢复并庇护人类理性权利的人。

← 巴黎笛卡儿大学　笛卡儿是法国人的骄傲，法国人以各种方式纪念笛卡儿。巴黎大学的一部分第五大学以笛卡儿的名字命名，学校以笛卡儿的科学探索精神为指导，注重教学与科研实践。

→ 卢瓦尔河谷　今天在笛卡儿故乡小镇北方的卢瓦尔河谷中，我们可以游览在笛卡儿时期就已经存在的美丽城堡。这些城堡经过整修，已经基本恢复原来的面貌，其内部有许多15、16世纪的装潢摆设，城堡外面则环绕着华丽的庭园造景。这可以让我们重温一下笛卡儿生前的生活场景。

邮票和钱币上的笛卡儿

终其一生，笛卡儿只想偎依着他的思想有一席恬静之地。让我们记住这样一个正直的人：他愿尽毕生努力培育自己的理性，尽可能深入地去认识真理。

目　录

笛卡儿家族位于夏特罗镇的豪华宅院

导　读

袁向东
（中国科学院数学与系统科学研究院　研究员）

· *Introduction to Chinese Version* ·

笛卡儿是第一位杰出的近代哲学家，是近代生物学的奠基人，是第一流的物理学家，但只偶然是个数学家。不过，像他那样富于智慧的人，即使只花一部分时间在一个科目上，其工作也必定是有重要意义的。

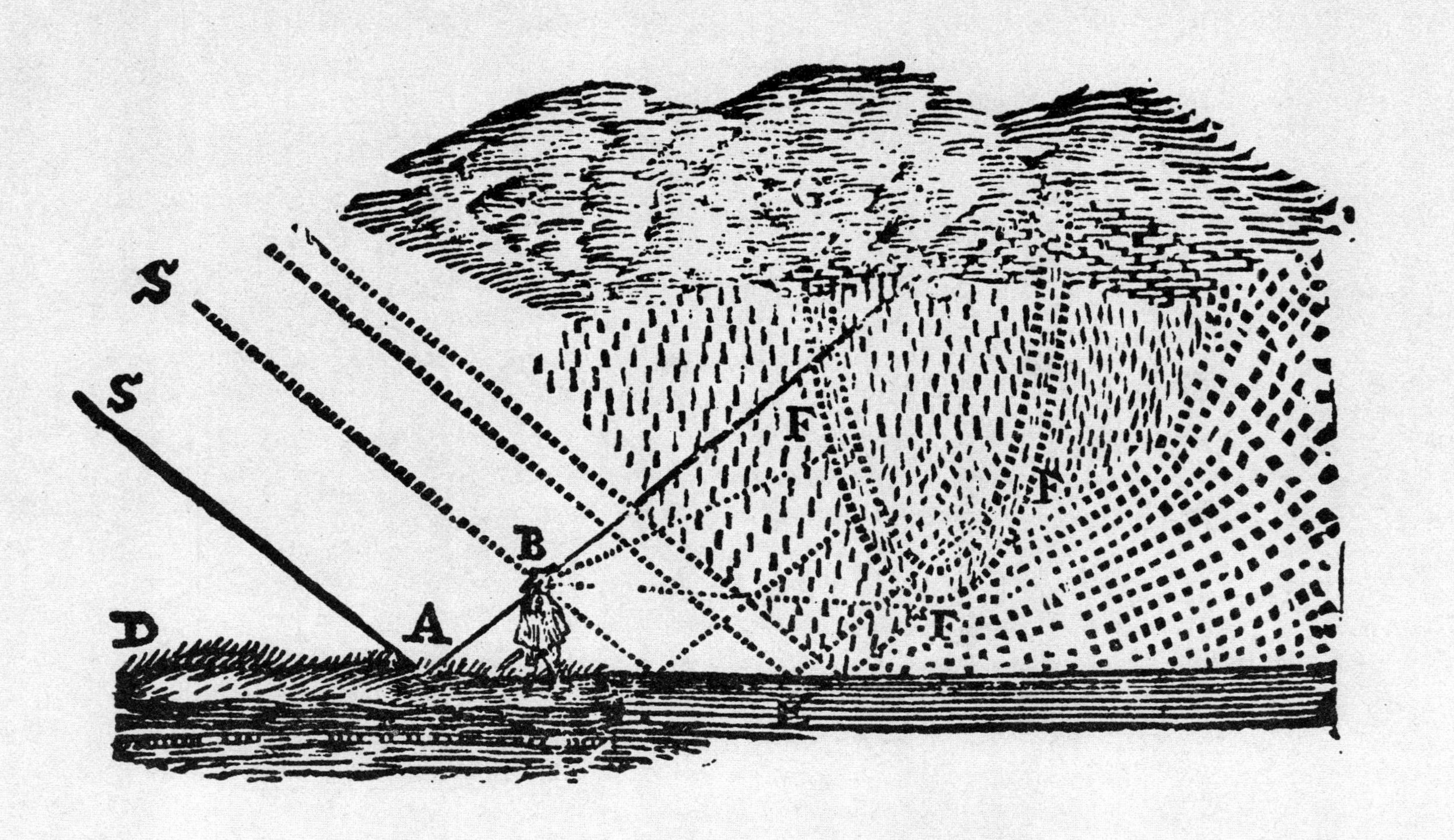
S
S
D
A
B
F
F
F

“纸上得来终觉浅，绝知此事要躬行”
——理性实践家笛卡儿

笛卡儿这个名字因解析几何对科学的巨大贡献而家喻户晓。笛卡儿的“我思故我在”的哲学绝唱，成了唯物与唯心论者唇枪舌剑的一个永恒主题。这位17世纪的绅士到底是个什么样的伟人呢？《古今数学思想》(*Mathematical Thought from Ancient to Modern Times*)的作者克莱因(Morris Kline)说：“笛卡儿(1596—1650)是第一位杰出的近代哲学家，是近代生物学的奠基人，是第一流的物理学家，但只偶然是个数学家。不过，像他那样富于智慧的人，即使只花一部分时间在一个科目上，其工作也必定是有重要意义的。”

为了更好地了解笛卡儿的《几何》的来龙去脉，读读他的简要生平不无好处。

一、笛卡儿的简要生平

1596年3月31日，笛卡儿出生在法国图赖讷(Touraine)地区的拉艾镇(La Haye)。

笛卡儿的父亲约阿希姆·笛卡儿(Joachim Descartes)是布列塔尼省伦诺地方法院的评议员，按现代术语讲，他既是律师又是法官。当时涉及法律事务的职位在很大程度上是世袭的；从事这一职业的人在社会上有相当的独立性和一定的特权，属于所谓的穿袍贵族阶层，其地位介于贵族和资产者之间。其母让娜·布罗沙尔(Jeanne Brochard)也出身于这一社会阶层，1597年去世，给笛卡儿留下一笔遗产，使他在此后的一生中有了可靠的经济保障，得以从事自己喜爱的工作。

◀莱布尼茨之笛卡儿神秘手记誊写本中的一页

有关笛卡儿早年生活的资料很少，只知他幼年体弱，丧母后由一位保姆照料；他对周围的世界充满好奇心，因此父亲说他是“小哲学家”。8 岁(1604)时入拉弗莱什镇的耶稣会学校读书，校方出于对他健康的关心，特许他不受校规约束，早晨可躺到愿意去上课时为止。据说他因此养成了清晨卧床长时间静思的习惯，几乎终生不变。该校的教学大纲规定，学生在前五年学习人文学科(即拉丁语、希腊语和经典作家的作品)、法语(包括写作诗歌与散文)、音乐、表演和绅士必备的技艺——骑马和击剑。后三年课程的总称是哲学，包括逻辑学[亚里士多德(Aristotle)的三段论演绎法]、一般哲学(对亚里士多德的《尼各马可(Nicomach)的伦理学》的详尽分析)、物理学、数学、天文学及形而上学[指托马斯·阿奎那(Thomas Aquinas)的哲学和天主教学者对此所作的注释]。在涉及科学的课程中，只有数学和天文学含有较新的研究成果。笛卡儿曾对诗歌怀有浓厚的兴趣，认为“诗是激情和想象力的产物”。人们心中知识的种子犹如埋在燧石中，哲学家“通过推理”使之显露，“而诗人靠想象力令其迸发火花，因而更加光辉。”(见于他的早期著作《奥林匹克》)笛卡儿后来回忆说，这所学校是“欧洲最著名的学校之一”，但他对所学的东西颇感失望，因为教科书中那些看起来微妙的论证，其实不过是些模棱两可甚至前后矛盾的理论，只能使他顿生怀疑而无从得到确凿的知识，唯一给他安慰的是具有自明推理的数学。这所学校对笛卡儿的另一个影响是使他养成了对宗教的忠诚。他在结束学业时暗下决心：一是不再在书本的字里行间求学问，而要向“世界这本大书”讨教，以“获得经验”；二是要靠对自身之内的理性的探索来区别真理和谬误。

1612 年他从拉弗莱什的学校毕业；1616 年获普瓦提埃大学的法律学位。此后，笛卡儿便背离家庭的职业传统，开始探索人生之路。当时正值欧洲历史上第一次大规模的国际战争——30 年战争(1618—1648)时期，他从 1618 年起开始了长达 10 年的漫游与军旅生活。他曾多次从军，在一些参战的王公贵族麾下听命。他从戎的目的主要是为了弥补学校教育的不足，并无明显的宗教或政治倾向。1618 年，他参加了信奉新教的奥伦治王子的军队，一年半后又到对立的信奉天主教的巴伐利亚公爵手下服务。笛卡儿自己评论这段生活的用词是“太空闲，太放荡”。看来，他不大可能实地参战，因而有足够的时间思考。在这期间有几次经历对他产生了重要影响。1618 年他与荷兰哲学家、医生兼物理学家贝克曼(I. Beeckman)相识；据说因笛卡儿在短时间内独立解决了几道公开求答的数学难题而引起贝克曼对他的注意。他向笛卡儿介绍了数学的最新进展，包括法国数学家韦达(F. Viète)在代数方程论方面的工作;给了他许多有待研究的问题,特别是有关声学与力学类似于数学证明的方法,严格区分了真正的科学知识和那些仅仅为可能成立的命题,从而驳倒一位与会者的“一种新哲学”。贝吕勒主教深有感触,专门召见笛卡儿,以上帝代表的身份劝导他应献身于一项神圣的事业,即用他的充分而完美的方法去研究医学和力学。为顺应天意,笛卡儿决定避开战争、远离社交活动频繁的城市,寻找一处适于研究的环境。1628 年秋,他移居荷兰,开始长达 20 年的潜心研究和写作生涯,这期间除短期出访外一直在荷兰各地隐居。

1628—1630 年间,他撰写了第一篇方法论的论文:《探求真理的指导原则》(未最终完稿,1701 年刊于他的选集中);1630—1633 年间,他从事多个学科的研究,涉及光的本质、折射现象、物质的性质与结构、数学、生理学与解剖学。他的目标在于用他的方法建立一个包罗万象的知识框架,为此他准备出版一本定名为《论世界》(*Le Monde*)的书,计划写“论光”(Le Lumièse)和“论人”(L'Homme)两部分。1633 年初稿即将完稿之际,梅森写信告诉他,伽利略(G. Galilei)因宣传哥白尼(N. Copernicus)的学说而遭天主教宗教裁判所的审判;笛卡儿遂放弃了出版该书的打算,因为书中显然含有哥白尼的观点,他甚至未按惯例把手稿全部寄给梅森。其实笛卡儿并没有放弃自己的基本主张,其后三年中,他专心论证他的新方法具有坚实的哲学基础,相信自己的形而上学原理最终能被神学家所接受。1637 年,笛卡儿发表了《方法谈》(原名是 *Discours de la méthode pour bien conduire sa raison, et chercher la vérité dans les sciences*,可译为《更好地指导推理和寻求科学真理的方法论》)。这部著作一反当时学术界的常规,用法文而不用拉丁文撰写,以便普通人也能阅读。该书正文占全书篇幅的约七分之一,包含了未发表的《论世界》中的重要内容,简要阐述了他的机械论的哲学观和基本研究方法,以及他的经历。书的其余部分给出了三个应用实例,现一般称为三个“附录”,它们都可独立成篇,是笛卡儿最主要的科学论著,它们是《折光》(*La Dioptrique*),其中提出了折射定律;《气象》(*Les Météores*),用于阐释与天气有关的自然现象,提出了虹的形成原理;《几何》(*La Géometrie*),用于清晰地表明他的方法的实质,包含了解析几何的基本思想。这部著作的出版引起了一些学者(包括费马)和他的争论。1638—1640 年间,笛卡儿进一步探究其学说的哲学方面,用拉丁文撰写了《第一哲学沉思录》(*Méditationes de prima philosophia*),其论点大体在《方法谈》中出现过,只是有的观点更激烈。梅森收集到不少对该书的批评[包括来自英国哲学家霍布斯(T. Hobbes)和法国数学家兼哲学家伽桑狄(P. Gassendi)的]。1641 年,笛卡儿正式出版此书,并加进了各种批评意见和他的简要的辩驳。这本书使笛卡儿作为哲学家的名声大震，也招致了涉及宗教的纷争。他被谴责为无神论者；地方行政当局甚至要传讯他。后经有势力的朋友斡旋，才使事态平息。其后 9 年间，笛卡儿试图把他的哲学与科学理论完善化、系统化，以期获得神学界的支持。1644 年，他的《哲学原理》(*Principiae Philosophiae*)问世，该书除重述其哲学信条外，还试图把一切自然现象(包括物理的、化学的和生理的)纳入一种符合逻辑的机械论模式。其历史功绩在于排除科学中的神学概念和目的论解释。他的研究纲领是用力学概念解释一切物理和生理现象，同时将力学与几何相联系，这种借助某种力学模型研究自然的方式，体现了现代科学的精神。但由于机械论的局限，书中的具体结论不少是错误的，或者很快就过时了。

笛卡儿的《哲学原理》题献给伊丽莎白公主——信奉新教的波希米亚国王腓特烈五世的女儿。他们在 1643 年相识后成了好友，经常通信，内容涉及从几何到政治学，从医学到形而上学的广阔领域，特别谈到人的机体与灵魂的相互作用问题以及笛卡儿的一种并不系统但已初具轮廓的伦理学观点。这些通信的价值不亚于笛卡儿跟数学家、神学家梅森，以及跟法国神学家阿尔诺(A. Arnauld)之间的通信。

1649 年，笛卡儿出版了一本小书《激情论》(*Traité des passions de l'âme*)，探讨属于心理生理学的问题，他认为这是他的整个知识体系中不可或缺的部分。同年秋天，笛卡儿很不情愿地接受了 23 岁的瑞典女皇克里斯蒂娜(Christina)的邀请，到斯德哥尔摩为女皇讲授哲学。晨思的习惯被打破了，每周中有三天他必须在清晨五点赶往皇宫去履行教师的职责。1650 年 2 月 1 日，他受了风寒，很快转为肺炎，10 天后便离开了人世。他的著作在生前就遭到教会指责，他死后的 1663 年，更被列入梵蒂冈教皇颁布的禁书目录之中。但是，他的思想的传播并未因此而受阻，笛卡儿成为 17 世纪及其后的欧洲哲学界和科学界最有影响的巨匠之一。

二、《几何》的主要内容

1637 年，笛卡儿的名著《方法谈》问世，其中有三个附录：《折光》《气象》《几何》，作为他的一般方法论的应用实例。这本《几何》所阐发的思想，被密尔(John Stuart Mill)称做“精密科学进步中最伟大的一步”。

《几何》共分三章，笛卡儿在里面讨论的全是关于初等几何的作图问题，这些都是从古希腊起一直在研究的，新颖之处就在于他使用的方法。在笛卡儿看来，希腊人的几何方法过于抽象，欧几里得几何中的每个证明，总要求某种新的奇妙的想法，由于证明过多地依赖图形，它束缚了人们的思想；笛卡儿也不满意当时流行的代数，说它完全从属于法则和公式，以致不成其为一门改进智力的科学。他在《方法谈》中回忆了他曾学习过的逻辑学、几何、代数之后说："我想，我必需寻找某种别的方法，它将把这三方面的优点组合在一起，并去掉它们的缺点。"让我们以《几何》第1章为例，勾画一下笛卡儿新方法的轮廓。

《几何》第1章的标题是"仅需直线和圆的作图问题"。笛卡儿认为，在这类问题中，"只要知道直线段的长度的有关知识，就足以完成它的作图。"为了尽可能地把线段和数量联系在一起，就要定义线段的加、减、乘、除、开根。为此，他引进了单位线段的概念。他写道，"为了更加清晰明了，我毫不犹豫地把算术语言引进几何。例如，令 AB 单位线段，求 BC 乘 BD 的积。我只要联结 A 与 C 点，引 DE 平行于 CA；则 BE 即是 BD 和 BC 的乘积。(图 1)

若求 BD 除 BE，我连接 E 和 D，引 AC 平行 DE；则 BC 即为除得的结果。

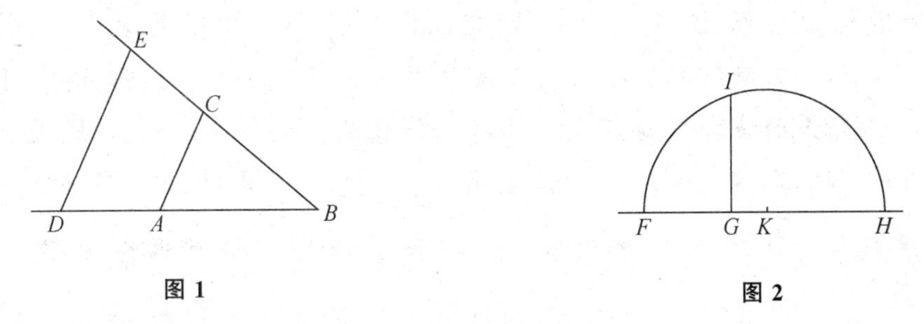

图 1　　图 2

若想求 GH 的平方根，我沿该直线加上一段等于单位长的线段 FG；然后平分 FH 于 K；我再以 K 为圆心作圆 FIH，并从 G 引垂线延至 I，那么，GI 就是所要求的平方根"。(图 2)

接着，笛卡儿阐明了解这类几何作图题的一般原则。"当要解决某一问题时，我们首先假定解已经得到，并给为了作出此解而似乎要用到的所有线段指定名称，不论它们是已知的还是未知的。然后，在不对已知和未知线段作区分的情况下，利用这些线段间最自然的关系，将难点化解，直至找到这样一种可能，即用两种方式表示同一个量。这将引出一个方程。"斯霍滕(van Schooten)曾用例子给这段话做了一个注解：已知线段 AB，C 是 AB 上任意给定的一点，要求延长 AB 至 D，使得边长为 AD 和 DB 的矩形面积等于边长为 CD 的正方形面积。

解：令 $AC=a, CB=b, BD=x$。则 $AD=a+b+x, CD=b+x$。据面积定义得

$$ax+bx+x^2=b^2+2bx+x^2$$

(图 3)。得到这个方程后，经过合并同类项，得 $x=\frac{b^2}{a-b}$。根据对线段进行代数运算的定义，就可以用几何办法画出 x。

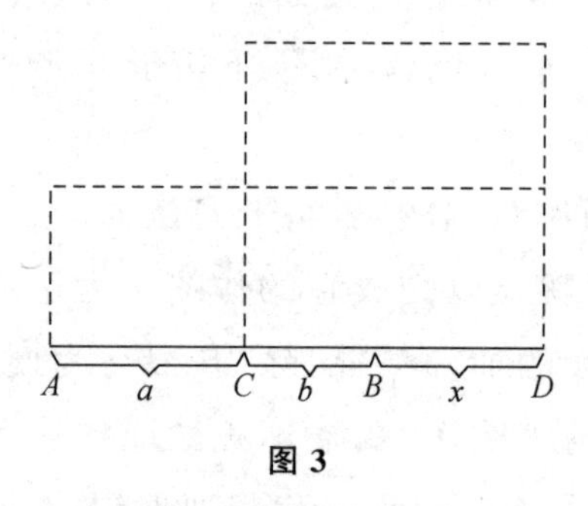

图 3

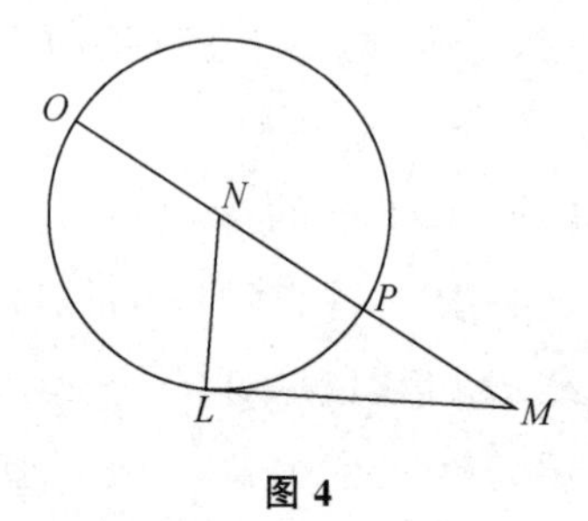

图 4

笛卡儿在《几何》第 1 章中讨论的是二次方程的情形。他说："如果所论问题可用通常的几何来解决，即只使用平面上的直线和圆的轨迹，此时，最后的方程要能够完全解出，其中至多只能保留有一个未知量的平方，它等于某个已知量与该未知量的积，再加上或减去另一个已知量。于是，这个根或者说这条未知线段能被容易地求得。例如，若我得到 $z^2=az+b^2$，我便作一个直角三角形 NLM，其一边为 LM，它等于 b，即已知量 b^2 的平方根；另一边 LN，它等于 $\frac{1}{2}a$，即另一个已知量——跟我假定为未知线段 z 相乘的那个量——的一半。于是，延长 MN，整个线段 OM 即所求的线段 z(图 4)。它可用如下方式表示：

$$z=\frac{1}{2}a+\sqrt{(1/4)a^2+b^2}\text{。”}$$

笛卡儿还指出当方程形如 $z^2=-az+b^2$ 及 $z^2=az-b^2$ 时，如何用简单的几何作图画出 z。应该注意，这最后的一步，笛卡儿给出的是二次代数方程的几个解法。

从上面的介绍，我们看到笛卡儿是多么热衷于几何与代数的结合，目的是寻找作图问题的统一解法。但上述内容并没有涉及解析几何的精华——用代数方程表示并研究几何曲线。如果他就此歇手，数学史上就不会留下他显赫的大名。他是这样继续前行的：从解代数方程的角度出发，提出"我们必须找出跟假定是未知线段的数目一样多的方程，"但"若……得不到那样多的方程，那么，显然该问题不是完全确定的。一旦出现这种情况，我们可以为每一条缺少方程

与之对应的未知线段，任意确定一个长度。”在《几何》第 2 章中，笛卡儿在讨论著名的帕普斯(Pappus)问题时，大大地发展了这一思想。

帕普斯问题是这样的：设给定四条直线 AG，GH，EF 和 AD，考虑点 C，从点 C 引四条线各与一条已知直线相交，交角的大小是预先给定的(但四个角不一定相同)，记所引的四条线段为 CP，CQ，CR 和 CS。要求适当地选取 C 点的位置，使得 $CP \cdot CR = CS \cdot CQ$(图 5)。

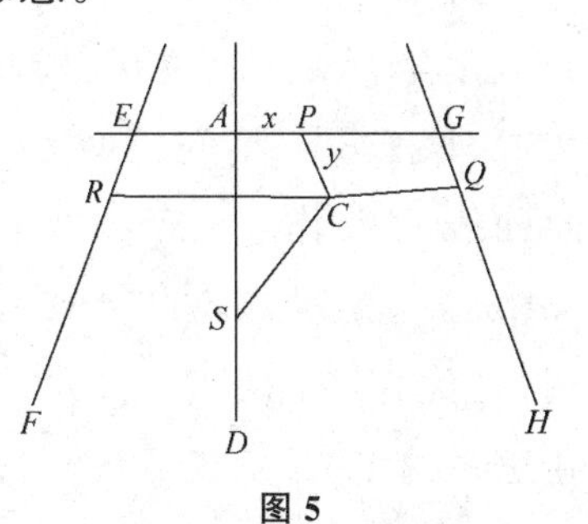

图 5

笛卡儿仍用他的新方法解这个题。他假定 C 点已经找到，令 AP 为 x，CP 为 y。经过寻找各线段之间的几何关系，他用已知量表示出 CR，CQ 和 CS。代入 $CP \cdot CR = CS \cdot CQ$ 就得到

$$y^2 = \mathscr{A}y + \mathscr{B}xy + \mathscr{C}x + \mathscr{D}x^2$$

其中，$\mathscr{A}$，$\mathscr{B}$，$\mathscr{C}$，$\mathscr{D}$ 是由已知量组成的简单代数式。根据这个不定方程，任给一个 x 的值，按《几何》第 1 章中的方法，就立即可以用直线和圆规画出一个 y。由于 x 的值可以任取，直线段 y 的一个端点 C 就相应画出了一条曲线。在这个具体问题中，为了确定点 C 的位置，笛卡儿选直线 AG 为基线(相当于一根坐标轴)，点 A 为起点(相当于坐标原点)，x 值是从起点量起的一条线段的长度，y 值是另一条线段的长度，该线段从基线出发，与基线交成固定角(这可以看成另一根坐标轴，随 x 的不同而改变位置，但与基线 AG 的交角始终不变)。笛卡儿在我们面前展现的就是这样一个斜角坐标系。

笛卡儿顺着用代数方程表示曲线的思路，又提出了一系列新颖的想法：曲线的次数与坐标轴的选择无关；坐标的选取应使曲线相应的方程尽量简单；几何曲线是那些可以用一个唯一含 x 和 y 的有限次代数方程来表示出的曲线；根据代数方程的次数将几何曲线分类。

《几何》的第 3 章讨论了一些纯代数理论。他把方程中所有的项移至等号的一侧，另一侧为 0。相当于把方程记作 $p(x)=0$ 的形式。他经由归纳得出如下结论：每一个 n 次方程皆可表示成 $(x-a)(x-b)\cdots(x-s)=0$，其中 a，b，…，s 是方程的根。由于每个根必出现在其中的某个二项式因子中，为使 x 的最高次幂为 n，就要求有 n 个这样的因子。笛卡儿在这里相当于提出并直观论证了代数基本定理—— n 次方程有 n 个根[吉拉尔(A. Girard)首先于 1629 年叙述过该定理]。他还首次给出了一般形式的求代数方程正根和负根个数的法则(现称笛卡儿符号法则)。在一系列的例子中，他说明如何能改变一个方程的根的符号，怎样使方程增根或减根，并给出消去 n 次方程中 x^{n-1} 项

的方法。

笛卡儿的《几何》中虽然没有我们现在所称的笛卡儿坐标系——平面上的直角坐标系，但他的思想和方法确实体现了解析几何的精髓。笛卡儿的《方法谈》1637年问世时，另一位法国数学家也已经完成了用代数方程研究几何曲线的大作《平面和立体的轨迹引论》(*Introduction aux Lieux Plans et Solides*)，据称该文于1629年完稿(1679年正式发表)，此人即赫赫有名的费马。“优先权问题，在一切科学史中都构成了不幸的一章”。这两位大师也被卷进过这种不幸的争论。但我们乐于称笛卡儿和费马同为解析几何之父。科学史上从来就不乏两人甚至多人几乎同时获得一项重大发现或创见的例证！

三、笛卡儿的数学观

笛卡儿的数学观跟他的哲学观是相辅相成的。这里主要就他对欧几里得的《几何原本》(以下简称《原本》)的体系及内容(以下简称“欧氏几何”)的看法作一分析。

1. 笛卡儿是否喜欢欧氏几何

(1) 欧氏几何是以构造方法为基础的公理体系。

对欧几里得《原本》作为公理体系的特色，已有大量著述，不再赘言，此处只简要提一提其构造方法的特征。

应该说，人类早期发展起来的几何、算术和代数，都以其研究对象的直观性存在或构造性存在为基础。《原本》的基础仍在于几何对象的构造性存在：① 它的5条(公设)是为作图而设的；② 它只讨论可规、尺作图的图形。它规定的工具(不带刻度的直尺和离开作图平面即失效的原始圆规)虽使人感到一种浓烈的公理味[使工具尽量简单，但不虑及作图的方便，所引起的麻烦见《原本》卷Ⅰ命题2：“过一已知点作一直线(段)，使它等于一已给定的直线(段)”]。但欧几里得的目的可能是为了作图的规格化、统一化。用现代的观点看，《原本》中的作图过程，大都可看成一种简单的 algorithm(可译作算法)——使用一组特定的数学工具去解决一类给定问题的一个程序。在讨论平面几何的卷Ⅰ，Ⅱ，Ⅲ，Ⅳ和Ⅵ中，共有基本作图题48个，每个都给出一种简单算法，典型的如卷Ⅱ命题2：“分割给定直线(段)，使得整段与其中一分段所作的矩形等于所余另一分段上所成的正方形。”为了指出这种算法不是太平凡的，只消说明它相当于代数中求解 $x^2+ax=a^2$ 这类方程。

值得注意的是，《原本》中涉及图形间关系的不少命题，也是通过直接作图再加全等公理来证明的，如卷Ⅱ中的命题 1，2，3，4，5，6，7，8。

（2）笛卡儿对《原本》的公理形式和几何内容分而治之，各作取舍。

在笛卡儿的著作中，我们尚未找到他对欧氏几何的系统评价，但从他建立他的哲学体系的方法，可以看出他在如下意义上，并不排斥由定义、公理到定理的这种形式的知识结构，即认为它是证明各种知识的确实性（或者说真理性）的唯一可靠的方法。他也确实把他的哲学体系全部建立在"我思故我在"这条"第一原理"之上了。在《哲学原理》的序言中，笛卡儿写道："要寻找第一原因和真正的原理，由此演绎出人所能知的一切事物的理由。"

同时，笛卡儿也指出了这种综合的、演绎的数学体系的局限，说它虽"给出了大量真理"，但无法使人明白"事情为什么会是这样，也没有说明这些真理是如何被发现的。"（参见《探求真理的指导原则》）。因此，在具体的研究工作中，笛卡儿明显喜欢分析的几何而不是综合的几何。

对于《原本》的具体几何内容，笛卡儿的态度是矛盾的，他觉得这种几何只研究一些非常抽象而看来无用的问题，这跟他的强调实用的科学观相悖；但那些几何命题确实具有最大的简明性，而又不必求助经验，这正是他所追求的具有确实性的知识的典范（参见《探求真理的指导原则》）。不过，笛卡儿最终对远离常识的推理作了这样的评价："我觉得，我在一般人对切身的事所作的推理中，比在一个读书人关在书房里对思辨所作的推理中，可以遇到多得多的真理。一般人如果判断错了，他的推论所产生的后果就会立刻来处罚他，而一个读书人所作的关于思辨的推理，则不产生任何后果，这些推理所带给他的，只不过是推理离常识愈远，他从中获得的虚荣就愈大，因为要力求使这些推理显得近乎真实，必须运用更多的心机和技巧"（参见《方法谈》），他显然不满足于书斋式的研究，而强调几何与自然的结合，在《哲学原理》第 4 章中，他明确提出："关于物质事物的明白而清晰的概念有形相、体积、运动及其变化的各种法则，这些法则就是几何和机械学的法则。"

（3）笛卡儿取消了欧氏几何对构造性存在的苛刻限制，为扩大几何的研究对象，从而为几何研究自然现象开辟了道路。

笛卡儿在《几何》中分析了古希腊人在作图问题上的局限性，首次提出"几何的精确性最终依赖于推理，"因此比欧氏尺、规复杂的工具，只要在机械学中允许使用，就应视为跟尺、规有同样的精确性，它们作出的图形，应该和圆与直线一样有资格作为几何的对象。他在给贝克曼的信（1619.3.26）中说，算术问题根据各自的特点加以解决，“有的问题用有理数解，另一些仅用到无理数，还有一些仅可以想象而无法解出。”在涉及连续量的问题中，“某些仅用直线和圆就可解决，其他的要由别种曲线来解，不过要求它们由单一的运动给出，因此，可用新形式的各种作图规画出（我想这些新作图规在几何上的精确性不会亚于通常用来画圆的圆规）。”为此，他提议增加一条用于作图的假定：两条或更多的直线可以一条随一条的运动，每一条的运动由它们跟其余直线的相交情况决定。笛卡儿还真的设计了一种带滑槽和活动轴的作图工具（参见《几何》）。

更有甚者，笛卡儿主张尚无法用当时的工具画出的曲线，也应被接纳入几何。他说：“还有另一些问题可以仅用各种互不从属的运动产生的曲线来解，这些曲线肯定只能想象（如著名的割圆曲线），我想不出还有什么问题不能用这样的曲线来解决。”（见致贝克曼的信，1619.3.26）笛卡儿如此热衷于扩大几何曲线的领域，目的是明确的，他说：“我想，提出更广的曲线来研究是恰当的，这将为实践提供巨大的机会”。（参见《几何》）他本人就花了很大努力，利用几何来研究光学现象。

笛卡儿能突破直到韦达为止人们一直坚守的以尺、规作图决定几何对象存在的防线，跟他的哲学思维似有联系。他在《第一哲学沉思集》第6部分中，提出所谓“想象”和“纯粹理解（或理会）”之间的区分：“当我想象一个三角形时，我不仅理会到这是一个由3条线组成的形相，而且同时直观到可以说由我的心智的能力或内视力提供出来的3条线……可是如果我要去思想一个千边形，我虽然明白地理会到这是一个由一千条边组成的形相……可是无论如何不能想象出千边形的一千条边，即不能用我的心灵的眼睛看到那一千条边。”这说明即使最简单的直线图形，有些也是无法想象的，当然也不能具体地作图了。那么笛卡儿放弃尺、规作图的限制是顺理成章的了。

2. 由传统的几何、算术到笛卡儿的普遍的数学

凡论及解析几何发生历史的著作都必讨论这个主题，我们想强调以下几点：

（1）他对古希腊数学家流传下来的著作，表示了普遍的不满。在《探求真理的指导原则》中，他写道：“我曾特别注意算术和几何，因为据说它们是最简单的……是达到所有其他知识的通道。不过没有一个作者能使我真正满意……忙忙碌碌地去研究干巴巴的数和虚构的图形，满足于这些小事，使用很肤浅的论证——常常是靠机会而非技巧，靠眼睛而非理解，没有比这更无用的了。在某种意义上它取消了运用人的理性。”

（2）但他觉得即使在古代也已萌发了一种真正的数学。在同一著作中他写道："在帕普斯和丢番图(Diophantus)的著作中，我似乎认出了这种真正的数学的踪迹……他们可能想要像许多发明家一样……觉得他们的方法如此容易和简单，害怕一经泄漏就会丧失身价。因此，他们为赢得人们的赞美，宁肯展示贫乏不毛的真理和能充分表现才智的演绎论证，作为他们这门技艺的成果，而不顾揭开真正使用的方法——这也许会把能获得的赞美化为乌有。"

笛卡儿发现在他的同时代的人中，正有人在复兴这门技艺，"它具有真正的数学所必备的清晰性和简单性。"他说他的这些考察使他从带特殊性的算术和几何走向一种具有普遍性的数学。

（3）笛卡儿的"普遍的数学"的目标是直接指向科学研究的。他提出数学应研究"一切事物的次序与度量性质"，不管它们"来自数、图形、星辰、声音或其他任何涉及度量的事物。"数学应该阐明"有关次序与度量的完整的原理"。笛卡儿实际提出了科学数学化的任务。

（4）帕普斯问题是笛卡儿打开"普遍的数学"大门的敲门砖。

恩格斯说笛卡儿使变量进入数学，使数学成为研究运动的武器。而笛卡儿做到这一点的直接原因却归于一个纯粹的几何问题——所谓的帕普斯问题。在这里讲一下笛卡儿对实验以及哲学的功效的观点，跟上述事实对照起来是颇有意思的。

跟一般人以为的不同，笛卡儿非常重视科学实验。在《哲学原理》的序言中，他讲了他的宏图大志，讲了已完成和尚未完成的工作，接着，他不无遗憾地说："假如我能做一切必要的实验来论证和支持我的理论，我一定会努力去完成整个计划的，因为我并不觉得自己很老，也不怀疑自己的精力，离要达到的知识又不算遥远。不过，做这些事(指实验)费用浩大，若无公家资助，以我个人的家产实在难以实现。可是，公家之助既然不可期，我想今后的研究只能满足于自我教诲了。我想我因此而未能为后人的直接利益效力，他们是会原谅我的。"这是他 1644 年发出的叹息，时年 48 岁。此前，在他力所能及之处，他确实做过不少实验，包括磨制光学镜片，解剖从屠宰场买来的动物器官等。

不少人也不了解笛卡儿的理性主义哲学的目的却是相当讲究实际的。他把全部哲学比喻成一棵树：根是形而上学，干是物理学，枝条是其他科学(包括医学、机械学、伦理学等)。他说："不过，我们不是从树根、树干而是从树的枝梢采集果实的。""我一向怀着一种热忱，愿对公众稍有贡献，所以我在 10 年或 12 年前就印行了一些论说，发表我认为是一得之见的一些学说"，这显然是指他的光学、气象学和几何学。

尽管有以上背景，他却并不是从当时科学界热烈讨论的运动问题为数学引入变量的观念，而是从纯几何的帕普斯问题出发，为研究运动问题提供了有效的方法。

笛卡儿得到解析几何真谛的过程大致如下：① 在学生时代，对几何、算术和代数产生了浓厚的兴趣，认为是他所学知识中最明白和确实的；② 在发展他的哲学体系时，提出由怀疑为先导的理性方法，因而对希腊数学进行了深刻的反思；③ 与此同时，他对科学的兴趣，使他产生了要寻找一种普遍适用的数学的强烈愿望；④ 在批判希腊数学著作时，在帕普斯的《数学汇编》中发现了“轨迹问题”[欧几里得和阿波罗尼奥斯(Apollonius)都研究过但未解决]。这一适合发挥“分析”论证优点的问题引起了笛卡儿极大的兴趣，在给友人的信中说，他在《几何》发表前 4 年，花了 5 到 6 周的时间解决了这个问题。笛卡儿正是在解这个问题时踏进了我们称做解析几何的大门。

3. 笛卡儿对数学对象的客观性的解释

在《第一哲学沉思录》中，笛卡儿有一段对数学对象本性的论述：“我想象一个三角形的时候，虽然在我以外的世界的任何地方也许没有这样一种形相，甚至从来没有过，但是这种形相毕竟具有明确的本性、形式或本质，这种本性是不变的、永恒的，不是我捏造的，而且不以任何方式依赖我的心灵。”接着他点出了三角形的几个性质：三内角和等于两直角，大边对大角等，并说他初次想象一个三角形时并没想到这类性质。他不同意这样的解释：“由于我曾经见过三角形的物体，于是关于三角形的观念通过感官进入我的心灵”，因为“我可以在心中形成无数其他根本无法认为是感官对象引起的形相，而我仍旧能推证出各种涉及它们本性的特征”，它们是“如此清楚，因此不是纯粹的虚无，而具有真实性”“上帝的存在至少与我在这里认为真实的全部(仅涉及数和形相的)数学真理同样确实。”

应该指出，笛卡儿在早年为外部世界的事物(他称为感官对象)所深深吸引时，就曾把算术、几何以及一般纯粹数学中的形相、数目等能清楚明白理会到的东西当成是真实的。经过多年的哲学考察后他才转向上述接近柏拉图的数学客观性观念。

汉译者前言

终于译完了笛卡儿的《几何》，可是心里总觉得有些不踏实。除了两种语言的差异之外，时代的间隔也带来了理解和遣词造句的困难，很难做到严复所提倡的信、达、雅。但我尽了最大的努力，希望这个译文尚能表达笛卡儿的原意。

笛卡儿在 1637 年发表他的名著《方法谈》(*Discours de la méthode*)时加了三个附录，即《折光》、《气象》和《几何》。我们译的就是其中最后一个附录。该书首发时用的是法文。与当时大都用拉丁文发表学术著作的气氛有些不协调；书上也未标明作者笛卡儿的名字，他是授权荷兰莱顿地方的书商迈雷(J. Maire)印行此书的。1649 年，斯霍滕出版了他的拉丁文译本，那年笛卡儿尚在世。《几何》的第一个英译本迟至 1925 年才在美国问世，译者是史密斯(D. E. Smith)和莱瑟姆(M. L. Latham)，依据的是上述的法文和拉丁文两种版本。我们则是参照他们的英译本和 1637 年的法文版译出的。

笛卡儿对数学有独到的见解。他觉得古希腊人的综合几何过于依赖图形，束缚了人的想象力，它虽给出了大量真理，但并未告诉人们“事情为什么会是这样，也没有说明这些真理是如何发现的”；对当时的代数，他认为它完全从属于法则和公式，不能成为改进智力的科学；至于三段论逻辑，他认定是不能产生任何新结果的。所以在《方法谈》中，笛卡儿力主将逻辑、几何、代数三者的优点结合起来而丢弃各自的不足，从而建立一种“真正的数学”，一种“普遍的数学”，用于研究“一切事物的次序和度量性质”，不管它们是“来自数、图形、星辰、声或其他任何涉及度量的事物。”

《几何》则是笛卡儿从事具体数学研究的结晶，其中最惊人的业绩是提出了影响到微积分的诞生以及近代科学繁荣的解析几何的基本思想与方法。细细读来，我们不难寻觅到这门学科出世的踪迹：原来，造成近代科学之澎湃大潮者，却发源于古希腊时代的所谓帕普斯问题这条涓涓细流；笛卡儿借助无处不在的"单位线段"这本"观音经"，解开了束缚韦达的代数方程非要齐次的"几何紧箍咒"……

有桩涉及年代的小事不妨一提。有人曾把1619年11月10日订为解析几何的诞生日，因为根据与笛卡儿同时代的他的传记作家巴伊叶(A. Baillet)称，那晚笛卡儿做了三个内容关联的梦，梦境使他顿悟到了一把开启自然之门的钥匙(暗指解析几何)。如果说，笛卡儿在当时已认识到必须改变旧式的数学研究方式，需要建立上述那种"普遍的数学"，那是顺理成章的，他在那日之前的几年间正经历着对一切旧事物进行彻底怀疑与批判的哲学反思；但我们并无蛛丝马迹说明他已敲开了解析几何之门。1632年4月5日，笛卡儿曾有信给他的挚友梅森(M. Mersenne)，提到他花了五至六个星期才找到了帕普斯问题的解。而我们知道，帕普斯问题正是通向解析几何的敲门砖。所以说，笛卡儿在1632年或之前得到了有关解析几何的主要思想与方法，恐是比较可靠的。

需要指出的是，法文原版正文中的小标题均排印在切口处，英文版正文中均未排印小标题。中译本中已将小标题插入正文中相应之处。法文版目录中列出的第二编第12、13两个小标题及第三编最后一个小标题，在正文中未出现，这不会影响读者阅读本书，因此我在中译本中保留了原状。此外，为阅读与印刷方便，法文原版中的符号在中译本中都改用现代通用符号(见目录之前的符号对照表)；原版中的图及表示线段的字母在中译本中皆保持原样；原版中用语词表述几个量成比例，如"a 比 b 等于 c 比 d"，中译本则采用符号表示，如"$a : b = c : d$"。

译者在翻译时曾向友人林力娜(Karine Chemla)请教过笛卡儿《几何》的法文原著中若干语句的中译问题，她提出了许多宝贵的建议，译者对她深表谢意。

译　者

1992年3月于北京

本书法文版中使用的符号与中文版中使用的符号

对 照 表

	《几何》中使用的符号	现代通用符号
加 号	$+$	$+$
减 号	--	$-$
乘 号	省略(如 ab 表示 a 乘 b)	×或·或省略
幂次记号	字母右上标数字(如 a^2),或同一字母连乘(如 aa)	字母右上标数字
除 号	—$\left(如\frac{a}{b}表示 b 除 a\right)$	÷或—
开平方根号	$\sqrt{}$	$\sqrt{}$
开立方根号	$\sqrt{C.}$ (如$\sqrt{c \cdot a^3 - b^3 + abb}$表示求 $a^3 - b^3 + ab^2$ 的三次根)	$\sqrt[3]{}$
等 号	∞	$=$
方程缺项符	* (如在 Z^{4*} --25zz--60z--36 ∞0 中,* 表示缺 z^3 的项)	无
加减号并用符	· (如$+x^{4*}.pxx.qx.r$ ∞0 表示 $x^4 \pm px^2 \pm qx \pm r = 0$)	±

笛卡儿肖像

第1章

仅使用直线和圆的作图问题

· Problems the Construction of . . . and Circles ·

在《几何》中，笛卡儿分析了几何学与代数学的优缺点：希腊人的几何过于抽象，而且过多地依赖于图形，总是要寻求一些奇妙的想法；代数却完全受法则和公式的控制，以致阻碍了自由的思想和创造。他同时看到了几何的直观与推理的优势和代数机械化运算的力量。于是他着手解决这个问题，并由此创立了解析几何。

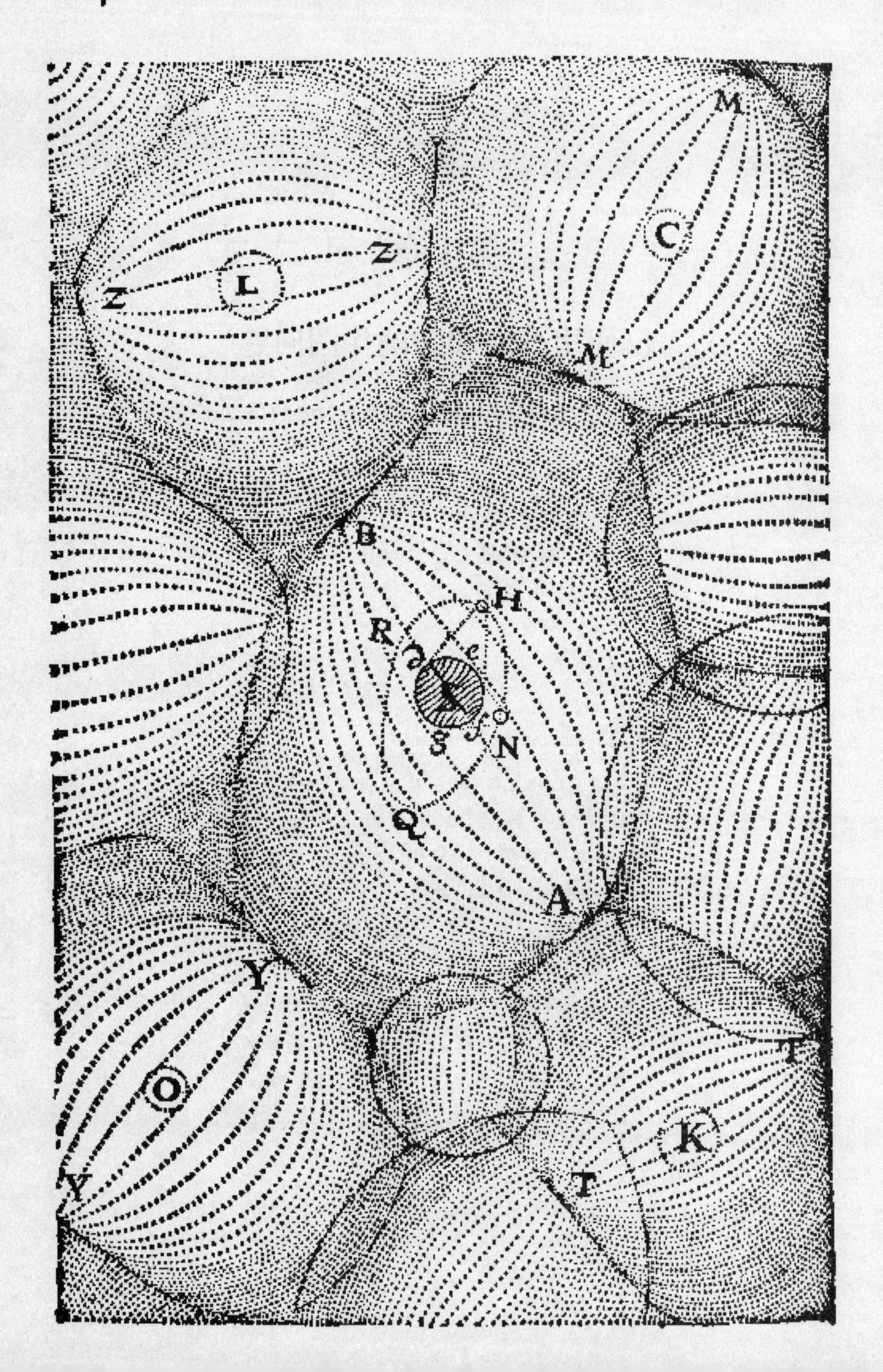
M
C
Z
L
Z
M
B
H
R
e
N
Q
A
Y
O
T
K
Y
T

任何一个几何问题都很容易化归为用一些术语来表示，使得只要知道直线段的长度的有关知识，就足以完成它的作图。

如何将算术运算转为几何的运算

算术仅由四或五种运算组成，即加、减、乘、除和开根，开根可认为是一种除法；在几何中，为得到所要求的线段，只需对其他一些线段加加减减；不然的话，我可以取一个线段，称之为单位，目的是把它同数尽可能紧密地联系起来，而它的选择一般是任意的；当再给定其他两条线段，则可求第四条线段，使它与给定线段之一的比等于另一给定线段与单位线段的比（这跟乘法一致）；或者，可求第四条线段，使它与给定线段之一的比等于单位线段与另一线段之比（这等价于除法）；最后，可在单位线段和另一线段之间求一个、两个或多个比例中项（这相当于求给定线段的平方根、立方根，等等）。为了更加清晰明了，我将毫不犹豫地将这些算术的术语引入几何。

如何在几何中进行乘、除和开平方根

例如，令 AB 为单位线段，求 BC 乘 BD。我只要联结点 A 与点 C，引 DE 平行 CA；则 BE 即是 BD 和 BC 的乘积。

若求 BD 除 BE，我联结 E 和 D，引 AC 平行 DE；则 BC 即为除得的结果。

若想求 GH 的平方根，我沿该直线加上一段等于单位长的线段 FG；然后平分 FH 于 K；我再以 K 为圆心作圆 FIH，并从 G 引垂线延至 I。那么，GI 即所求的平方根。我在这里不讲立方根或其他根的求法，因为在后面讲起来更方便。

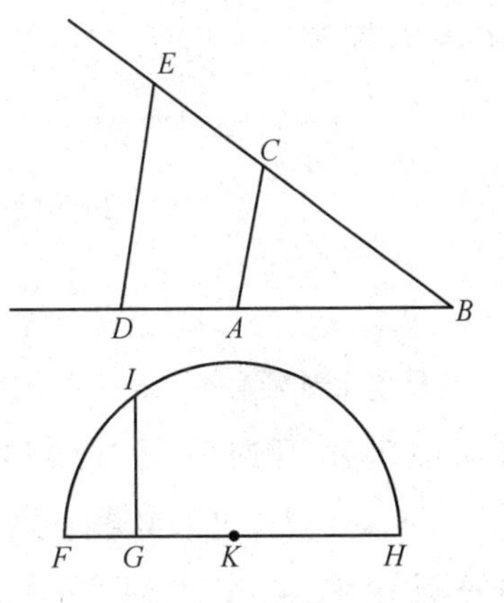

◀笛卡儿《哲学原理》中的插图

我们如何在几何中使用算术符号

通常，我们并不需要在纸上画出这些线，
而只要用单个字母来标记每一条线段就够了。所以，为了作线段 BD 和 GH 的加法，我记其中的一条为 a，另一条为 b，并写下 $a+b$。同样，$a-b$ 将表示从 a 中减去 b；ab 表示 b 乘 a；$\frac{a}{b}$表示 b 除 a；aa 或 a^2 表示 a 自乘；a^3 表示自乘所得的结果再乘 a，并依此类推。类似地，若求 a^2+b^2 的平方根，我记作 $\sqrt{a^2+b^2}$；若求 $a^3-b^3+ab^2$ 的立方根，我写成$\sqrt[3]{a^3-b^3+ab^2}$，依此可写出其他的根。必须注意，对于 a^2，b^3 及类似的记号，我通常用来表示单一的一条线段，只是称之为平方、立方等等而已，这样，我就可以利用代数中使用的术语了。

还应该注意，当所讨论的问题未确定单位时，每条线段的所有部分都应该用相同的维数来表示。a^3 所含的维数跟 ab^2 或 b^3 一样，我都称之为线段$\sqrt[3]{a^3-b^3+ab^2}$的组成部分。然而，对单位已确定的情形就另当别论了，因为不论维数的高低，对单位而言总不会出现理解上的困难；此时，若求 a^2b^2-b 的立方根，我们必须认为 a^2b^2 这个量被单位量除过一次，而 b 这个量被单位量乘过 2 次。

最后，为了确保能记住线段的名称，我们在给它们指定名称或改变名称时，总要单独列出名录。例如，我们可以写 $AB=1$，即 AB 等于 1；$GH=a$，$BD=b$，等等。

我们如何利用方程来解各种问题

于是，当要解决某一问题时，我们首先假定解已经得到，并给为了作出此解而似乎要用到的所有线段指定名称，不论它们是已知的还是未知的。然后，在不对已知和未知线段作区分的情况下，利用这些线段间最自然的关系，将难点化解，直至找到这样一种可能，即用两种方式表示同一个量。这将引出一个方程，因为这两个表达式之一的各项合在一起等于另一个的各项。

我们必须找出跟假定为未知线段的数目一样多的方程；但是，若在考虑了每一个有关因素之后仍得不到那样多的方程，那么，显然该问题不是完全确定的。一旦出现这种情况，我们可以为每一条缺少方程与之对应的未知线段，任意确定一个长度。

当得到了若干个方程，我们必须有条不紊地利用其中的每一个，或是单独加以考虑，或是将它与其他的相比较，以便得到每一个未知线段的值；为此，我们必须先统一地进行考察，直到只留下一条未知线段，它等于某条已知线段；或者是未知线段的平方、立方、四次方、五次方、六次方等中的任一个，等于两个或多个量的和或差，这些量中的一个是已知的，另一些由单位跟这些平方、或立方、或四次方得出的比例中项乘以其他已知线段组成。我用下列式子来说明：

$$z=b$$

或 $z^2=-az+b^2$

或 $z^3=az^2+b^2z-c^3$

或 $z^4=az^3-c^3z+d^4$，

……

即，z 等于 b，这里的 z 我用以表示未知量；或 z 的平方等于 b 的平方减 z 乘 a；或 z 的立方等于：z 的平方乘以 a 后加 z 乘以 b 的平方，再减 c 的立方，其余类推。

这样，所有的未知量都可用单一的量来表示，无论问题是能用圆和直线作图的，还是能用圆锥截线作图的，甚或是能用次数不高于三或四次的曲线作图的。

我在这里不作更详细的解释，否则我会剥夺你靠自己的努力去理解时所能享受的愉悦；同时，通过推演导出结论，对于训练你的思维有益，依我之见，这是从这门科学中所能获得的最主要的好处。这样做的另一个理由是，我知道对于任何熟悉普通的几何和代数的人而言，只要他们仔细地思考这篇论著中出现的问题，就不会碰到无法克服的困难。

因此，我很满意如下的说法：对于一名学生来说，如果他在解这些方程时一有机会就能利用除法，那么他肯定能将问题约化到最简单的情形。

平面问题及其解

如果所论问题可用通常的几何来解决，即只使用平面上的直线和圆的轨迹，此时，最后的方程要能够完全解出，其中至多只能保留一个未知量的平

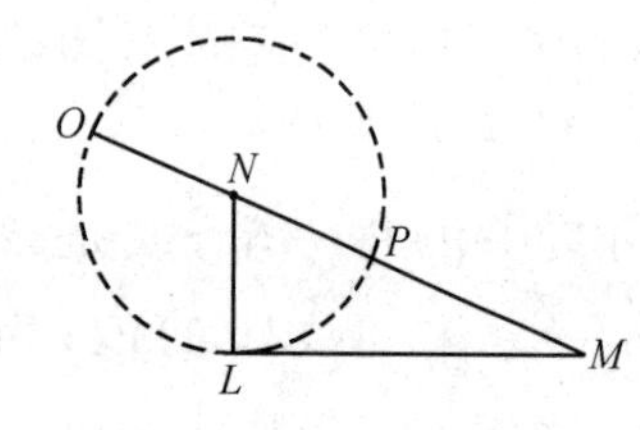

方，它等于某个已知量与该未知量的积，再加上或减去另一个已知量。于是，这个根或者说这条未知线段能容易地求得。例如，若我得到 $z^2=az+b^2$，我便作一个直角三角形 NLM，其一边为 LM，它等于 b，即已知量 b^2 的平方根；另一边 LN，它等于 $\frac{1}{2}a$，即另一个已知量——跟我假定为未知线段的 z 相乘的那个量——的一半。于是，延长 MN，整个线段 OM 即所求的线段 z。它可用如下方式表示：

$$z=\frac{1}{2}a+\sqrt{\frac{1}{4}a^2+b^2}。$$

但是，若我得到 $y^2=-ay+b^2$，其中 y 是我们想要求其值的量，此时我作同样的直角三角形 NLM，在斜边上划出 NP 等于 NL，剩下的 PM 即是所求的根 y。我们写作

$$y=-\frac{1}{2}a+\sqrt{\frac{1}{4}a^2+b^2}。$$

同样地，若我得到

$$x^4=-ax^2+b^2,$$

此时 PM 即是 x^2，我将得出

$$x=\sqrt{-\frac{1}{2}a+\sqrt{\frac{1}{4}a^2+b^2}},$$

其余情形类推。

最后，若得到的是 $z^2=az-b^2$，我如前作 NL 等于 $\frac{1}{2}a$，LM 等于 b；然后，我不去联结点 M 和 N，而引 MQR 平行于 LN，并以 N 为圆心画过 L 的圆，交 MQR 于点 Q 和 R；那么，所求线段 z 或为 MQ，或为 MR，因为此时有两种表达方式，即：

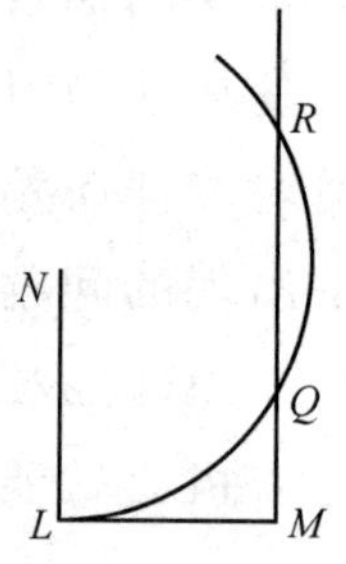

$$z=\frac{1}{2}a+\sqrt{\frac{1}{4}a^2-b^2}$$

和

$$z=\frac{1}{2}a-\sqrt{\frac{1}{4}a^2-b^2}。$$

当以 N 为心过 L 的圆跟直线 MQR 既不相交也不相切，则方程无根，此

时我们可以说这个问题所要求的作图是不可能的。

还有许多其他的方法可用来求出上述同样的根，我已给出的那些非常简单的方法说明，利用我解释过的那四种图形的作法，就可能对通常的几何中的所有问题进行作图。我相信，古代数学家没有注意到这一点，否则他们不会花费那么多的劳动去写那么多的书；正是这些书中的那些命题告诉我们，他们并没有一种求解所有问题的可靠方法，而只是把偶然碰到的命题汇集在一起罢了。

帕普斯的例子

帕普斯在他的书的第七篇开头所写的内容也证明了这一点。在那里，他先用相当多的篇幅列出了他的前辈撰写的大量几何著作；最后才提到一个问题，他说那既非欧几里得，亦非阿波罗尼奥斯或其他人所能完全解决的；他是这样写的：

> 此外，他（阿波罗尼奥斯）说与三线或四线相关的轨迹问题，欧几里得并未完全解决，他本人和其他人也没能够完全解决。他们根本没有利用在欧几里得之前已论证过的圆锥截线，来为欧几里得所写下的内容添加任何东西。

在稍后的地方，帕普斯叙述了这个问题：

> 他（阿波罗尼奥斯）对与三线或四线相关的轨迹问题引以为豪，对其前辈作者的工作则不置一词。问题的性质如下：若给定了三条直线的位置，并且从某一点引出的三条直线段分别和三条给定直线相交成给定的角；若所引的直线段中的两条所作成的矩形与另一条的平方相比等于给定的比，则具有上述性质的点落在一条位置确定的立体轨迹上，即落在三种圆锥截线的一种上。
>
> 同样，若所引直线段与位置确定的四条直线相交成给定的角，并且所引直线段中的两条所作成的矩形与另两条作成的矩形相比等于给定的比；那么，同样地，点将落在一条位置确定的圆锥截线上。业已证明，对于只有二线的情形，对应的轨迹是一种平面轨迹。当给定的直线的数

目超过四条时，至今并不知道所描绘出的是什么轨迹（即不可能用普通的方法来确定），而只能称它做'线'。不清楚它们是什么东西，或者说不知其性质。它们中有一条轨迹已被考察过，它不是最重要的而是最容易了解的，这项工作已被证明是有益的。这里要讨论的是与它们有关的命题。

若从某一点所引的直线段与五条位置确定的直线相交成固定的角，并且所引直线段中的三条所作成的直角六面体与另两条跟一任意给定线段作成的直角六面体相比等于给定比，则点将落在一条位置确定的"线"上。同样，若有六条直线，所引直线段中的三条所作成的立体与另三条作成的立体的比为给定的比，则点也将落在某条位置确定的"线"上。但是当超过六条直线时，我们不能再说由四条直线段所作成的某物与其余直线段作成的某物是否构成一个比，因为不存在超过三维的图形。

这里，我请你顺便注意一下，迫使古代作者在几何中使用算术术语的种种考虑，未能使他们逾越鸿沟而看清这两门学科间的关系，因而在他们试图作解释时，引起了众多的含糊和令人费解的说法。

帕普斯这样写道：

对于这一点，过去解释过这些事情（一个图形的维数不能超过3）的人的意见是一致的。他们坚持认为，由这些直线段所作成的图形，无论如何都是无法理解的。然而，一般地使用这种类型的比来描述和论证却是允许的，叙述的方式如下：若从任一点引出若干直线段，与位置确定的一些直线相交成给定的角；若存在一个由它们组合而成的确定的比，这个比是指所引直线段中的一个与一个的比，第二个与某第二个的比，第三个与某第三个的比，等等。如果有七条直线，就会出现跟一条给定直线段的比的情形，如果有八条直线，即出现最后一条与另外最后某条直线段的比；点将落在位置确定的线上。类似地，无论是奇数还是偶数的情形，正如我已说过的，它们在位置上对应四条直线；所以说，他们没有提出任何方法使得可以得出一条线。[1]

这个问题始于欧几里得，由阿波罗尼奥斯加以推进，但没有哪一位得以

---

[1] 笛卡儿所引帕普斯的这段话含义不清，我们只能从上下文来理解它。——译者

完全解决。问题是这样的：

有三条、四条或更多条位置给定的直线，首先要求找出一个点，从它可引出另外同样多条直线段，每一条与给定直线中的某条相交成给定的角，使得由所引直线段中的两条作成的矩形，与第三条直线段(若仅有三条的话)形成给定的比；或与另两条直线段(若有四条的话)所作成的矩形形成给定的比；或者，由三条直线段所作成的平行六面体与另两条跟任一给定直线段(若有五条的话)所作成的平行六面体形成给定的比，或与另三条直线段(若有六条的话)所作成的平行六面体；或者(若有七条的话)其中四条相乘所得的积与另三条的积形成给定的比，或(若有八条的话)其中四条的积与另外四条的积形成给定的比。于是，问题可以推广到有任意多条直线的情形。

因为总有无穷多个不同的点满足这些要求，所以需要发现和描绘出含有所有这些点的曲线。帕普斯说，当仅给定三或四条直线时，该曲线是三种圆锥截线中的一种；但是当问题涉及更多条直线时，他并未着手去确定、描述或解释所求的线的性质。他只是进而说，古代人了解它们之中的一种，他们曾说明它是有用的，似乎是最简单的，可是并不是最重要的。这一说法促使我来作一番尝试，看能否用我自己的方法达到他们曾达到过的境界。

解帕普斯问题

首先，我发现如果问题只考虑三、四或五条直线，那么为了找出所求的点，利用初等几何就够了，即只需要使用直尺和圆规，并应用我已解释过的那些原理；当然五条线皆平行的情形除外。对于这个例外，以及对于给定了六、七、八或九条直线的情形，总可以利用有关立体轨迹的几何来找出所求的点，这是指利用三种圆锥截线中的某一种；同样，此时也有例外，即九条直线皆平行的情形。对此例外及给定十、十一、十二或十三条直线的情形，依靠次数仅比圆锥截线高的曲线便可找出所求的点。当然，十三条线皆平行的情形必须除外，对于它以及十四、十五、十六和十七条直线的情形，必须利用次数比刚提到的曲线高一次的曲线；余者可依此无限类推。

其次，我发现当给定的直线只有三条或四条时，所求的点不仅会出现全体都落在一条圆锥截线上的情形，而且有时会落在一个圆的圆周上，甚或落在一条直线上。

当有五、六、七或八条直线时，所求的点落在次数仅比圆锥截线高一次的曲线上，我们能够想象这种满足问题条件的曲线；当然，所求的点也可能落在一条圆锥截线上、一个圆上或一条直线上。如果有九、十、十一或十二条直线，所求曲线又比前述曲线高一次，正是这种曲线可能符合要求。余者可依此无限类推。

最后，紧接在圆锥截线之后的最简单的曲线是由双曲线和直线以下面将描述的方式相交而生成的。

我相信，通过上述办法，我已完全实现了帕普斯告诉我们的、古代人所追求的目标。我将试图用几句话加以论证，耗费过多的笔墨已使我厌烦了。

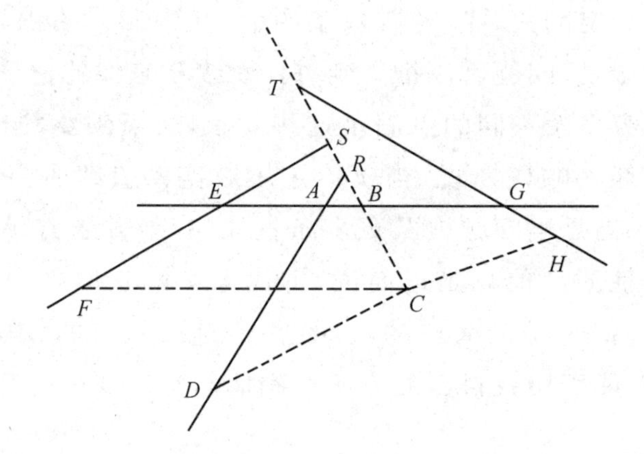

令 AB，AD，EF，GH……是任意多条位置确定的直线，求点 C，使得由它引出的直线段 CB，CD，CF，CH……与给定直线分别成给定的角 CBA，CDA，CFE，CHG……并且，它们中的某几条的乘积等于其余几条的乘积，或至少使这两个乘积形成一给定的比，这后一个条件并不增加问题的难度。

我们应如何选择适当的项以得出该问题的方程

首先，我假设事情已经做完；但因直线太多会引起混乱，我可以先把事情简化，即考虑给定直线中的一条和所引直线段中的一条(例如 AB 和 BC)作为主线，对其余各线我将参考它们去做。称直线 AB 在 A 和 B 之间的线段为 x，称 BC 为 y。倘若给定的直线都不跟主线平行，则将它们延长以与两条主线(如需要也应延长)相交。于是，从图上可见，给定的直线跟 AB 交于点 A、E、G，跟 BC 交于点 R、S、T。

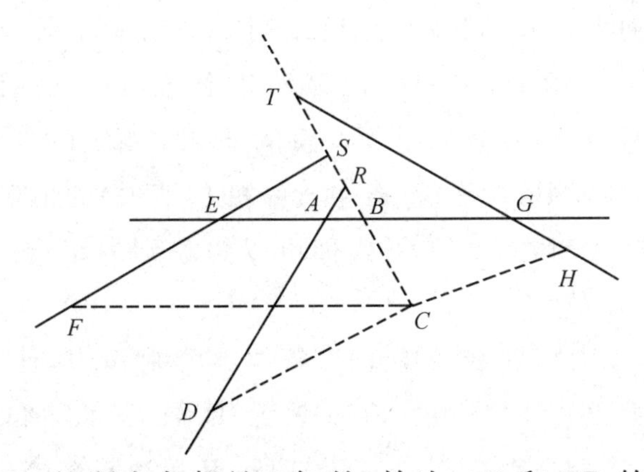

因三角形 ARB 的所有角都是已知的，故边 AB 和 BR 的比也可知。若我们令 $AB:BR=z:b$，因 $AB=x$，我们有 $RB=\frac{bx}{z}$；又因 B 位于 C 和 R 之间，我们有 $CR=y+\frac{bx}{z}$。（当 R 位于 C 和 B 之间时，CR 等于 $y-\frac{bx}{z}$；当 C 位于 B 和 R 之间时，CR 等于 $-y+\frac{bx}{z}$）。又，三角形 DRC 的三个角是已知的，因此可以确定边 CR 和 CD 的比，记这个比为 $z:c$，因 $CR=y+\frac{bx}{z}$，我们有 $CD=\frac{cy}{z}+\frac{bcx}{z^2}$。那么，由于直线 AB，AD 和 EF 的位置是确定的，故从 A 到 E 的距离已知。若我们称这段距离为 k，那么 $EB=k+x$；虽然当 B 位于 E 和 A 之间时 $EB=k-x$，而当 E 位于 A 和 B 之间时 $EB=-k+x$。现在，三角形 ESB 的各角已知，BE 和 BS 的比也可知，我们称这个比为 $z:d$。于是 $BS=\frac{dk+dx}{z}$，$CS=\frac{zy+dk+dx}{z}$。当 S 位于 B 和 C 之间时，我们有 $CS=\frac{zy-dk-dx}{z}$，而当 C 位于 B 和 S 之间时，我们有 $CS=\frac{-zy+dk+dx}{z}$。三角形 FSC 的各角已知，因此，CS 和 CF 的比也可知，记作 $z:e$。于是，$CF=\frac{ezy+dek+dex}{z^2}$。同样地，$AG$ 或 l 为已知，$BG=l-x$。在三角形 BGT 中，BG 和 BT 的比，或者说 $z:f$ 为已知。因此，$BT=\frac{fl-fx}{z}$，$CT=\frac{zy+fl-fx}{z}$。在三角形 TCH 中，TC 和 CH 的比，或者说 $z:g$ 也可知，故 $CH=\frac{gzy+fgl-fgx}{z^2}$。

于是，你们看到，无论给定多少条位置确定的直线，过点 C 与这些直线相交成给定角的任何直线段的长度，总可以用三个项来表示。其一由某个已知量乘或除未知量 y 所组成；另一项由另外某个已知量乘或除未知量 x 所组成；第三项由已知量组成。我们必须注意例外，即，给定的直线跟 AB 平行（此时含 x 的项消失），或跟 CB 平行（此时含 y 的项消失）的情形。这种例外情形十分简单，无须进一步解释。在每一种可以想象到的组合中，这些项的符号或是＋或是－。

你还能看出，在由那些线段中的几条作出的乘积中，任一含 x 或 y 的项的次数不会比被求积的线段（由 x 和 y 表示）的数目大。所以，若两条线段相乘，没有一项的次数会高于 2；若有三条线段，其次数不会高于 3，依此类推，无一例外。

当给定的直线不超过五条时，我们如何知道相应的问题是平面问题

进而，为确定点 C，只需一个条件，即某些线段的积与其他某些线段的积，或者相等或者（也是相当简单的）它们的比为一给定的值。由于这个条件可以用含有两个未知量的一个方程表示，所以我们可以随意给 x 或 y 指定一个值，再由这个方程求出另一个的值。显然，当给定的直线不多于五条时，量 x——它不用来表示问题中原有的那些直线段——的次数绝不会高于 2。

给 y 指定一个值，我们得 $x^2=\pm ax\pm b^2$，因此 x 可以借助直尺和圆规，按照已经解释过的方法作出。那么，当我们接连取无穷多个不同的线段 y 的值，我们将得到无穷多个线段 x 的值，因此就有了无穷多个不同的点 C，所求曲线便可依此画出。

这个方法也适用于涉及六条或更多直线的问题，如果其中某些直线跟 AB 或 BC 中的任一条平行的话；此时，或者 x、或者 y 的次数在方程中只是 2，所以点 C 可用直尺和圆规作出。

另一方面，若给定的直线都平行，即使问题仅涉及五条直线，点 C 也不可能用这种办法求得。因为，由于量 x 根本不在方程中出现，所以不再允许给 y 指定已知的值，而必须去求出 y 的值。又因为此时 y 的项是三次的，其值只需求解一个三次方程的根便可得到，三次方程的根一般不用某种圆锥截线是不能求得的。

进而，若给定的直线不超过几条，它们不是彼此平行的，那么方程总能写

成次数不高于4的形式。这样的方程也总能够利用圆锥截线,并按照我将要解释的方法去求解。

若直线的数目不超过13,则可利用次数不超过6的方程,它的求解可依靠只比圆锥截线的次数高一次的曲线,并按照将要解释的方法去做。

至此,我已完成了必须论证的第一部分内容,但在进入第二部分之前,还必须一般性地阐述一下曲线的性质。

笛卡儿在工作

第 2 章

曲线的性质

· On the Nature of Curved Line ·

为了讨论本书引进的所有曲线，我想只需引入一条必要的假设，即两条或两条以上的线可以一条随一条地移动，并由它们的交点确定出其他曲线。

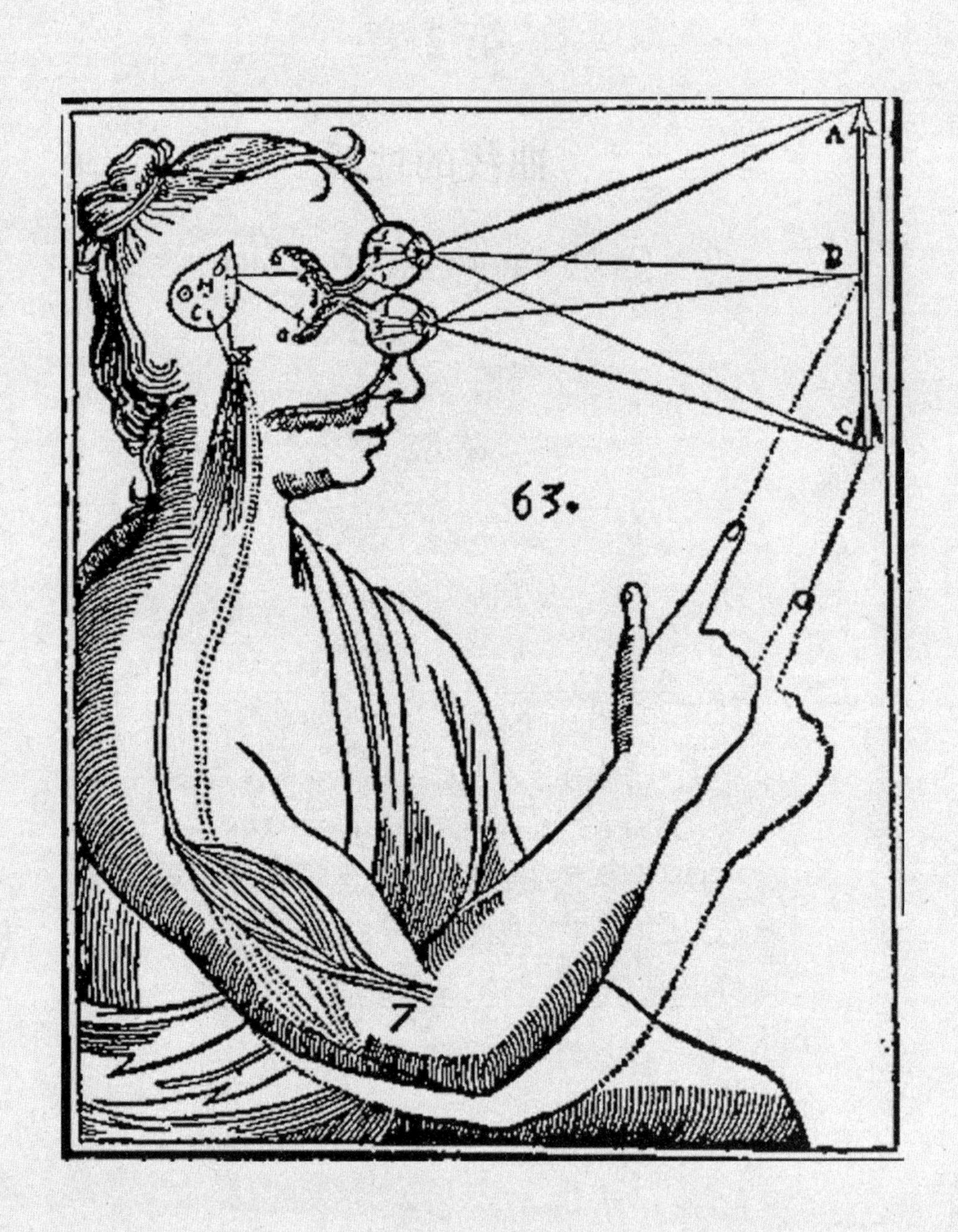
A
B
C
63.
7

哪些曲线可被纳入几何学

古代人熟悉以下事实，几何问题可分成三类，即平面的、立体的和线的问题。这相当于说，某些问题的作图只需要用到圆和直线，另一些需要圆锥截线，再有一些需要更复杂的曲线。然而，令我感到吃惊的是他们没有再继续向前，没有按不同的次数去区分那些更复杂的曲线；我也实在不能理解他们为什么把最后一类曲线称做机械的而不称做几何的。如果我们说，他们是因为必须用某种工具才能描绘出这种曲线而称其为机械的，那么为了协调一致，我们也必须拒绝圆和直线了，因为它们非用圆规和直尺才能在纸上画出来，而圆规、直尺也可以称做是工具。我们也不能说因为其他工具比直尺和圆规复杂故而不精密；若这样认为，它们就该被排除出机械学领域，作图的精密性在那里甚至比在几何中更重要。在几何中，我们只追求推理的准确性，讨论这种曲线就像讨论更简单的曲线一样，都肯定是绝对严格的。我也不能相信是因为他们不愿意超越那两个公设，即：(1) 两点间可作一直线，(2) 绕给定的中心可作一圆过一给定的点。他们在讨论圆锥截线时，就毫不犹豫地引进了这样的假设：任一给定的圆锥可用给定的平面去截。现在，为了讨论本书引进的所有曲线，我想只需引入一条必要的假设，即两条或两条以上的线可以一条随一条地移动，并由它们的交点确定出其他曲线。这在我看来决不会更困难。

真的，圆锥截线被接纳进古代的几何，恐怕绝非易事，我也不关心去改变由习惯所认定的事物的名称；无论如何，我非常清楚地知道，若我们一般地假定几何是精密和准确的，那么机械学则不然；若我们视几何为科学，它提供关于所有物体的一般的度量知识，那么，我们没有权力只保留简单的曲线而排除复杂的曲线，倘若它们能被想象成由一个或几个连续的运动所描绘，后者中的每一个运动完全由其前面的运动所决定——通过这种途径，总可以得到涉及每一个运动的量的精确知识。

◀笛卡儿关于人的感知系统与手臂的运动关系示意图

也许，古代几何学拒绝接受比圆锥截线更复杂的曲线的真正理由在于，首先引起他们注意的第一批这类曲线碰巧是螺线、割圆曲线以及类似的曲线，它们确实只归属于机械学，而不属于我在这里考虑的曲线之列，因为它们必须被想象成由两种互相独立的运动所描绘，而且这两种运动的关系无法被精确地确定。尽管他们后来考察过蚌线、蔓叶线和其他几种应该能被接受的曲线；但由于对它们的性质知之不多，他们并没有比之其他曲线给予更多的思考。另一方面，他们可能对圆锥截线所知不多，也不了解直尺和圆规的许多可能的作图，因此还不敢去做更困难的事情。我希望从今以后，凡能巧妙地使用这里提到的几何方法的人，不会在应用它们解决平面或立体问题时遇到大的困难。因此，我认为提出这一内容更加广泛的研究方向是适宜的，它将为实践活动提供巨大的机会。

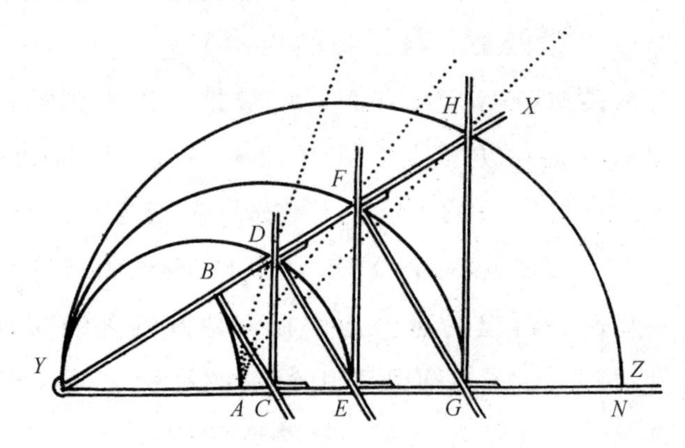

考虑直线 AB，AD，AF，等等，我们假设它们可由工具 YZ 所描绘。该工具由几把直尺按下述方式绞接在一起组合而成：沿直线 AN 放置 YZ，角 XYZ 的大小可增可减，当它的边集拢后，点 B，C，D，E，F，G，H 全跟 A 重合；而当角的尺寸增加时，跟 XY 在点 B 固定成直角的直尺 BC，将直尺 CD 向 Z 推进，CD 沿 YZ 滑动时始终与它保持成直角。类似地，CD 推动 DE，后者沿 XY 滑动时始终与 BC 平行；DE 推动 EF；EF 推动 FG；FG 推动 GH，等等。于是，我们可以想象有无穷多把尺子，一个推动另一个，其中有一半跟 XY 保持相等的角度，其余的跟 YZ 保持等角。

当角 XYZ 增加时，点 B 描绘出曲线 AB，它是圆；其他直尺的交点，即点 D，F，H 描绘出另外的曲线 AD，AF，AH，其中后两条比第一条复杂，第一条比圆复杂。无论如何，我没有理由说明为什么不能像想象圆的描绘那样，清晰明了地想象那第一条曲线，或者，至少它能像圆锥截线一样明白无误；同样，为什么这样描绘出的第二条、第三条，以至其他任何一条曲线不能如想象

第一条那样清楚呢；因此，我没有理由在解几何问题时不一视同仁地使用它们。

区分所有曲线的类别，以及掌握它们与直线上点的关系的方法

我可以在这里给出其他几种描绘和想象一系列曲线的方法，其中每一条曲线都比它前面的任一条复杂，但是我想，认清如下事实是将所有这些曲线归并在一起并依次分类的最好办法：这些曲线——我们可以称之为“几何的”，即它们可以精确地度量——上的所有的点，必定跟直线上的所有的点具有一种确定的关系，而且这种关系必须用单个的方程来表示。若这个方程不包含次数高于两个未知量所形成的矩形或一个未知量的平方的项，则曲线属于第一类，即最简单的类，它只包括圆、抛物线、双曲线和椭圆；当该方程包含一项或多项两个未知量中的一个或两个的三次或四次的项（因方程需要两个未知量来表示两点间的关系），则曲线属于第二类；当方程包含未知量中的一个或两个的五次或六次的项，则曲线属于第三类，依此类推。

设 EC 是由直尺 GL 和平面直线图形 $CNKL$ 的交点所描绘出的曲线；直线图形的边 KN 可朝 C 的方向任意延长，图形本身以如下方式在同一平面内移动：其边 KL 永远跟直线 BA（朝两个方向延长）的某个部分相重，并使直尺 GL 产生绕 G 的转动（该直尺与图形 $CNKL$ 在 L 处铰接）。当我想弄清楚这条曲线属于哪一类时，我要选定一条直线，比如 AB，作为曲线上所有点的一个参照物；并在 AB 上选定一个点 A，由此出发开始研究。我在这里可以说“选定这个选定那个”，因为我们有随意选择的自由；若为了使所得到的方程尽可能地短小和简单，我们在作选择时必须小心，但不论我选哪条线来代替 AB，都可以证明所得曲线永远属于同一类，而且证明并不困难。

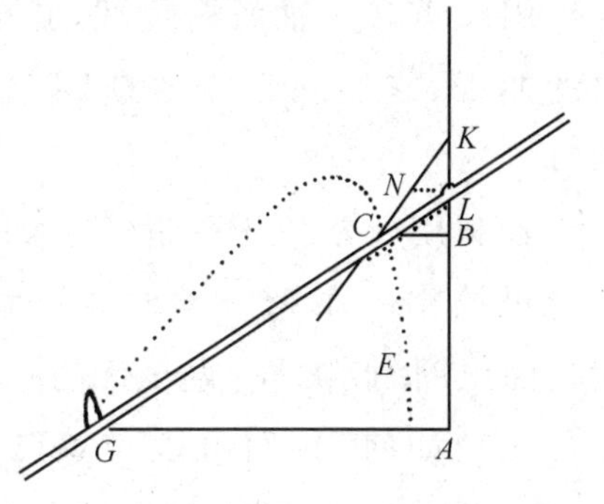

然后，我在曲线上任取一点，比如 C，我们假设用以描绘曲线的工具经过这个点。我过 C 画直线 CB 平行于 GA。因 CB 和 BA 是未知的和不确定的量，我称其中之一为 y，另一个为 x。为了得到这些量之间的关系，我还必须考虑用以决定该曲线作图的一些已知量，比如 GA，我称之为 a；KL，我称之为

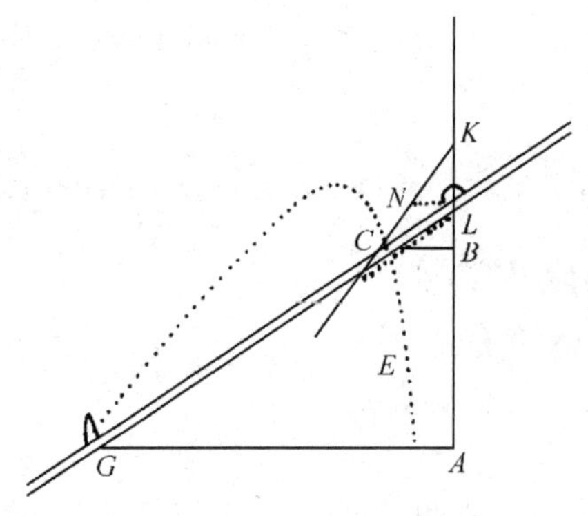

b；平行于 GA 的 NL，我称之为 c。于是，我说 NL 比 LK（即 c 比 b）等于 CB（即 y）比 BK，因此 BK 等于$\frac{b}{c}y$。故 BL 等于$\frac{b}{c}y-b$，AL 等于$x+\frac{b}{c}y-b$。进而，CB 比 LB（即 y 比$\frac{b}{c}y-b$）等于 AG（或 a）比 LA（或 $x+\frac{b}{c}y-b$）。用第三项乘第二项，我们得$\frac{ab}{c}y-ab$，它等于$xy+\frac{b}{c}y^2-by$，后者由最后一项乘第一项而得。所以，所求方程为

$$y^2=cy-\frac{cx}{b}y+ay-ac。$$

根据这个方程，我们知曲线 EC 属于第一类，事实上它是双曲线。

若将上述描绘曲线的工具中的直线图形 CNK 用位于平面 $CNKL$ 的双曲线或其他第一类曲线替代，则该曲线与直尺 GL 的交点描绘出的将不是双曲线 EC，而是另一种属于第二类的曲线。

于是，若 CNK 是中心在 L 的圆，我们将描绘出古人可知的第一条蚌线；若利用以 KB 为轴的抛物线，我们将描绘出我已提到过的最主要的也是最简单的曲线，它们属于帕普斯问题所求的解，即当给定五条位置确定的直线时的解。

若利用一条位于平面 $CNKL$ 上的第二类曲线来代替上述第一类曲线，我们将描绘出一条第三类曲线；而要是利用一条第三类曲线，则将得到一条第四类曲线，依此类推，直至无穷。上述论断不难通过具体计算加以证明。

无论如何，我们可以想象已经描绘出一条曲线，它是我称之为几何曲线中的一条；用这种方法，我们总能找到足以决定曲线上所有点的一个方程。现在，我要把其方程为四次的曲线跟其方程为三次的曲线归在同一类中；把其方程为六次的跟其方程为五次的曲线归在一类，余者类推。这种分类基于以下事实：存在一种一般的法则，可将任一个四次方程化为三次的，任一六次方程化为五次方程，所以，无需对每一情形中的前者作比后者更繁复的考虑。

然而，应该注意到，对任何一类曲线，虽然它们中有许多具有同等的复杂性，故可用来确定同样的点，解决同样的问题，可是也存在某些更简单的曲线，它们的使用范围也更有限。在第一类曲线中，除了具有同等复杂性的椭

圆、双曲线和抛物线，还有圆——它显然是较为简单的曲线；在第二类曲线中，我们有普通的蚌线，它是由圆和另外一些曲线描绘的，尽管它比第二类中的许多曲线简单，但并不能归入第一类。

对上一章提到的帕普斯问题的解释

在对一般的曲线分类之后，我很容易来论证我所给出的帕普斯问题的解。因为，首先我已证明当仅有三条或四条直线时，用于确定所求点的方程是二次的。由此可知，包含这些点的曲线必属于第一类，其理由是这样的方程表示第一类曲线上的所有点和一条固定直线上的所有点之间的关系。当给定直线不超过八条时，方程至多是四次的，因此所得曲线属于第二类或第一类。当给定直线不超过十二条时，方程是六次或更低次的，因此所求曲线属于第三类或更低的类。其他情形可依此类推。

另一方面，就每一条给定直线而言，它可以占据任一处可能想象得到的位置，又因为一条直线位置的改变会相应地改变那些已知量的值及方程中的符号＋与－，所以很清楚，没有一条第一类曲线不是四线问题的解，没有一条第二类曲线不是八线问题的解，没有一条第三类曲线不是十二线问题的解，等等。由此可知，凡能得到其方程的所有几何曲线，无一不能作为跟若干条直线相联系的问题的解。

仅有三线或四线时该问题的解

现在需要针对只有三条或四条给定直线的情形作更具体的讨论，对每个特殊问题给出用于寻找所求曲线的方法。这一研究将表明，第一类曲线仅包含圆和三种圆锥截线。

再次考虑如前给定的四条直线 AB，AD，EF 和 GH，求点 C 描出的轨迹，使得当过点 C 的四条线段 CB，CD，CF 和 CH 与给定直线成定角时，CB 和 CF 的积等于 CD 和 CH 的积。这相当于说：若

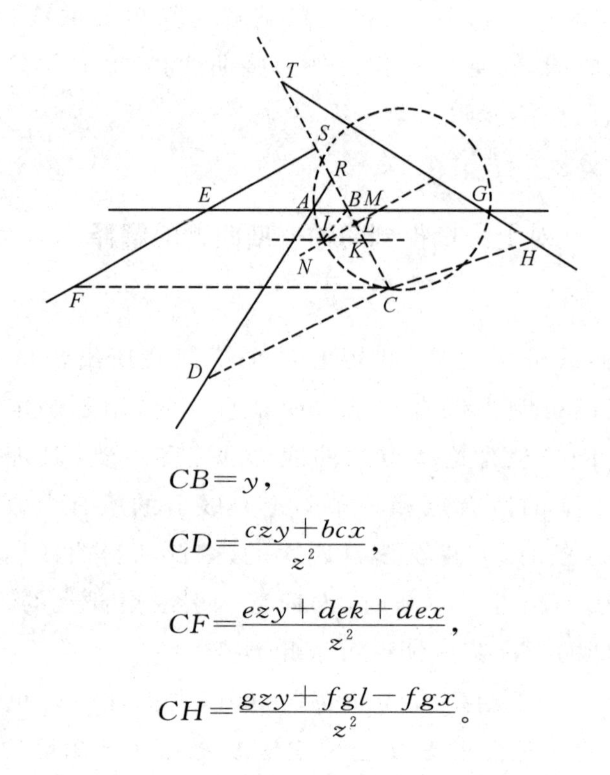

$$CB=y,$$

$$CD=\frac{czy+bcx}{z^2},$$

$$CF=\frac{ezy+dek+dex}{z^2},$$

及

$$CH=\frac{gzy+fgl-fgx}{z^2}。$$

于是,方程为

$$y^2=\frac{(cfglz-dekz^2)y-(dez^2+cfgz-bcgz)xy+bcfglx-bcfgx^2}{ez^3-cgz^2}$$

此处假定 ez 大于 cg;否则所有的符号+和-都必须掉换。在这个方程中,若 y 为零或比虚无还小①,并假定点 C 落在角 DAG 的内部,那么为导出这一结论,必须假定 C 落在角 DAE、EAR 或 RAG 中的某一个之内,且要将符号改变。若对这四种位置中的每一个,y 都等于零,则问题在所指明的情形下无解。

让我们假定解可以得到;为了简化推导,让我们以 $2m$ 代替 $\frac{cfglz-dekz^2}{ez^3-cgz^2}$,以 $\frac{2n}{z}$ 代替 $\frac{dez^2+cfgz-bcgz}{ez^3-cgz^2}$。于是,我们有

$$y^2=2my-\frac{2n}{z}xy+\frac{bcfglx-bcfgx^2}{ez^3-cgz^2},$$

其根为

$$y=m-\frac{nx}{z}+\sqrt{m^2-\frac{2mnx}{z}+\frac{n^2x^2}{z^2}+\frac{bcfglx-bcfgx^2}{ez^3-cgz^2}}。$$

---

① 笛卡儿在此处的用词是"moindre que rien",意为"比虚无还小",即现代术语"负的"意思。——译者

还是为了简洁，记$-\frac{2mn}{z}+\frac{bcfgl}{ez^3-cgz^2}$为 o，$\frac{n^2}{z^2}-\frac{bcfg}{ez^3-cgz^2}$等于$\frac{p}{m}$；对于这些已给定的量，我们可随意按某一种记号来表示它们。于是，我们有

$$y=m-\frac{n}{z}x+\sqrt{m^2+ox+\frac{p}{m}x^2}。$$

这就给出了线段 BC 的长度，剩下 AB 或 x 是尚未确定的。因为现在的问题仅涉及三条或四条直线，显然，我们总可得到这样的一些项，尽管其中某些可能变成零，或者符号可能完全变了。

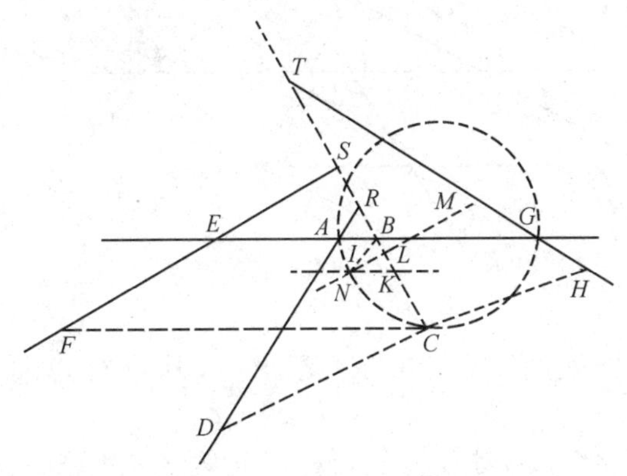

接着，我作 KI 平行且等于 BA，在 BC 上截取一段 BK 等于 m（因 BC 的表示式含$+m$；若它是$-m$，我将在 AB 的另一边作 IK；而当 m 是零时，我就根本不去画出 IK）。我再作 IL，使得 $IK:KL=z:n$；即，使得当 IK 等于 x 时，KL 等于$\frac{n}{z}x$。用同样的方法，我可以知道 KL 和 IL 的比，称为 $n:a$，所以，若 KL 等于$\frac{n}{z}x$，则 IL 等于$\frac{a}{z}x$。因为该方程含有$-\frac{n}{z}x$，我可在 L 和 C 之间取点 K；若方程所含为$+\frac{n}{z}x$，我就应该在 K 和 C 之间取 L；而当$\frac{n}{z}x$ 等于零时，我就不画 IL 了。

做完上述工作，我就得到表达式

$$LC=\sqrt{m^2+ox+\frac{p}{m}x^2},$$

据此可画出 LC。很清楚，若此式为零，点 C 将落在直线 IL 上；若它是个完全平方，即当 m^2 和$\frac{p}{m}x^2$ 两者皆为$+$而 o^2 等于 $4pm$，或者 m^2 和 ox（或 ox 和$\frac{p}{m}x^2$）皆为零，则点 C 落在另一直线上，该直线的位置像 IL 一样容易确定。

若无这些例外情形发生，点 C 总是或者落在三种圆锥截线的一种之上，或是落在某个圆上，该圆的直径在直线 IL 上，并有直线段 LC 齐整地附在这

条直径上①，另一方面，直线段 LC 与一条直径平行，而 IL 齐整地附在它上面。

特别地，若 $\frac{p}{m}x^2$ 这项为零，圆锥截线应是抛物线；若它前面是加号，则得双曲线；最后，若它前面是减号，则得一个椭圆。当 a^2m 等于 pz^2 而角 ILC 是直角时出现例外情形，此时我们得到一个圆而非椭圆。

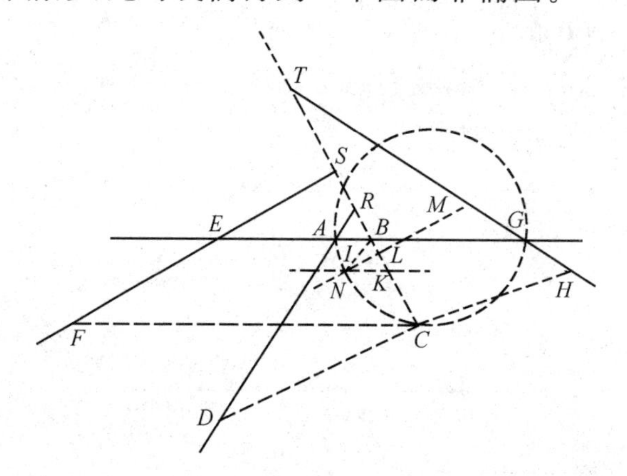

当圆锥截线是抛物线时，其正焦弦②等于 $\frac{oz}{a}$，其直径总是落在直线 IL 上。为了找出它的顶点 N，作 IN 等于 $\frac{am^2}{oz}$，使得 m 为正并且 ox 亦为正时，点 I 落在 L 和 N 之间；而当 m 为正并且 ox 为负时，L 落在 I 和 N 之间；而当 m^2 为负并且 ox 为正时，N 落在 I 和 L 之间。可是，当各个项像上面那样安排时，m^2 不可能为负。最后，若 m^2 等于零，点 N 和 I 必定相重。所以，根据阿波罗奥斯著作的第一篇中的第一个问题，很容易确定这是抛物线。

然而，当所求轨迹是圆、椭圆或双曲线时，必须首先找出图形的中心，点 M。它总是落在直线 IL 上，可以取 IM 等于 $\frac{aom}{2pz}$ 而求得。若 o 等于零，则 M 和 I 相重。当所求轨迹是圆或椭圆时，若 ox 项为正，则 M 和 L 必落在 I 的同侧，而若 ox 为负，则它们必落在异侧。另一方面，对于双曲线的情形，若 ox 为负，则 M 和 L 落在 I 的同侧。若 ox 为正，则它们落在异侧。

当 m^2 为正、轨迹是圆或椭圆，或者 m^2 为负而轨迹是双曲线时，图形的正焦弦必定为

$$\sqrt{\frac{o^2z^2}{a^2}+\frac{4mpz^2}{a^2}}。$$

① 原文称 LC“appliquer par order à ce diametre”，英译本注说这表示 LC 是“An ordinate”，意即纵标。——译者

② 笛卡儿所用的词是 costé droit，英译本译作 latus rectum。——译者

而当所求轨迹是圆或椭圆、m^2 为负时，或者轨迹是双曲线、o^2 大于 $4mp$、且 m^2 为正时，它必定为

$$\sqrt{\frac{o^2z^2}{a^2}-\frac{4mpz^2}{a^2}}。$$

但是，若 m^2 等于零，则正焦弦为$\frac{oz}{a}$；又若 oz 等于零，则它为

$$\sqrt{\frac{4mpz^2}{a^2}}。$$

为得到相应的直径，必须找出跟正焦弦之比为$\frac{a^2m}{pz^2}$的直线；即，若正焦弦为

$$\sqrt{\frac{o^2z^2}{a^2}+\frac{4mpz^2}{a^2}},$$

直径应为

$$\sqrt{\frac{a^2o^2m^2}{p^2z^2}+\frac{4a^2m^3}{pz^2}}。$$

无论哪一种情形，该圆锥截线的直径都落在 IM 上，LC 是齐整地附于其上的线段之一。可见，取 MN 等于直径的一半，并取 N 和 L 在 M 的同侧，则点 N 将是这条直径的端点。所以，根据阿波罗尼奥斯著作第一篇中的第二和第三个问题，确定这条曲线是轻而易举的事。

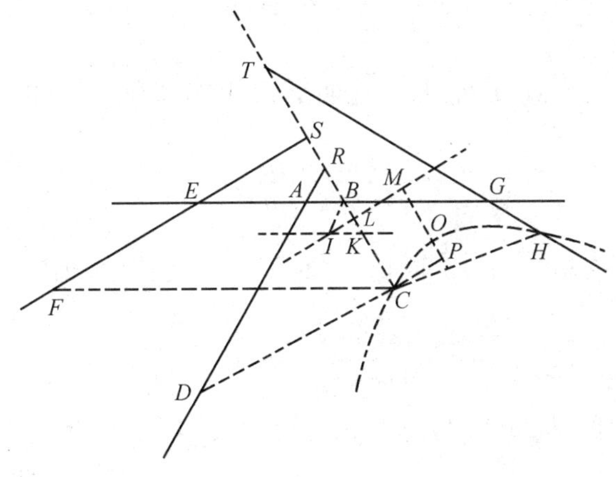

若轨迹是双曲线且 m^2 为正，则当 o^2 等于零或小于 $4pm$ 时，我们必须从中心 M 引平行于 LC 的直线 MOP 及平行于 LM 的 CP，并取 MO 等于

$$\sqrt{m^2-\frac{o^2m}{4p}};$$

而当 ox 等于零时，必须取 MO 等于 m。考虑 O 为这条双曲线的顶点，直径是

OP，齐整地附于其上的线段是CP，其正焦弦为

$$\sqrt{\frac{4a^4m^4}{p^2z^4}-\frac{a^4o^2m^3}{p^3z^4}},$$

其直径为

$$\sqrt{4m^2-\frac{o^2m}{p}}。$$

我们必须考虑ox等于零这种例外情形，此时正焦弦为$\frac{2a^2m^2}{pz^2}$，直径为$2m$。从这些数据出发，根据阿波罗尼奥斯著作的第一篇中的第三个问题，可以确定这条曲线。

对该解的论证

以上陈述的证明都十分简单。因为，像正焦弦、直径、直径NL或OP上的截段这些上面给出的量，使用阿波罗尼奥斯第一篇中的定理11、12和13就能作出它们的乘积，所得结果将正好包含这样一些项，它们表示直线段CP的平方或者说CL，那是直径的纵标线①。

在这种情形下，我们应从NM或者说从跟它相等的量

$$\frac{am}{2pz}\sqrt{o^2+4mp}$$

中除去IM，即$\frac{aom}{2pz}$。在余下的IN上加IL，或者说加$\frac{a}{z}x$，我们得

$$NL=\frac{a}{z}x-\frac{aom}{2pz}+\frac{am}{2pz}\sqrt{o^2+4mp}。$$

以该曲线的正焦弦$\frac{z}{a}\sqrt{o^2+4mp}$乘上式，我们得一矩形的值

$$x\sqrt{o^2+4mp}-\frac{om}{2p}\sqrt{o^2+4mp}+\frac{mo^2}{2p}+2m^2,$$

并从中减去一个矩形，该矩形与NL的平方之比等于正焦弦与直径之比。NL的平方为

$$\frac{a^2}{z^2}x^2-\frac{a^2om}{pz^2}x+\frac{a^2m}{pz^2}x\sqrt{o^2+4mp}$$

① 笛卡儿原著中未用“纵标”这个词，而使用“appliguée par order...”形容具有此性质的线段。英译本从此处起将此种线段意译为“纵标”，我们则译为“纵标线”。——译者

$$+\frac{a^2o^2m^2}{2p^2z^2}+\frac{a^2m^3}{pz^2}-\frac{a^2om^2}{2p^2z^2}\sqrt{o^2+4mp}。$$

因为这些项表示直径与正焦弦之比，我们可用 a^2m 除上式，并以 pz^2 乘所得的商，结果为

$$\frac{p}{m}x^2-ox+x\sqrt{o^2+4mp}+\frac{o^2m}{2p}-\frac{om}{2p}\sqrt{o^2+4mp}+m^2。$$

我们再从上面所得的矩形中减去此量，于是 CL 的平方等于 $m^2+ox-\frac{p}{m}x^2$。由此可得，CL 是附于直径的截段 NL 上的椭圆或圆的纵标线。

设所有给定的量都以数值表示，如 $EA=3$，$AG=5$，$AB=BR$，$BS=\frac{1}{2}BE$，$GB=BT$，$CD=\frac{3}{2}CR$，$CF=2CS$，$CH=\frac{2}{3}CT$，角 $ABR=60°$；并令$CB\cdot CF=CD\cdot CH$。如果要使问题完全确定，所有这些量都必须是已知的。现令 $AB=x$，$CB=y$。用上面给出的方法，我们将得到

$$y^2=2y-xy+5x-x^2；$$

$$y=1-\frac{1}{2}x+\sqrt{1+4x-\frac{3}{4}x^2}；$$

此时 BK 必须等于 1，KL 必须等于 KI 的二分之一；因为角 IKL 和 ABR 都是 60°，而角 KIL（它等于角 KIB 或 IKL 的一半）是 30°，故角 ILK 是直角。因为 $IK=AB=x$，$KL=\frac{1}{2}x$，$IL=x\sqrt{\frac{3}{4}}$，上面以 z 表示的量为 1，我们得 $a=\sqrt{\frac{3}{4}}$，$m=1$，$o=4$，$p=\frac{3}{4}$，由此可知 $IM=\sqrt{\frac{16}{3}}$，$NM=\sqrt{\frac{19}{3}}$；又因 a^2m（它为$\frac{3}{4}$）等于 pz^2，角 ILC 是直角，由此导出曲线 NC 是圆。对其他任何一种情形的类似讨论，不会产生困难。

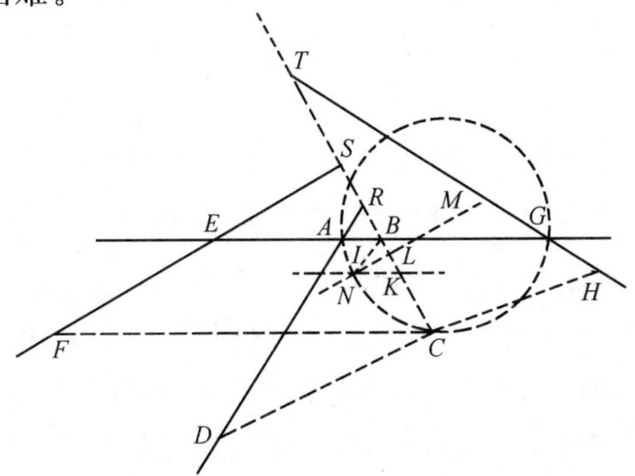

平面与立体轨迹,以及求解它们的方法

由于所有不高于二次的方程都已包括在上述讨论之中,所以,我们不仅完全解决了古代人有关三线与四线的问题,而且完全解决了他们所谓的立体轨迹的作图问题;这自然又解决了平面轨迹的作图问题,因为后者包含在立体轨迹之中。解任何这类轨迹问题,无非是去找出一种状态所要求的一个完全确定的点,整条线上所有的点满足其他状态所提出的要求(正如已举的例子所表明的那样)。如果这条线是直线或圆,就说它是平面轨迹;但如果它是抛物线、双曲线或椭圆,就称它是立体轨迹。对于每一种情形,我们都能得到包含两个未知量的一个方程,它完全跟上面找出的方程类似。若所求的点位于其上的曲线比圆锥截线的次数高,我们同样可称之为超立体轨迹,余者类推。如果在确定那个点时缺少两个条件,那么点的轨迹是一个面,它可能是平面、球面或更复杂的曲面。古人的努力没有超越立体轨迹的作图;看来,阿波罗尼奥斯写他的圆锥截线论著的唯一目的是解立体轨迹问题。

我已进一步说明了,我称做第一类曲线的只包括圆、抛物线、双曲线和椭圆。这就是我所论证的内容。

对五线情形解这一古代问题
所需曲线中最基本、最简单的曲线

若古人所提出的问题涉及五条直线,而且它们全都平行,那么很显然,所求的点将永远落在一条直线上。假设所提问题涉及五条直线,而且要求满足如下条件:

(1) 这些直线中的四条平行,第五条跟其余各条垂直;

(2) 从所求点引出的直线与给定的直线成直角;

(3) 由所引的与三条平行直线相交的三条线段作成的平行六面体必须等于另三条线段作成的平行六面体,它们是所引的与第四条平行线相交的线段、所引的与垂直直线相交的线段,以及某条给定的线段。

除了前面指出的例外情况,这就是最简单的可能情形了。所求的点将落在由抛物线以下述方式运动所描出的曲线上:

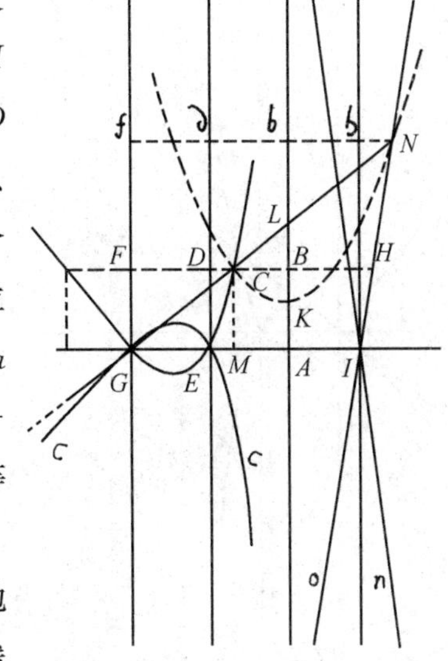

令所给直线为 AB, IH, ED, GF 和 GA。设所要找的点为 C,使得当所引的 CB, CF, CD, CH 和 CM 分别垂直于给定直线时,三条线段 CF, CD 和 CH 作成的平行六面体应等于另两条线段 CB、CM 跟第三条线段 AI 所作成的平行六面体。令 $CB=y, CM=x, AI=AE=GE=a$;因此,当 C 位于 AB 和 DE 之间时,我们有 $CF=2a-y, CD=a-y, CH=y+a$。将三者相乘,我们得到 $y^3-2ay^2-a^2y+2a^3$ 等于其余三条线段的积,即等于 axy。

接着,我将考虑曲线 CEG。我想象它是由抛物线 CKN(让它运动但使其直径 KL 总落在直线 AB 上)和直尺 GL(它绕点 G 旋转,但始终过点 L 并保持在抛物线所在的平面内[①])的交点所描绘出的。我取 KL 等于 a,令主正焦弦——对应于所给抛物线的轴的正焦弦——也等于 a,并令 $GA=2a, CB$ 或 $MA=y, CM$ 或 $AB=x$。因三角形 GMC 和 CBL 相似,GM(或 $2a-y$)比 MC(或 x)等于 CB(或 y)比 BL,因此 BL 等于 $\frac{xy}{2a-y}$。因 KL 为 a,故 BK 为 $a-\frac{xy}{2a-y}$ 或 $\frac{2a^2-ay-xy}{2a-y}$。最后,因这同一个 BK 又是抛物线直径上的截段,BK 比 BC(它的纵标线)等于 BC 比 a(即正焦弦)。由此,我们得到 $y^3-2ay^2-a^2y+2a^3=axy$,故 C 即所求的点。

首先,点 C 可以在曲线 CEG,或它的伴随曲线 $cEGc$ 的任何部分之上取定;后一曲线的描绘方式,除了令抛物线的顶点转到相反的方向之外,其余都和前者相同;点 C 也可以落在它们的配对物 NIo 和 nIO 上,NIo 和 nIO 由直线 GL 和抛物线 KN 的另一支的交点所生成。

其次,设给定的平行线 AB、IH、ED 和 GF 彼此之间的距离互不相等,且不与 GA 垂直,而过 C 的直线段与给定直线亦不成直角。在这种情形下,点 C 将不会永远落在恰好具有同样性质的曲线上。甚至对于没有两条给定直线是平行的情形,也可能导致这种后果。

再次,设我们有四条平行直线,第五条直线与它们相交,过点 C 引出的三条线段(一条引向第五条直线,两条引向平行线中的两条)所作成的平行六面

---

① 注意,点 L 将随抛物线的运动而变换位置。——译者

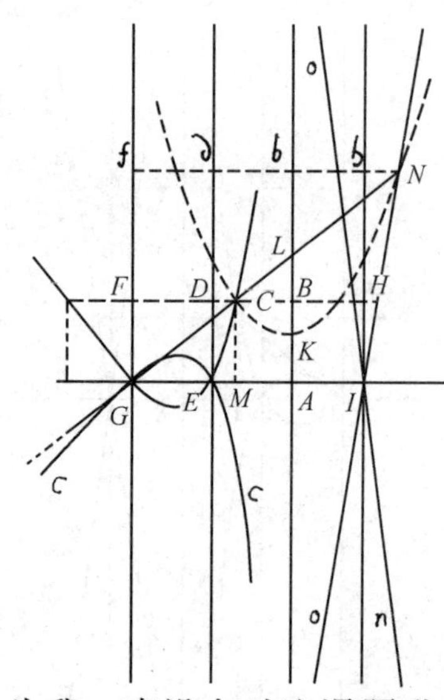

体等于另一平行六面体,后者由过 C 所引的分别到达另两条平行线的两条线段和另一条给定线段作成。这种情形,所求点 C 将落在一条具有不同性质的曲线上,即所有到其直径的纵标线等于一条圆锥截线的纵标线,直径上在顶点与纵标线之间的线段跟某给定线段之比等于该线段跟圆锥截线的直径上具有相同纵标线的那一段的比。

我不能说,这条曲线比前述的曲线复杂;确实,我总觉得前者应首先考虑,因为它的描绘及其方程的确定多少要容易些。

我不再仔细讨论相应于其他情形的曲线,因为我一直没有对这课题进行完全的论述。由于已经解释过确定落在任一曲线上的无穷多个点的方法,我想我已提供了描绘这些曲线的方法。

经由找出其上若干点而描绘的几何曲线

值得一提的是,这种由求出曲线上若干点而描出曲线的方法,跟用来描绘螺线及其类似曲线的方法有极大差异;对于后者,并不是所求曲线上面的任何一点都能随意求得的,可求出的只是这样一些点,它们能由比作出整条曲线所需的办法更简单的方法所确定。因此,严格地说,我不可能求出曲线上的任何一个点;亦即所有要找的点中没有一个是曲线上的特殊点,它能不借助曲线本身而求得。另一方面,这些曲线上不存在这样的点,它能为无法使用我已给出的方法解决的问题提供解答。

可利用细绳描绘的曲线

但是,通过任意地取定曲线上的一些点而描出曲线的方法,只适用于有规则的和连续的运动所生成的曲线,这一事实并不能成为把它们排除出几何的正当理由。我们也不应该拒绝这样的方法,即,使用细绳或绳环以比较从所求曲线上的一些点到另外一些点间所引的两条或多条直线段是否相等,或用于跟其他直线作成固定大小的角。在《折光》一文中,我在讨论椭圆和双曲线时已使用了这种方法。

另一方面，几何不应包括像细绳那样有时直有时弯的线；由于我们并不知道直线与曲线之间的比，而且我相信这种比是人的智力所无法发现的，因此，不可能基于这类比而得出严格和精确的结论。无论如何，因为细绳还能用于仅需确定其长度为已知的线段的作图，所以不应被完全排除。

为了解曲线的性质，必须知道其上的点与直线上点的关系；在各点引与该曲线成直角的曲线的方法

当一条曲线上的所有点和一条直线上的所有点之间的关系已知时，用我解释过的方法，我们很容易求得该曲线上的点和其他所有给定的点和线的关系，并从这些关系求出它的直径、轴、中心和其他对该曲线有特殊重要性的线或点；然后再想出各种描绘该曲线的途径，并采用其中最容易的一种。

仅仅依靠这种方法，我们就可求得凡能确定的、有关它们的面积大小的量；对此，我没有必要作进一步的解释。

最后，曲线的所有其他的性质，仅依赖于所论曲线跟其他线相交而成的角。而两条相交曲线所成的角将像两条直线间的夹角一样容易度量，倘若可以引一条直线，使它与两曲线中的一条在两曲线交点处成直角的话。这就有理由使我相信，只要我给出一种一般的方法，能在曲线上任意选定的点引直线与曲线交成直角，我对曲线的研究就完全了。我敢说，这不仅是我所了解的几何中最有用的和最一般的问题，而且更是我一直祈求知道的问题。

求一直线与给定曲线相交并成直角的一般方法

设 CE 是给定的曲线，要求过点 C 引一直线与 CE 成直角。假设问题已经解决，并设所求直线为 CP。延长 CP 至直线 GA，使 CE 上的点和 GA 上的点发生联系。然后，令 $MA=CB=y$；$CM=BA=x$。我们必须找到一个方程来表示 x 和 y 的关系。我令 $PC=s$、$PA=v$，因此 $PM=v-y$。因 PMC

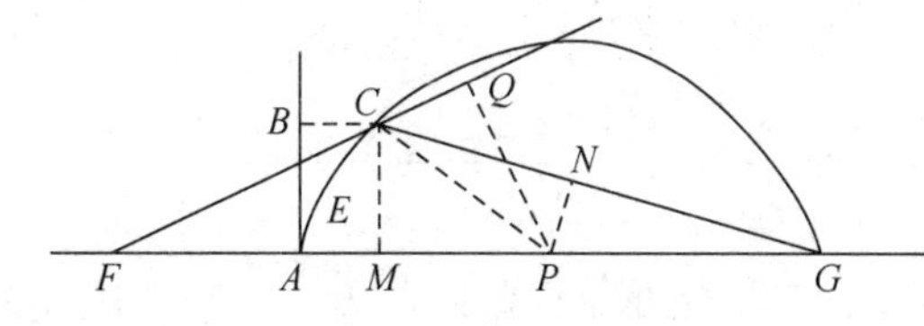

是直角，我们便知斜边的平方 s^2 等于两直角边的平方和 $x^2+v^2-2vy+y^2$。即 $x=\sqrt{s^2-v^2+2vy-y^2}$ 或 $y=v+\sqrt{s^2-x^2}$。依据最后两个方程，我可以从表示曲线 CE 上的点跟直线 GA 上的点之间关系的方程中，消去 x 和 y 这两个量中的一个。若要消去 x 很容易，只要在出现 x 的地方用 $\sqrt{s^2-v^2+2vy-y^2}$ 代替，x^2 用此式的平方代替，x^3 用它的立方代替，…，而若要消去 y，必须用 $v+\sqrt{s^2-x^2}$ 代替 y，y^2、y^3 则用此式的平方、立方代替，…。结果将得到仅含一个未知量 x 或 y 的方程。

例如，若 CE 是个椭圆，MA 是其直径上的截段，CM 是其纵标线，r 是它的正焦弦，q 是它的贯轴，那么，据阿波罗尼奥斯著作第一篇中的定理 13，我们有 $x^2=ry-\frac{r}{q}y^2$。消去 x^2，所得方程为

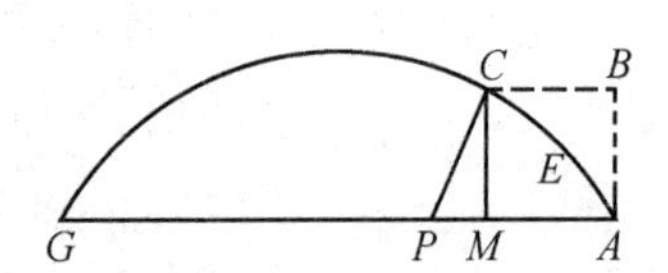

$$s^2-v^2+2vy-y^2=ry-\frac{r}{q}y^2,$$

或
$$y^2+\frac{qry-2qvy+qv^2-qs^2}{q-r}=0。$$

在这一情形，最好把整个式子看成是单一的表达式，而不要看成由两个相等的部分所组成。

若 CE 是由已讨论过的由抛物线的运动所生成的曲线，当我们用 b 代表 GA、c 代表 KL、d 代表抛物线的直径 KL 的正焦弦时，表示 x 和 y 之间关系的方程为 $y^3-by^2-cdy+bcd+dxy=0$。消去 x，我们得

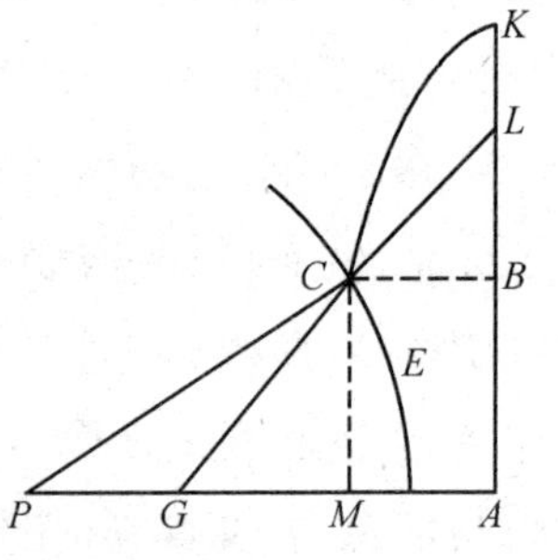

$$y^3-by^2-cdy+bcd+dy\sqrt{s^2-v^2+2vy-y^2}=0。$$

将该式平方，各项按 y 的次数排列，上式变为

$$y^6-2by^5+(b^2-2cd+d^2)y^4+(4bcd-2d^2v)y^3$$
$$+(c^2d^2-d^2s^2+d^2v^2-2b^2cd)y^2-2bc^2d^2y+b^2c^2d^2=0。$$

其他情形可类推。若所论曲线上的点不是按已解释过的方式跟一条直线上的点相联系，而是按其他某种方式相联系，那么也同样能找出一个方程。

令 CE 是按如下方式与点 F、G 和 A 相联系的曲线：从其上任一点（比如 C）引出的至 F 的直线段超出线段 FA 的量，与 GA 超出由 C 引至 G 的线段的量，形成一个给定的比。令 $GA=b$，$AF=c$；现在任取曲线上一点 C，令 CF 超

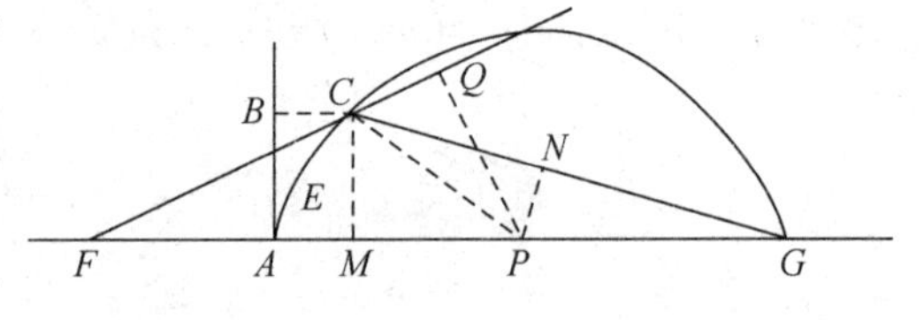

出 FA 的量跟 GA 超出 GC 的量之比为 d 比 e。于是，若我们用 z 表示尚未确定的量，那么，$FC=c+z$ 且 $GC=b-\frac{e}{d}z$。令 $MA=y$，则 $GM=b-y$，$FM=c+y$。因 CMG 是直角三角形，从 GC 的平方中减去 GM 的平方，我们得到余下的 CM 的平方，或 $\frac{e^2}{d^2}z^2-\frac{2be}{d}z+2by-y^2$。其次，从 FC 的平方中减去 FM 的平方，我们得到另一种方式表示的 CM 的平方，即 $z^2+2cz-2cy-y^2$。这两个表达式相等，由此导出 y 或 MA 的值，它为

$$\frac{d^2z^2+2cd^2z-e^2z^2+2bdez}{2bd^2+2cd^2}$$

利用此值代替表示 CM 平方的式子中的 y，我们得

$$CM^2=\frac{bd^2z^2+ce^2z^2+2bcd^2z-2bcdez}{bd^2+cd^2}-y^2。$$

如果我们现在设直线 PC 在点 C 与曲线交成直角，并像以前一样，令 $PC=s$、$PA=v$，则 PM 等于 $v-y$；又因 PCM 是直角三角形，我们知 CM 的平方为 $s^2-v^2+2vy-y^2$。让表示 CM 平方的两个值相等，并以 y 的值代入，我们便得所求的方程为

$$z^2+\frac{2bcd^2z-2bcdez-2cd^2vz-2bdevz-bd^2s^2+bd^2v^2-cd^2s^2+cd^2v^2}{bd^2+ce^2+e^2v-d^2v}=0。$$

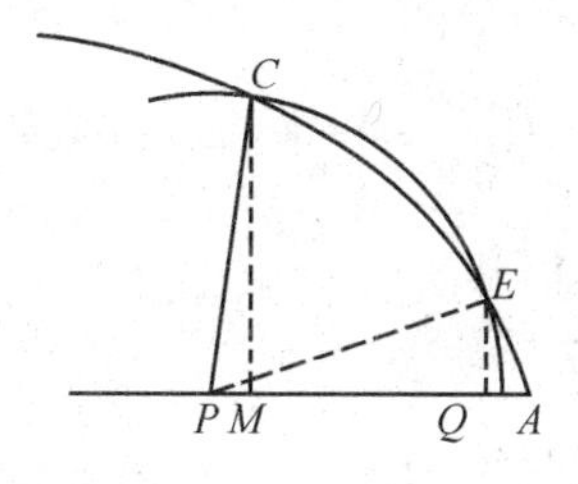

已经找出的这个方程，其用处不是确定 x，y 或 z，它们是已知的，因为点 C 是取定了的；我们用它来求 v 或 s，以确定所求的点 P。为此目的，请注意当点 P 满足所要求的条件时，以 P 为圆心并经过点 C 的圆将与曲线 CE 相切而不穿过它；但只要点 P 离开它应在的位置而稍微靠近或远离 A，该圆必定穿过这条曲线，其交点不仅有 C，而且还有另一个点。所以，当这个圆穿过 CE，含有作为未知量的 x 和 y 的方程（设 PA 和 PC 为已知）必有两个不等的根。例如，假设该圆在点 C 和点 E 处穿过曲线。引 EQ 平行于 CM。然后，可用 x 和 y 分别表示 EQ 和 QA，正如它们曾被用来表示 CM 和 MA 一样；因为 PE 等于 PC（同一个圆的半径），当我们寻求 EQ 和 QA（假设 PE 和 PA 是给定的）时，我们应得到跟寻求 CM 和 MA（假设 PC 和 PA 是给定的）时所得到的同样的方程。由此可知，x 的值，或 y 的值，或任何其他一个这种量的值，在这个方程中都取双值，即，方程将有两个不相等的根。若求 x 的值，这两个根中的一个将是 CM，另一个是 EQ；而求 y 的值时，一个根将是 MA，另一个是 QA。肯定，当 E 不像 C 那样

跟曲线在同一侧，它们之中便只有一个是真根，另一个将画在相反的方向上，或者说它比虚无还小。然而，当点 C 和点 E 更靠近时，两根的差也就更小；当两个点重合时，两个根恰好相等，也就是说，过 C 的圆将在点 C 与曲线相切而不穿过它。

进而可知，当方程有两个相等的根时，方程的左端在形式上必定类似于这样的式子，即当已知量等于未知量时，它取未知量与已知量的差自乘的形式；那么，若最终所得的式子的次数达不到最初那个方程的次数，就可以用另一个式子来乘它，使之达到相同的次数。这最后一步使得两个表达式得以一项一项地对应起来。

例如，我可以说，目前的讨论中找出的第一个方程，即

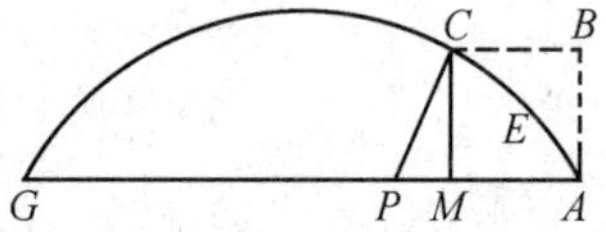

$$y^2+\frac{qry-2qvy+qv^2-qs^2}{q-r},$$

它必定跟如下方式得到的式子具有相同的形式：取 $e=y$，令 $(y-e)$ 自乘，即 $y^2-2ey+e^2$。然后，我们可以逐项比较这两个表达式：因为各式中的第一项 y^2 相同，第一式中的第二项 $\frac{qry-2qvy}{q-r}$ 等于第二式中的第二项 $-2ey$；由此可解出 v 或 PA，我们得 $v=e-\frac{r}{q}e+\frac{1}{2}r$；或者，因为我们已假定 e 等于 y，故 $v=y-\frac{r}{q}y+\frac{1}{2}r$。用同样的方法，我们可以从第三项 $e^2=\frac{qv^2-qs^2}{q-r}$ 来求 s；因为 v 完全确定了 P，这就是所要求的一切，因此无需再往下讨论。

同样，对于上面求得的第二个方程①，即

$$y^6-2by^5+(b^2-2cd+d^2)y^4+(4bcd-2d^2v)y^3$$
$$+(c^2d^2-2b^2cd+d^2v^2-d^2s^2)y^2-2bc^2d^2y+b^2c^2d^2,$$

它必定跟用 $y^4+fy^3+g^2y^2+h^3y+k^4$ 乘 $y^2-2ey+e^2$ 所得的式子具有相同的形式，后者形如

$$y^6+(f-2e)y^5+(g^2-2ef+e^2)y^4+(h^3-2eg^2+e^2f)y^3$$
$$+(k^4-2eh^3+e^2g^2)y^2+(e^2h^3-2ek^4)y+e^2k^4。$$

从这两个方程出发可得到另外六个方程，用于确定六个量 f,g,h,k,v 和 s。容易看出，无论给定的曲线属于哪一类，这种方法总能提供跟所需考虑的未知量的数目一样多的方程。为了解这些方程，并最终求出我们真正想要得到的唯一

① 笛卡儿常把方程写为一含未知量的多项式等于零的形式。此时，他会称等号左端的部分为“方程”。——译者

的量 v 的值(其余的仅是求 v 的中间媒介),我们首先从第二项确定上述式中的第一个未知量 f,可得 $f=2e-2b$。然后,我们依据 $k^4=\frac{b^2c^2d^2}{e^2}$,可求得同一式中的最后一个未知量 k。从第三项,我们得到第二个量

$$g^2=3e^2-4be-2cd+b^2+d^2。$$

由倒数第二项,我们得出倒数第二个量 h,它是

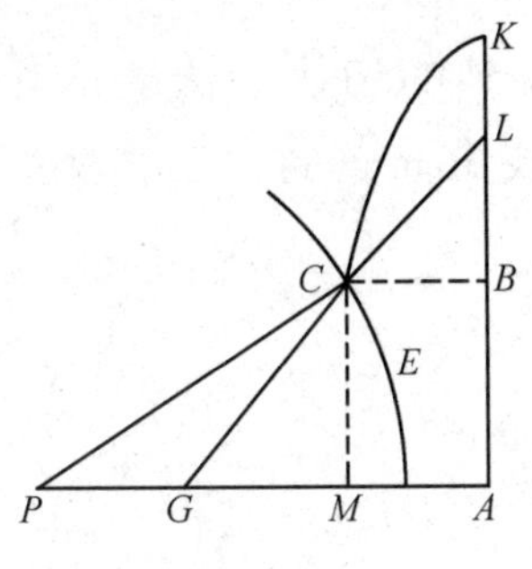

$$h^3=\frac{2b^2c^2d^2}{e^3}-\frac{2bc^2d^2}{e^2}。$$

同样,我们可循这样的次序做下去,直到求得最后一个量。

那么,我们从相应的一项(这里指第四项)可求得 v,我们有

$$v=\frac{2e^3}{d^2}-\frac{3be^2}{d^2}+\frac{b^2e}{d^2}-\frac{2ce}{d}+e+\frac{2bc}{d}+\frac{bc^2}{e^2}-\frac{b^2c^2}{e^3};$$

或者用等于 e 的 y 代入,我们得 AP 的长度为

$$v=\frac{2y^3}{d^2}-\frac{2by^2}{d^2}+\frac{b^2y}{d^2}-\frac{2cy}{d}+y+\frac{2bc}{d}+\frac{bc^2}{y^2}-\frac{b^2c^2}{y^3}。$$

其次,第三个方程

$$z^2+\frac{2bcd^2z-2bcdez-2cd^2vz-2bdevz-bd^2s^2+bd^2v^2-cd^2s^2+cd^2v^2}{bd^2+ce^2+e^2v-d^2v}$$

跟 $z^2-2fz+f^2$(其中 $f=z$)具有相同的形式,所以 $-2f$ 或 $-2z$ 必须等于

$$\frac{2bcd^2-2bcde-2cd^2v-2bdev}{bd^2+ce^2+e^2v-d^2v},$$

由此可得

$$v=\frac{bcd^2-bcde+bd^2z+ce^2z}{cd^2+bde-e^2z+d^2z}。$$

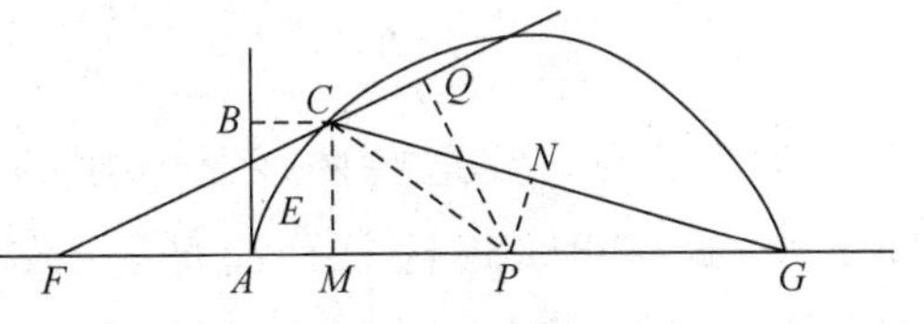

因此,当我们取 AP 等于上述的 v 值,其中所有的项都是已知的,并将由其确定的点 P 跟 C 相联,这条联线跟曲线交成直角,这正是所要求的。我有充分的理由说,这样的解法适用于可应用几何方法求解的所有曲线。

应该注意,任意选定的、用来将最初的乘积达到所需次数的式子,如我们刚才取的式子

$$y^4+fy^3+gy^2+h^3y+k^4,$$

其中的符号＋和－可以随意选定，而不会导致 v 值或 AP 的差异。这一结论很容易发现，不过，若要我来证明我使用的每一个定理，那需要写一本大部头的书，而这是我所不希望的。我宁愿顺便告诉你，你已经看到了有关这种方法的一个例子，它让两个方程具有相同的形式，以便逐项进行比较，从中又得到若干个方程。这种方法适用于无数其他的问题，是我的一般方法所具有的并非无足轻重的特征。

我将不给出与刚刚解释过的方法相关的、我们想得到的切线和法线的作图法，因为这是很容易的，尽管常常需要某种技巧才能找出简洁的作图方法。

对蚌线完成这一问题作图的例证

例如，给定 CD 为古人所知的第一条蚌线。令 A 是它的极点，BH 是直尺，使得像 CE 和 DB 这种相交于 A 并含于曲线 CD 和直线 BH 间的直线段皆相等。我们希望找一条直线 CG，它在点 C 与曲线正交。在试图寻找 CG 必须经过的、又位于 BH 上的点时（使用刚才解释过的方法），我们会陷入像刚才给出的计算那样冗长或者更长的计算，而最终的作图可能非常简单。因为我们仅需在 CA 上取 CF 等于 BH 上的垂线 CH；然后，过 F 引 FG 平行于 BA、且等于 EA，于是就定出了点 G，所要找的直线 CG 必定通过它。

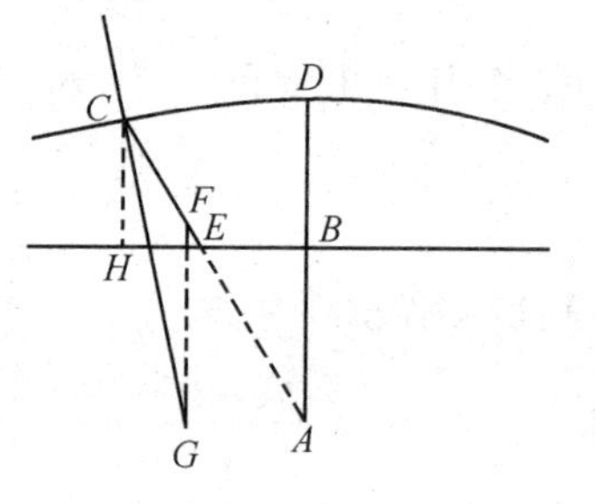

对用于光学的四类新的卵形线的说明

为了说明研究这些曲线是有用的，以及它们的各种性质跟圆锥截线的同样重要，我将再来讨论某种卵形线；你们会发现，它们在反射光学和折光学的理论中非常有用，可以用下述方式描绘：引两条直线 FA 和 AR，它们以任一交角相会于 A，我在其中的一条上任选一点 F（它离 A 的远近依所作卵形线的大小而定）。我以 F 为圆心作圆，它跟 FA 在稍微超过 A 处穿过 FA，如在点 5 处。然后，我引直线 56，它在 6 处穿过 AR，使得 $A6$ 小于 $A5$，且 $A6$ 比 $A5$ 等于任意给定的比值，例如在折光学中应用卵形线时，该比值度量的是折射的程度。做完这些之后，我在直线 FA 上任取一点 G，它与点 5 在同一侧，使得AF比GA为那个任意给定的比值。其次，我沿直线$A6$划出RA等于GA，并以G为心、等于$R6$的线段为半径画圆。该圆将在两个点1,1处穿过第一个圆，所求的卵形线中的第一个必定通过这两个点。

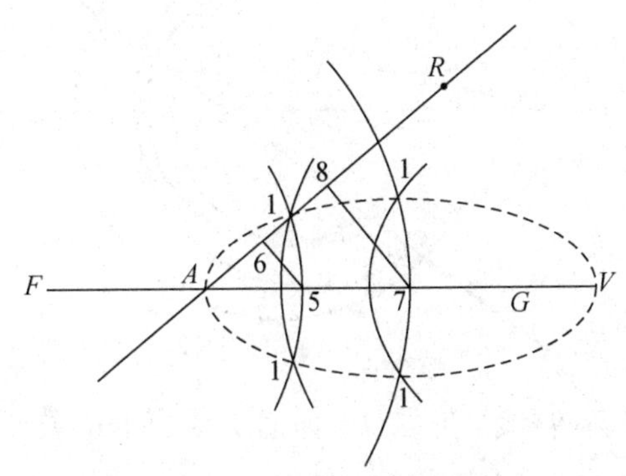

接着，我以F为心画圆，它在比点5离A稍近或稍远处穿过FA，例如在点7处。然后，我引78平行于56，并以G为心、等于$R8$的线段为半径画另一个圆。此圆将在点1,1处穿过点7在其上的圆，这两个点也是同一条卵形线上的点。于是，我们通过引平行于78的直线和画出以F和G为心的圆，就能找到所要求的那许多点。

在作第二条卵形线时，仅有的差别是我们必须在A的另一侧取AS等于AG，用以代替AR；并且，以G为圆心、穿过以F为圆心且过5的圆的那个圆的半径，必须等于直线段$S6$；或者当它穿过7在其上的圆时，半径必须等于$S8$，如此等等。这样，这些圆在点2,2处相交，它们即是第二条卵形线$A2X$上的点。

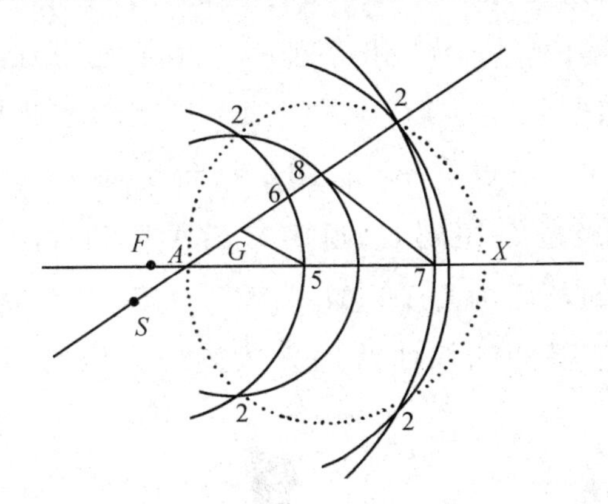

为了作出第三条和第四条卵形线，我们在A的另一侧，即F所在的同一边，取AH以代替AG。应该注意，这条直线段AH必须比AF长；在所有这些卵形线中，AF甚至可以为零，即F和A相重。然后，取AR和AS，让它们都等于AH。在画第三条卵形线$A3Y$时，我以H为心，等于$S6$的线段为半径画圆。它在点3处穿过以F为圆心过5的圆，另一个圆的半径等于$S8$，也在标 3 的点处穿过 7 在其上的圆，如此等等。

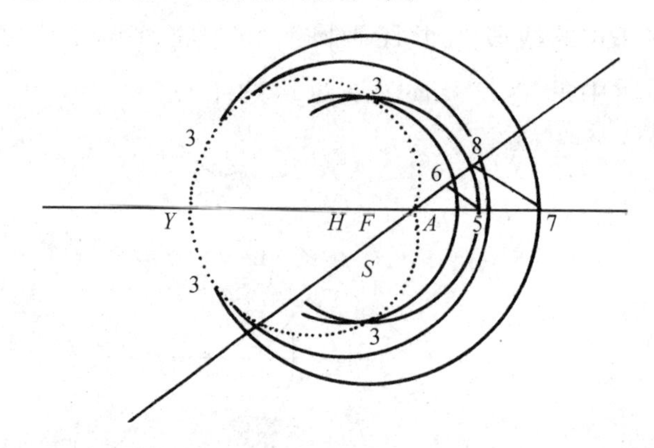

最后，对于第四条卵形线，我以 H 为心，等于 $R6$、$R8$ 的线段为半径画同，它们在标有 4 的点处穿过另外的圆。

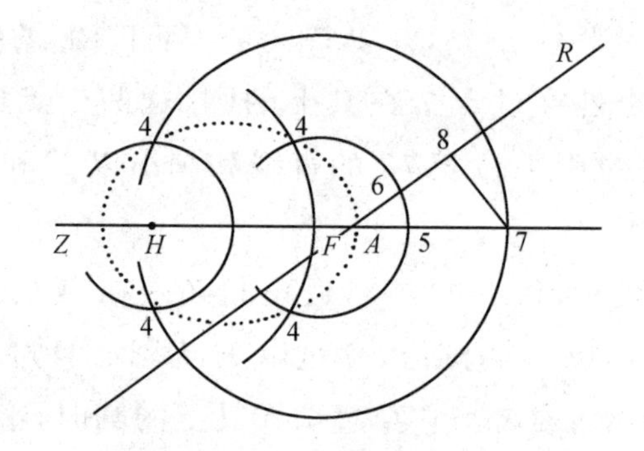

为了作出同样的这几条卵形线，还有其他许多办法。例如，第一种卵形线 AV（如果我们假定 FA 和 AG 相等），可以用下述方法描绘：将直线段 FG 在 L 处分为两部分，使得 $FL : LG = A5 : A6$，即对应于折射率的比。然后，平分 AL 于 K，令直尺 FE 绕点 F 转动，用手指将细绳 EC 在 C 点压住，此绳系在直尺的端点 E 处，经过 C 拉到 K，返回 C 后再拉到 G，绳的另一端就牢系在这里。于是，整条绳的长度为 $GA + AL + FE - AF$，点 C 就描绘出第一种卵形线，这跟《折光》中描绘椭圆和双曲线的方式类似。但我不能更多地关注这个主题。

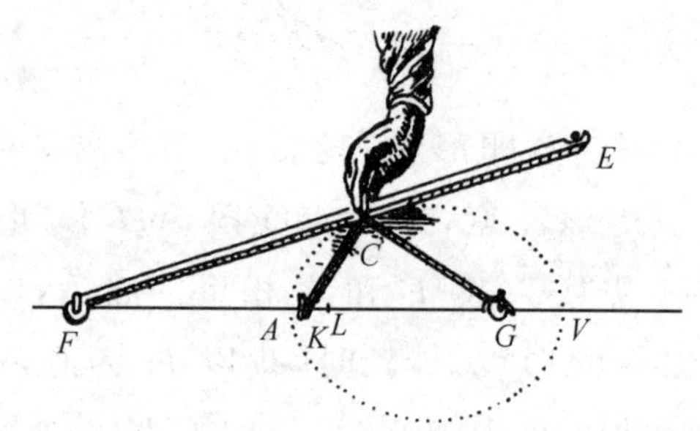

虽然这些卵形线的性质看起来几乎相同，但无论如何属于四种不同的类型，每一种又包含无穷多的子类，而每个子类又像每一类椭圆和双曲线那样包含许多不同的类型；子类的划分依赖于 A5 对 A6 的比的值。于是，当 AF 对 AG 的比、或 AF 对 AH 的比改变时，每一个子类中的卵形线也改变类型，而 AG 或 AH 的长度确定了卵形线的大小。

若 A5 等于 A6，第一和第三类卵形线变为直线；在第二类卵形线中，我们能得到所有可能的双曲线，而第四类卵形线包含了所有可能的椭圆。

所论卵形线具有的反射与折射性质

就每一种卵形线而言，有必要进一步考虑它的具有不同性质的两个部分。在第一类卵形线中，朝向 A 的部分使得从 F 出发穿过空气的光线、遇到透镜的凸圆状表面 1A1 后向 G 会聚，根据折光学可知，该透镜的折射率决定了象 A5 对 A6 这样的比，卵形线正是依据这个比值描绘的。

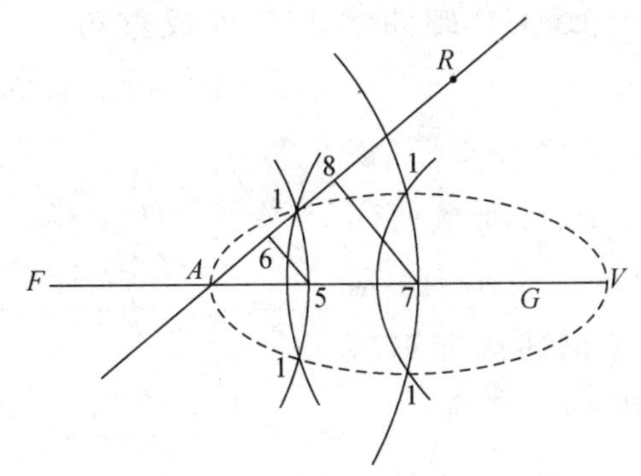

而朝向 V 的部分，使从 G 出发的所有光线到达形如 1V1 的凹形镜面后向 F 会聚，镜子的质料按 A5 对 A6 的比值降低了光线的速度，因为折光学已证明，此种情形下的各个反射角将不会相等，折射角亦然，它们可用相同的方法度量。

现在考虑第二种卵形线。当 2A2 这个部分作反射用时，同样可假定各反射角不相等。因为若这种形状的镜子采用讨论第一种卵形线时指出的同一种质料制成，那么它将把从 G 出发的所有光线都反射回去，就好像它们是从 F 发出似的。

还要注意，如果直线段 AG 比 AF 长许多，此时镜子的中心(向 A)凸，两端则是凹的；因为这样的曲线不再是卵形而是心形的了。另一部分 X2 对制作折射透镜有用；通过空气射向 F 的光线被具有这种形状的表面透镜所折射。

第三类卵形线仅用于折射，使通过空气射向 F 的光线穿过形如 A3Y3 的表面之后在玻璃体内射向 H；此处 $A3YA$ 除稍向 A 凹之外，其余部分全是凸的，因此这条曲线也是心形的。这种卵形线的两个部分的差别在于，一部分靠近 F 远离 H，另一部分靠近 H 而远离 F。[①]

类似地，这些卵形线中的最后一种只用于反射的情形。它的作用是使来自 II 的所有光线、当遇到用前面提到过的同种质料制成的形如 $A4Z4$ 凹状曲面时，经反射皆向 F 会聚。

点 F，G 和 H 可称为这些卵形线的"燃火点"，相应于椭圆和双曲线的燃火点，在折光学中就是这样定名的。

我没有提及能由这些卵形线引起的其他几种反射和折射；因为它们只是些相反的或逆的效应，很容易推演出来。

对这些性质的论证

然而，我必须证明已做出的结论。为此目的，在第一种卵形线的第一部分上任取一点 C，并引直线 CP 跟曲线在 C 处成直角。这可用上面给出的方法实现，做法如下：

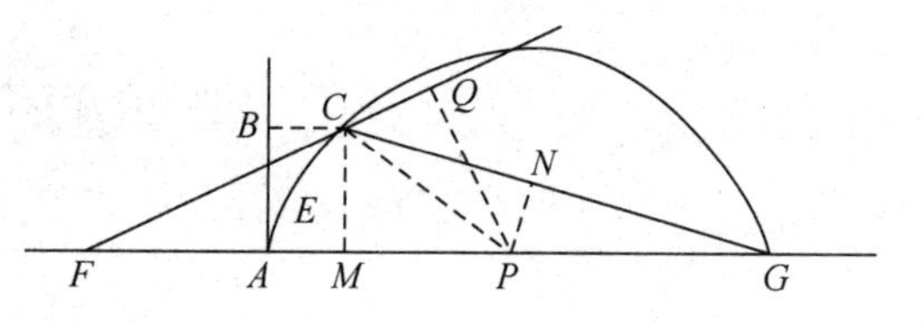

令 $AG=b$，$AF=c$，$FC=c+z$。以 d 对 e 的比——我总是用它度量所讨论的透镜的折射能力——表示 $A5$ 对 $A6$ 的比，或用于表示能描述该卵形线的类似的直线段之间的比。于是，

$$GC=b-\frac{e}{d}z,$$

由此可知

$$AP=\frac{bcd^2-bcde+bd^2z+ce^2z}{bde+cd^2+d^2z+e^2z}。$$

我们从 P 引 PQ 垂直于 FC，引 PN 垂直于 GC。现若有 $PQ:PN=d:e$，即，如果 $PQ:PN$ 等于用来度量凸玻璃体 AC 的折射状况的直线段之间的比，那么过 F 射向 C 的光线，必被折射进入玻璃体而且射向 G。这由折光学立即可知。

现在，假如 $PQ:PN=d:e$ 真的成立，让我们用计算来证实结论。直角三角形 PQF 和 CMF 相似，由此可得 $CF:CM=FP:PQ$ 及 $\frac{FP\cdot CM}{CF}=PQ$。

---

① 以上两段对应的图为本书 34 页的第 2 个图。——译者

此外，直角三角形 PNG 和 CMG 相似，因此$\frac{GP \cdot CM}{CG}=PN$。由于用同一个数乘或除一个比中的两项并不改变这个比，又若$\frac{FP \cdot CM}{CF}:\frac{GP \cdot CM}{CG}=d:e$，那么用 CM 除第一个比中的每项，再用 CF 及 CG 乘每项，我们得到$(FP \cdot CG):(GP \cdot CF)=d:e$。根据作图可知

$$FP=c+\frac{bcd^2-bcde+bd^2z+ce^2z}{cd^2+bde-e^2z+d^2z},$$

或

$$FP=\frac{bcd^2+c^2d^2+bd^2z+cd^2z}{cd^2+bde-e^2z+d^2z},$$

及

$$CG=b-\frac{e}{d}z。$$

于是，

$$FP \cdot CG=\frac{b^2cd^2+bc^2d^2+b^2d^2z+bcd^2z-bcdez-c^2dez-bdez^2-cdez^2}{cd^2+bde-e^2z+d^2z}$$

那么，

$$GP=b-\frac{bcd^2-bcde+bd^2z+ce^2z}{cd^2+bde-e^2z+d^2z};$$

或

$$GP=\frac{b^2de+bcde-be^2z-ce^2z}{cd^2+bde-e^2z+d^2z};$$

以及 $CF=c+z$。故

$$GP \cdot CF=\frac{b^2cde+bc^2de+b^2dez+bcdez-bce^2z-c^2e^2z-be^2z^2-ce^2z^2}{cd^2+bde-e^2z+d^2z}$$

上述第一个乘积用 d 除后，等于第二个用 e 除，由此可得 $PQ:PN=(FP \cdot CG):(GP \cdot CF)=d:e$，这就是所要证明的。这个证明经正负号的适当变更，便可用来证明这些卵形线中任一种具有的反射和折射性质；读者可逐个去研究，我不需要在此作进一步的讨论。

这里，我倒有必要对我在《折光》中的陈述作些补充，大意如下：各种形式的透镜都能同样使来自同一点的光线，经由它们向另一点会聚；这些透镜中，一面凸另一面凹的比起两面皆凸的，是性能更好的燃火镜；另一方面，后者能作成更好的望远镜。我将只描述和解释那些我认为是最具实用价值的透镜，考虑琢磨时的难点。为了完成有关这个主题的理论，我必须再次描绘这种透镜的形状：它的一个面具有随意确定的凸度或凹度，能使所有平行的或来自单个点的光线，在穿过它们之后向一处会聚；还要描绘另一种透镜的形状：它具有同样的效用，但它的两个面是等凸的，或者，它的一个表面的凸度与另一表面的凸度形成给定的比。

如何按我们的要求制作一透镜，使从某一给定点发出的所有光线经透镜的一个表面后会聚于一给定点

第一步，设 G、Y、C 和 F 是给定的点，使得来自 G 或平行于 GA 的光线穿过一凹状透镜后在 F 处会聚。令 Y 是该透镜内表面的中心，C 是其边缘，并设弦 CMC 已给定，弧 CYC 的高亦已知。首先我们必须确定那些卵形线中的哪一个可用来做此透镜，使得穿过它而朝向 H（尚未确定的一个点）的光线，在离开透镜后向 F 会聚。

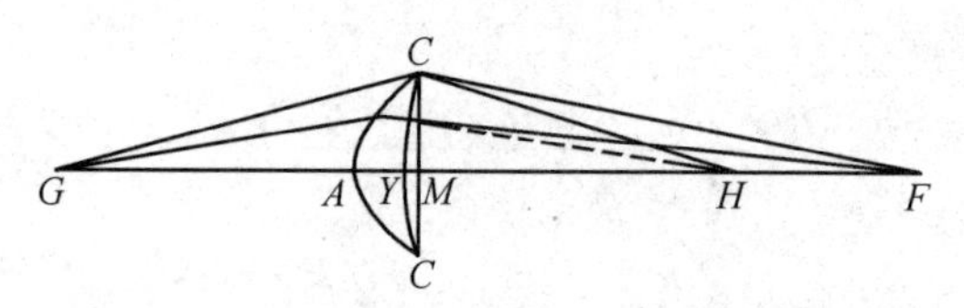

在这些卵形线中，至少有一种不会让光线经其反射或折射而仍不改变方向的；容易看出，为得到上述特殊结果，可利用第三种卵形线上标为 $3A3$ 或 $3Y3$ 的任何一段，或者利用第二种卵形线上标为 $2X2$ 的部分。由于各种情形都可用同一种方法处理，所以无论对哪种情形，我们可以取 Y 为顶点，C 为曲线上的一点，F 为燃火点之一。于是尚待确定的只是另一个燃火点 H 了。为此，考虑 FY 和 FC 的差比 HY 和 HC 的差为 d 比 e，即度量透镜折射能力的两直线段中较长者跟较短者之比，这样做的理由从描绘卵形线的方法中是显而易见的。

因为直线段 FY 和 FC 是给定的，我们可以知道它们的差；又因为知道那两个差的比，故我们能知道 HY 和 HC 的差。

又因 YM 为已知，我们便知 MH 和 HC 的差，也就得到了 CM，尚需求出的是直角三角形 CMH 的一边 MH。该三角形的另一边 CM 已经知道，斜边 CH 和所求边 MH 的差也已知。因此，我们能容易地确定 MH，具体过程如下：

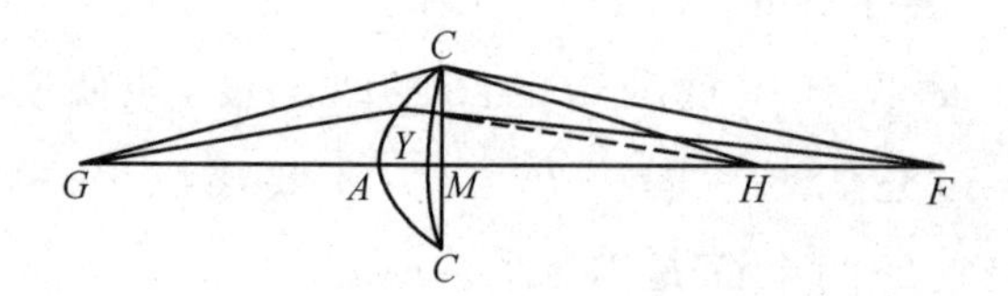

令 $k=CH-MH$，$n=CM$；那么 $\frac{n^2}{2k}-\frac{1}{2}k=MH$，它确定了点 H 的位置。

若 HY 比 HF 长，曲线 CY 必须取为第三类卵形线的第一部分，它已标记为 $3A3$。

要是假定 HY 比 FY 短，会出现两种情形：第一种，HY 超出 HF 的量达到这种程度，使它们的差跟整条线段 FY 的比，大于表示折射能力的直线段中较小的 e 跟较大的 d 之比；即令 $HF=c$，$HY=c+h$，那么 dh 大于 $2ce+eh$。在这种情况，CY 必须取为第三类中同一卵形线的第二部分 $3Y3$。

在第二种情形，dh 小于或等于 $2ce+eh$，CY 取为第二类卵形线的第二部分 $2X2$。

最后，若点 H 和点 F 相重，$FY=FC$，那么曲线 YC 是个圆。

我们还需要确定透镜的另一个表面 CAC。若我们设落在它上面的光线平行，它应是以 H 为其一个燃火点的椭圆，其形状容易确定。然而，当我们设光线来自点 G，则透镜必须具有第一类卵形线的第一部分的形状，该卵形线经过点 C，它的两个燃火点是 G 和 H。点 A 看来是它的顶点，依据是：GC 超出 GA 的部分比 HA 超出 HC 的部分等于 d 比 e。因为若令 k 表示 CH 和 HM 的差，x 表示 AM，那么 $x-k$ 表示 AH 和 CH 的差；若令 g 表示皆为已知的 GC 和 GM 的差，那么 $g+x$ 表示 GC 和 GA 的差；由于 $g+x : x-k=d : e$，我们知 $ge+ex=dx-dk$、或 $AM=x=\frac{ge+dk}{d-e}$，它使我们得以确定所求的点 A。

如何制作有如上功能的透镜，而又使一个表面的凸度跟另一表面的凸度或凹度形成给定的比

假设只给定了点 G、C 和 F，以及 AM 对 YM 的比；要求确定透镜 ACY 的形状，使得所有来自点 G 的光线都向 F 会聚。

在这种情况下，我们可以利用两种卵形线 AC 和 YC，它们的燃火点分别是 G、H 和 F、H。为了确定它们，让我们首先假设两者共同的燃火点 H 为已知。于是，AM 可由三个点 G、C 和 H 以刚刚解释过的方法确定；即，若 k 表示 CH 和 HM 的差，g 表示 GC 和 GM 的差，又若 AC 是第一类卵形线的第一部分，则我们得到 $AM=\frac{ge+dk}{d-e}$。

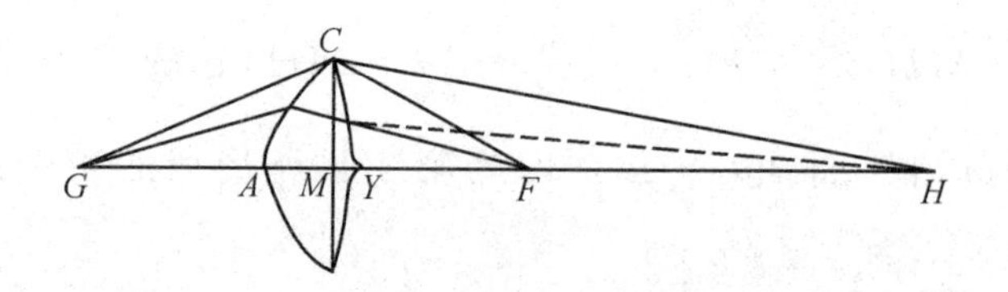

于是，我们可依据三个点 F、C 和 H 求得 MY。若 CY 是第三类的一条卵形线的第一部分，我们取 y 代表 MY，f 代表 CF 和 FM 的差，那么 CF 和 FY 的差等于 $f+y$；再令 CH 和 HM 的差等于 k，则 CH 和 HY 的差等于 $k+y$。那么 $(k+y):(f+y)=e:d$，因为该卵形线是第三类的，因此 $MY=\dfrac{fe-dk}{d-e}$。所以 $AM+MY=AY=\dfrac{ge+fe}{d-e}$，由此可得，无论点 H 可能落在哪一边，直线段 AY 对 $GC+CF$ 超出 GF 的部分的比，总等于表示玻璃体折射能力的两条直线段中较短的 e 对两直线段之差 $d-e$ 的比，这给出了一条非常有趣的定理。

正在寻找的直线段 AY，必须按适当的比例分成 AM 和 MY，因为 M 是已知的，所以点 A，Y，最后还有点 H，都可依据前述问题求得。首先，我们必须知道这样求得的直线段 AM 是大于、等于或小于 $\dfrac{ge}{d-e}$。当出现大于的情形，AC 必须取为已考虑过的第三类中的某条卵形线的第一部分。当出现小于的情形，CY 必须为某个第一类卵形线的第一部分，AC 为某个第三类卵形线的第一部分。最后，当 AM 等于 $\dfrac{ge}{d-e}$ 时，曲线 AC 和 CY 必须皆为双曲线。

上述两个问题的讨论可以推广到其他无穷多种情形，我们将不在这里推演，因为它们对折光学没有实用价值。

我本可以进一步讨论并说明，当透镜的一个表面是给定的，它既非完全平直、亦非由圆锥截线或圆所构成，此时如何确定另一个表面，使得把来自一个给定点的所有光线传送到另一个也是给定的点。这项工作并不比我刚刚解释过的问题更困难；确实，它甚至更容易，因为方法已经公开；然而，我乐于把它留给别人去完成，那样，他们也许会更好地了解和欣赏这里所论证的那些发现，虽然他们自己会遇到某些困难。

如何将涉及平面上的曲线的那些讨论应用于三维空间或曲面上的曲线

在所有的讨论中，我只考虑了可在平面上描绘的曲线，但是我论述的要点很容易应用于所有那样的曲线，它们可被想象为某个物体上的点在三维空间中作规则的运动所生成。具体做法是从所考虑的这种曲线上的每个点，向两个交成直角的平面引垂线段，垂线段的端点将描绘出另两条曲线；对于这两个平面中的每一个上面的这种曲线，它的所有点都可用已经解释过的办法确定，所有这些点又都可以跟这两个平面所共有的那条直线上的点建立起联系；由此，三维曲线上的点就完全确定了。

我们甚至可以在这种曲线的给定点引一条直线跟该曲线成直角，办法很简单，在每个平面内由三维曲线上给定点引出的垂线的垂足处，分别作直线与各自平面内的那条曲线垂直，再过每一条直线作出另外两个平面，分别与含有它们的平面垂直，这样作出的两个平面的交线即是所求的垂直直线。

至此，我认为我在理解曲线方面再没有遗漏什么本质的东西了。

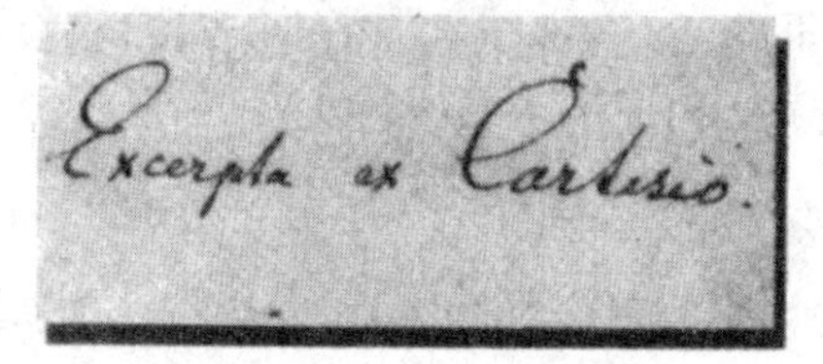

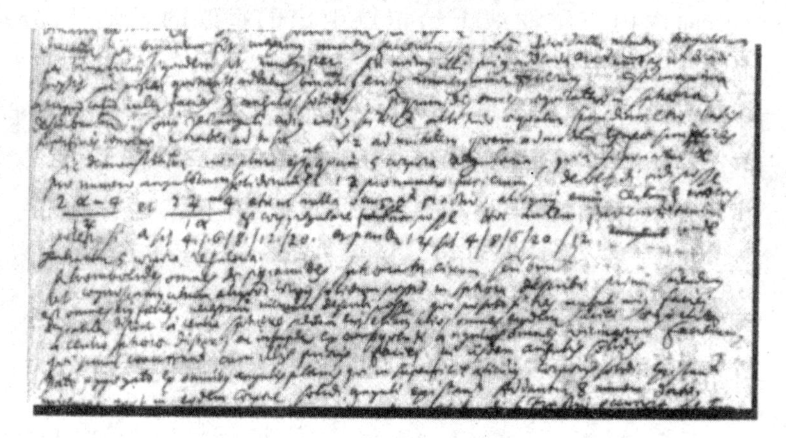

笛卡儿的手稿

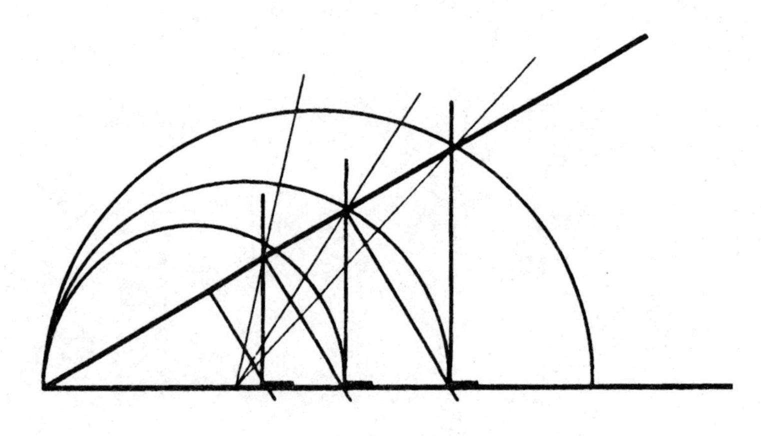

笛卡儿发明的圆规

第3章

立体及超立体问题的作图

· On the Construction of Solid and Super solid Problems ·

我希望后世会给予我仁厚的评判，不单是因为我对许多事情作出的解释，而且也因为我有意省略了的内容——那是留给他人享受发明之愉悦的。

RENATI

DES-CARTES,

MEDITATIONES

DE PRIMA

PHILOSOPHIA

IN QVA DEI EXISTENTIA

ET ANIMÆ IMMORTALITAS

DEMONSTRATVR.

PARISIIS,

Apud MICHAELEM SOLY, viâ Iacobeâ, sub ſigno Phœnicis.

M. DC. XLI.

Cum Priuilegio, & Approbatione Doctorum.

能用于所有问题的作图的曲线

毫无疑问，凡能由一种连续的运动来描绘的曲线都应被接纳进几何，但这并不意味着我们将随机地使用在进行给定问题的作图时首先碰上的曲线。我们总是应该仔细地选择能用来解决问题的最简单的曲线。但应注意，“最简单的曲线”不只是指它最容易描绘，亦非指它能导致所论问题的最容易的论证或作图，而是指它应属于能用来确定所求量的最简单的曲线类之中。

求多比例中项的例证

例如，我相信在求任意数目的比例中项时，没有更容易的方法了，没有哪一种论证会比借助于利用前已解释过的工具 XYZ 描绘的曲线所作的论证更清楚的了。所以，若想求 YA 和 YE 之间的两个比例中项，只需描绘一个圆，YE 为其直径并在 D 点穿过曲线 AD；于是，YD 即是所求的一个比例中项。当对 YD 使用此工具时，论证立即变得一目了然，因为 YA（或 YB）比 YC 等于 YC 比 YD，又等于 YD 比 YE。

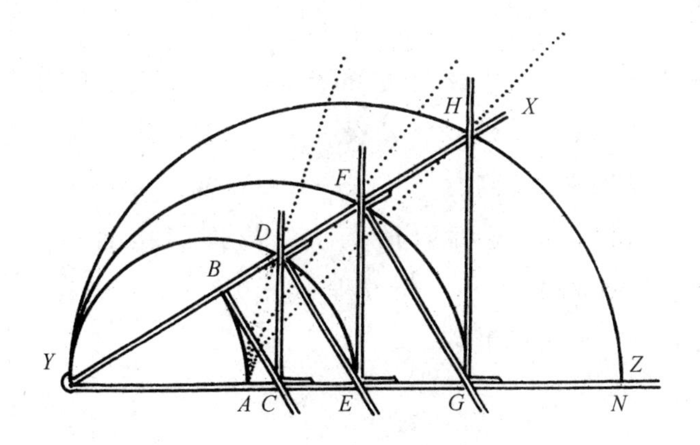

◀ 笛卡儿著作中的插图

类似地，为求 YA 和 YG 之间的四个比例中项，或求 YA 和 YN 之间的六个比例中项，只需画一圆 YEG，它跟 AF 的交点确定出直线段 YF，此即四个比例中项之一；或画图 YHN，它跟 AH 的交点确定出直线段 YH，即六个比例中项之一；余者类推。

但曲线 AD 属于第二类，而我们可以利用圆锥截线求两个比例中项，后者是第一类的曲线。再者，四个或六个比例中项可分别用比 AF 和 AH 更低类的曲线求得。因此，利用那些曲线可能在几何上是一种错误。另一方面，徒劳地企图用比问题的性质所限定的曲线类更简单的曲线类来解决作图问题，也是一种大错。

方程的性质

在给出一些法则以避免这两种错误之前，我必须就方程的性质作些一般性的论述。一个方程总由若干项组成，有的为已知，有的为未知，其中的一些合在一起等于其余的；甚至可以让所有的项合在一起等于无；后者常常是进行讨论的最好形式。

方程能有几个根

每一个方程都有跟方程中未知量的次数[①]一样多的不同的根（未知量的值）。例如，设 $x=2$，或 $x-2=0$，又设 $x=3$，或 $x-3=0$。把 $x-2=0$ 和 $x-3=0$ 这两个方程相乘，我们有 $x^2-5x+6=0$ 或 $x^2=5x-6$。这是个方程，其中 x 取值为 2，同时，x 还可取值为 3。若我们接着取 $x-4=0$，并用 $x^2-5x+6=0$ 乘之，我们得到另一个方程 $x^3-9x^2+26x-24=0$，其中 x 是三次的，因此有三个值，即 2，3 和 4。

① 笛卡儿在描述方程的次数时，使用 dimension 这个词，在讨论几何对象的维数时，也用这同一个词。——译者

何为假根

然而，经常会出现一些根是假的、或者说比无更小的情形。于是，如果我们设 x 表示量 5 这个假根，则我们有 $x+5=0$，它用 $x^3-9x^2+26x-24=0$ 乘之后变为 $x^4-4x^3-19x^2+106x-120=0$，这个方程有四个根，即三个真根 2，3 和 4，一个假根 5。

已知一个根时，如何将方程的次数降低

显然，由上述讨论可知，具有若干个根的方程的各项之和总能被这样的二项式除尽，它由未知量减去真根之一的值、或加上假根之一的值组成。据此，我们能使方程的次数降低。

如何确定任一给定量是否是根

若方程各项的和不能被由未知量加或减某个别的量组成的二项式除尽，则这个“别的量”就不是该方程的根。于是，上述方程 $x^4-4x^3-19x^2+106x-120=0$ 可被 $x-2$，$x-3$，$x-4$ 和 $x+5$ 除尽，而不能被 x 加或减其他任何一个量所除尽。因此，该方程仅有 3 个真根 2，3，4 和假根 5。

一个方程有多少真根

我们还能确定任一方程所能有的真根与假根的数目，办法如下：一个方程的真根数目跟它所含符号的变化，即从 + 到 − 或从 − 到 + 的多寡一致；而其假根的数目，跟连续找到两个 + 号或两个 − 号的次数一样。

于是，在最后一个方程中，因 $+x^4$ 之后是 $-4x^3$，出现了从 + 到 − 的一次符号变化，$-19x^2$ 之后是 $+106x$，$+106x$ 之后是 -120，又出现了两次变化，所以我们知道有三个真根；因 $-4x^3$ 之后是 $-19x^2$，那么有一个假根。

如何将假根变为真根，以及将真根变为假根

我们还很容易将方程变形，使得它的所有假根都变为真根，所有真根都变为假根。办法是改变第二、第四、第六及其他所有偶数项的符号，保持第一、第三、第五及其他奇数项的符号不变。这样，若代替

$$+x^4-4x^3-19x^2+106x-120=0,$$

我们写出

$$+x^4+4x^3-19x^2-106x-120=0,$$

则我们得到的是具有一个真根 5 和三个假根 2，3，4 的方程。

如何将方程的根变大或缩小

当一个方程的根未知，而希望每一个根都增加或减去某个已知数时，我们必须把整个方程中的未知量用另一个量代替，它比原未知量大一个或小一个那个已知数。于是，若希望方程

$$x^4+4x^3-19x^2-106x-120=0$$

的每个根的值增加 3，那么用 y 代替 x，并令 y 比 x 大 3，即 $y-3=x$。此时，对于 x^2，我们代之以 $y-3$ 的平方或 y^2-6y+9；对于 x^3，代之以它的立方，即 $y^3-9y^2+27y-27$；对于 x^4，代之以四次方，或 $y^4-12y^3+54y^2-108y+81$。在上述方程中代入这些值并进行归并，我们得到

$$\begin{array}{rrrrr}
y^4 & -12y^3 & +54y^2 & -108y & +81 \\
 & +4y^3 & -36y^2 & +108y & -108 \\
 & & -19y^2 & +114y & -171 \\
 & & & -106y & +318 \\
 & & & & -120 \\
\hline
y^4 & -8y^3 & -y^2 & +8y & =0,
\end{array}$$

或

$$y^3-8y^2-y+8=0。$$

现在，它的真根是 8 而不是 5，因为它已被增加了 3。另一方面，若希望同一方程的根都减少 3，我们必须令 $y+3=x$，$y^2+6y+9=x^2$ 等等，代替 $x^4+4x^3-19x^2-106x-120=0$，我们得到

$$
\begin{array}{r}
y^4+12y^3+54y^2+108y+81 \\
+4y^3+36y^2+108y+108 \\
-19y^2-114y-171 \\
-106y-318 \\
-120 \\
\hline
y^4+16y^3+71y^2-\quad 4y-420=0。
\end{array}
$$

我们可通过增大真根来缩小假根;或者相反

应该注意,一个方程的真根的加大必使假根以同样的量减小;相反,真根的缩小会使假根增大;若以等于真根或假根的量来减小它们,则将使根变成零;以比根大的量来减小它,那么会使真根变假、假根变真。所以,给真根增加 3,我们就使每个假根都变小了,原先是 4 的现只是 1,原是 3 的根变成了零,原是 2 的现在成了真根,它等于 1,因为$-2+3=+1$。这说明为什么方程$y^3-8y^4-y+8=0$仅有三个根,其中的两个 1 和 8 是真根,第三个也是 1,但是假根;而另一个方程$y^4+16y^3+71y^2-4y-420=0$仅有一个真根 2(因为$+5-3=+2$),以及三个假根 5,6 和 7。

如何消去方程中的第二项

于是,这种变换一个方程的根而无须先确定它们的值的方法,产生两个将被证明是有用的结论:第一,我们总能消去第二项。若方程第一和第二项的符号相反,只要使它的真根缩小一个量,该量由第二项中的已知量除以第一项的次数而得;或者,若它们具有相同的符号,可通过使它的根增加同样的量而达到目的。于是,为了消去方程$y^4+16y^3+71y^2-4y-420=0$中的第二项,我用 16 除以 4(即y^4中y的次数),商为 4。我令$z-4=y$,那么

$$
\begin{array}{r}
z^4-16z^3+96z^2-256z+256 \\
+16z^3-192z^2+768z-1024
\end{array}
$$

$$
\begin{array}{r}
+71z^2-568z-1136 \\
-4z\quad+16 \\
-420 \\
\hline
z^4\qquad -25z^2-60z-36=0
\end{array}
$$

方程的真根原为 2 而现在是 6，因为它已增加了 4；而假根 5，6，7 成了 1，2 和 3，因为每个根减小了 4。类似地，我们可消去 $x^4-2ax^3+(2a^2-c^2)x^2-2a^3x+a^4=0$ 的第二项；因 $2a$ 除以 4 得$\frac{1}{2}a$，我们必须令 $z+\frac{1}{2}a=x$，那么

$$
\begin{array}{l}
z^4+2az^3+\frac{3}{2}a^2z^2+\frac{1}{2}a^3z\quad+\frac{1}{16}a^4 \\
\qquad -2az^3-3a^2z^2-\frac{3}{2}a^3z\quad-\frac{1}{4}a^4 \\
\qquad\qquad +2a^2z^2+2a^3z\quad+\frac{1}{2}a^4 \\
\qquad\qquad -c^2z^2\quad -ac^2z-\frac{1}{4}a^2c^2 \\
\qquad\qquad\qquad -2a^3z\qquad -a^4 \\
\qquad\qquad\qquad\qquad +a^4 \\
\hline
z^4+\left(\frac{1}{2}a^2-c^2\right)z^2-(a^3+ac^2)z+\frac{5}{16}a^4-\frac{1}{4}a^2c^2=0。
\end{array}
$$

若能求出 z 的值，则加上了$\frac{1}{2}a$ 就得到 x 的值。

如何使假根变为真根而不让真根变为假根

通过使每个根都增加一个比任何假根都大的量，我们可使所有的根都成为真根。实现这一点后就不会连续出现＋或－的项了；进而，第三项中的已知量将大于第二项中已知量的一半的平方。这一点即使在假根是未知时也能办到，因为总能知道它们的近似值，从而可以让根增加一个量，该量应大到我们所需要的程度，更大些也无妨。于是，若给定

$$x^6+nx^5-6n^2x^4+36n^3x^3-216n^4x^2+1296n^5x-7776n^6=0,$$

令 $y-6n=x$，我们便有

$$
\begin{array}{llllll}
y^6-36n & y^5+540n^2 & y^4-4320n^3 & y^3+19440n^4 & y^2-46656n^5 & y+46656n^6\\
\quad+\ n & \quad-30n^2 & \quad+360n^3 & \quad-2160n^4 & \quad+6480n^5 & \quad-7776n^6\\
 & \quad-6n^2 & \quad+144n^3 & \quad-1296n^4 & \quad+5184n^5 & \quad-7776n^6\\
 & & \quad+36n^3 & \quad-648n^4 & \quad+3888n^5 & \quad-7776n^6\\
 & & & \quad-216n^4 & \quad+2592n^5 & \quad-7776n^6\\
 & & & & \quad+1296n^5 & \quad-7776n^6\\
 & & & & & \quad-7776n^6
\end{array}
$$

$y^6-35ny^5+504n^2y^4-3780n^3y^3+15120n^4y^2-27216n^5y=0$。

显然，第三项中的已知量 $504n^2$ 大于$\frac{35}{2}n$ 的平方，亦即大于第二项中已知量一半的平方；并且不会出现这种情形，为了假根变真根所需要增加的量，从它跟给定量的比的角度看，会超出上述情形所增加的量。

如何补足方程中的缺项

若我们不需要像上述情形那样让最后一项为零，为此目的就必须使根再增大一些。同样，若想提高一个方程的次数，又要让它的所有的项都出现，比如我们想要替代 $x^5-b=0$ 而得到一个没有一项为零的六次方程；那么，首先将 $x^5-b=0$ 写成 $x^6-bx=0$，并令 $y-a=x$，我们即可得到

$$y^6-6ay^5+15a^2y^4-20a^3y^3+15a^4y^2-(6a^5+b)y+a^6+ab=0。$$

显然，无论量 a 多么小，这个方程的每一项都必定存在。

如何乘或除一个方程的根

我们也可以实现以一个给定的量来乘或除某个方程的所有的根，而不必事先确定出它们的值。为此，假设未知量用一个给定的数乘或除之后等于第二个未知量。然后，用这个给定的量乘或除第二项中的已知量，用这个给定量的平方乘或除第三项中的已知量，用它的立方乘或除第四项中的已知量，…，一直做到最后一项。

如何消除方程中的分数

这种手段对于把方程中的分数项改变成整数是有用的，对各个项的有理化也常常有用。于是，若给定 $x^3-\sqrt{3}x^2+\frac{26}{27}x-\frac{8}{27\sqrt{3}}=0$，设存在符合要求的另一方程，其中所有的项皆以有理数表示。令 $y=\sqrt{3}x$，并以$\sqrt{3}$乘第二项，以 3 乘第三项，以 $3\sqrt{3}$乘最后一项，所得方程为 $y^3-3y^2+\frac{26}{9}y-\frac{8}{9}=0$。接着，我们要求用已知量全以整数表示的另一方程来替代它。令 $z=3y$，以 3 乘 3，9 乘$\frac{26}{9}$，27 乘$\frac{8}{9}$，我们得到

$$z^3-9z^2+26z-24=0$$

此方程的根是 2，3 和 4；因此前一方程的根为$\frac{2}{3}$，1 和$\frac{4}{3}$，而第一个方程的根为$\frac{2}{9}\sqrt{3}$，$\frac{1}{3}\sqrt{3}$和$\frac{4}{9}\sqrt{3}$。

如何使方程任一项中的已知量等于任意给定的量

这种方法还能用于使任一项中的已知量等于某个给定的量。若给定方程

$$x^3-b^2x+c^3=0,$$

要求写出一个方程，使第三项的系数（即 b^2）由 $3a^2$ 来替代。令

$$y=x\sqrt{\frac{3a^2}{b^2}},$$

我们得到

$$y^3-3a^2y+\frac{3a^3c^3}{b^3}\sqrt{3}=0。$$

真根和假根都可能是实的或虚的

无论是真根还是假根，它们并不总是实的；有时它们是虚的；于是，我们

总可以想象，每一个方程都具有我已指出过的那样多的根，但并不总是存在确定的量跟所想象得到的每个根相对应。我们可以想象方程 $x^3-6x^2+13x-10=0$ 有三个根，可是仅有一个实根 2；对其余两个根，尽管我们可以按刚刚建立的法则使其增大、缩小或者倍增，但它们始终是虚的。

平面问题的三次方程的简约

当某个问题的作图蕴含了对一个方程的求解，且该方程中未知量达到三次时，我们必须采取如下步骤。

首先，若该方程含有一些分数系数，则用上面解释过的方法将其变为整数；若它含有不尽方根，那么只要可能就将其变为有理数，用乘法，或用其他容易找到的若干方法中的一种皆可。其次，依次检查最后一项的所有因子，以确定方程的左端部分，是否能被由未知量加或减这些因子中某个所构成的二项式除尽。若是，则该问题是平面问题，即它可用直尺和圆规完成作图；因为任一个二项式中的已知量都是所求的根，或者说，当方程的左端能被此二项式除尽时，其商就是二次的了，从这个商出发，如在第 1 章中解释过的那样，即可求出根。

例如，给定 $y^6-8y^4-124y^2-64=0$。最后一项 64 可被 1，2，4，8，16，32 和 64 除尽；因此，我们必须弄清楚方程的左端是否能被 y^2-1，y^2+1，y^2-2，y^2+2，y^2-4 等二项式除尽。由下式知方程可被 y^2-16 除尽：

$$+y^6-8y^4-124y^2-64=0$$

$$\begin{array}{cccc} \underline{-y^6} & \underline{-8y^4} & \underline{-\quad 4y^2} & -16 \\ 0 & \underline{-16y^4} & \underline{-128y^2} & \\ & -16 & -16 & \end{array}$$

$$\overline{\quad +y^4+\quad 8y^2+4=0\text{。}\quad}$$

用含有根的二项式除方程的方法

从最后一项开始，我以 -16 除 -64，得 $+4$；把它写成商；以 $+y^2$ 乘 $+4$，得 $+4y^2$，并记成被除数(但必须永远采用由这种乘法所得符号之相反的符号)。将 $-124y^2$ 和 $-4y^2$ 相加，我得到 $-128y^2$。用 -16 来除它，我得到商 $+8y^2$；再

用 y^2 来乘，我应得出 $-8y^4$，将其加到相应的项 $-8y^4$ 上之后作为被除数，即 $-16y^4$，它被 -16 除后的商为 $+y^4$；再将 $-y^6$ 加到 $+y^6$ 上得到零，这表明这一除法除尽了。

然而，若有余数存在，或者说如果改变后的项不能正好被 16 除尽，那么很清楚，该二项式并不是一个因子。

$$\left.\begin{array}{l} y^6+a^2 \\ -2c^2 \end{array}\right\} y^4 \quad \left.\begin{array}{l} -a^4 \\ +c^4 \end{array}\right\} y^2 \quad \left.\begin{array}{l} -a^6 \\ -2a^4c^2 \\ -a^2c^4 \end{array}\right\} =0,$$

其最后一项可被 a，a^2，a^2+c^2 和 a^3+ac^2 等除尽，但仅需考虑其中的两个，即 a^2 和 a^2+c^2。其余的将导致比倒数第二项中已知量的次数更高或更低的商，使除法不可能进行。注意，此处我将把 y^6 考虑成是三次的，因为不存在的 y^5，y^3 或 y 这样的项。试一下二项式

$$y^2-a^2-c^2=0,$$

我们发现除法可按下式进行：

$$\left.\begin{array}{lll} \left.\begin{array}{l} +y^6+a^2 \\ \underline{-y^6}-2c^2 \end{array}\right\} y^4 & \left.\begin{array}{l} -a^4 \\ +c^4 \end{array}\right\} y^2 & \begin{array}{l} -a^6 \\ -2a^4c^2 \end{array} \\ \left.\begin{array}{r} 0-2a^2 \\ +c^2 \end{array}\right\} y^4 & \left.\begin{array}{l} -a^4 \\ -a^2c^2 \end{array}\right\} y^2 & \begin{array}{l} -a^2c^4 \\ -a^2-c^2 \end{array} \\ \overline{-a^2-c^2} & \overline{-a^2-c^2} & \end{array}\right\} =0$$

$$+y^4 \quad \left.\begin{array}{l} +2a^2 \\ -\ c^2 \end{array}\right\} y^2 \quad \left.\begin{array}{l} +a^4 \\ +a^2c^2 \end{array}\right\} =0。$$

这说明，a^2+c^2 是所求的根，这是容易用乘法加以验证的。

方程为三次的立体问题

当所讨论的方程找不到二项式因子时，依赖这一方程的原问题肯定是立体的。此时，再试图仅以圆和直线去实现问题的作图就是大错了，正如利用圆锥截线去完成仅需圆的作图问题一样；因为任何无知都可称为错误。

平面问题的四次方程的简约，立体问题

若给定一个方程，其中未知量是四次的，在除去了不尽方根和分数后，查

看一下是否存在以表达式最后一项的因子为其一项的二项式，它能除尽左边的部分。如果能找到这种二项式，那么该二项式中的已知量即是所求的根，或者说，作除法之后所得的方程仅是三次的了；当然我们必须用上述同样的方法来处理。如果找不到这样的二项式，我们必须将根增大或缩小，以便消去第二项，其方法已在前面作过解释；然后，按下述方法将其化为另一个三次方程；替代

$$x^4 \pm px^2 \pm qx \pm r = 0,$$

我们得到

$$y^6 \pm 2py^4 + (p^2 \pm 4r)y^2 - q^2 = 0。$$

对于双符号，若第一式中出现$+p$，第二式中就取$+2p$；若第一式中出现$-p$，则第二式中应写$-2p$；相反地，若第一式中为$+r$，第二式中取$-4r$，若为$-r$，则取$+4r$。但无论第一式中所含为$+q$或$-q$，在第二式中我们总是写$-q^2$和$+p^2$，倘若x^4和y^6都取+号的话；否则我们写$+q^2$和$-p^2$。例如，给定

$$x^4 - 4x^2 - 8x + 35 = 0,$$

以下式替代它：

$$y^6 - 8y^4 - 124y^2 - 64 = 0。$$

因为，当$p=-4$时，我们用$-8y^4$替代$2py^4$；当$r=35$时，我们用$(16-140)y^2$或$-124y^2$替代$(p^2-4r)y^2$；当$q=8$时，我们用-64替代$-q^2$。类似地，替代

$$x^4 - 17x^2 - 20x - 6 = 0,$$

我们必须写下

$$y^6 - 34y^4 + 313y^2 - 400 = 0,$$

因为34是17的两倍，313是17的平方加6的四倍，400是20的平方。

使用同样的办法，替代

$$+z^4 + \left(\frac{1}{2}a^2 - c^2\right)z^2 - (a^3 + ac^2)z - \frac{5}{16}a^4 - \frac{1}{4}a^2c^2 = 0,$$

我们必须写出

$$y^6 + (a^2 - 2c^2)y^4 + (c^4 - a^4)y^2 - a^6 - 2a^4c^2 - a^2c^4 = 0;$$

因为

$$p = \frac{1}{2}a^2 - c^2,\ p^2 = \frac{1}{4}a^4 - a^2c^2 + c^4,\ 4r = -\frac{5}{4}a^4 + a^2c^2。$$

最后，

$$-q^2 = -a^6 - 2a^4c^2 - a^2c^4。$$

当方程已被约化为三次时，y^2的值可以用已解释过的方法求得。若做不

到这一点，我们便无需继续做下去，因为问题必然是立体的。若能求出 y^2 的值，我们可以利用它把前面的方程分成另外两个方程，其中每个都是二次的，它们的根与原方程的根相同。替代 $+x^4 \pm px^2 \pm qx \pm r=0$，我们可写出两个方程：

$$+x^2-yx+\frac{1}{2}y^2 \pm \frac{1}{2}p \pm \frac{q}{2y}=0$$

和

$$+x^2+yx+\frac{1}{2}y^2 \pm \frac{1}{2}p \pm \frac{q}{2y}=0$$

对于双符号，当 p 取加号时，在每个新方程中就取 $+\frac{1}{2}p$；当 p 取减号时，就取 $-\frac{1}{2}p$。若 q 取加号，则当我们取 $-yx$ 时，相应地取 $+\frac{q}{2y}$，当取 $+yx$ 时，则用 $-\frac{q}{2y}$；若 q 取负号，情况正好相反。所以，我们容易确定所论方程的所有的根。接着，我们只要使用圆和直线即可完成与方程的解相关的问题的作图。例如，以 $y^6-34y^4+313y^2-400=0$ 替代 $x^4-17x^2-20x-6=0$，我们可求出 $y^2=16$；于是替代 $+x^4-17x^2-20x-6=0$ 的两个方程为 $+x^2-4x-3=0$ 和 $+x^2+4x+2=0$。因为 $y=4, \frac{1}{2}y^2=8, p=17, q=20$，故有

$$+\frac{1}{2}y^2-\frac{1}{2}p-\frac{q}{2y}=-3$$

和

$$+\frac{1}{2}y^2-\frac{1}{2}p+\frac{q}{2y}=+2。$$

我们求出这两个方程的根，也就得到了含 x^4 的那个方程的根，它们一个是真根 $\sqrt{7}+2$，三个是假根 $\sqrt{7}-2, 2+\sqrt{2}$ 和 $2-\sqrt{2}$。当给定 $x^4-4x^2-8x+35=0$，我们得到 $y^6-8y^4-124y^2-64=0$；因后一方程的根是 16，我们必定可写出 $x^2-4x+5=0$ 和 $x^2+4x+7=0$。

因为对于这一情形，

$$+\frac{1}{2}y^2-\frac{1}{2}p-\frac{q}{2y}=5$$

且

$$+\frac{1}{2}y^2-\frac{1}{2}p+\frac{q}{2y}=7。$$

这两个方程既无真根亦无假根，由此可知，原方程的四个根都是虚的；跟方程的解相关的问题是平面问题，但其作图却是不可能的，因为那些给定的量不能协调一致。

类似地，对已给的

$$z^4+\left(\frac{1}{2}a^2-c^2\right)z^2-(a^3+ac^2)z+\frac{5}{16}a^4-\frac{1}{4}a^2c^2=0,$$

因我们得出了 $y^2=a^2+c^2$，所以必定可写出

$$z^2-\sqrt{a^2+c^2}z+\frac{3}{4}a^2-\frac{1}{2}a\sqrt{a^2-c^2}=0$$

和

$$z^2+\sqrt{a^2+c^2}z+\frac{3}{4}a^2+\frac{1}{2}a\sqrt{a^2+c^2}=0。$$

由于 $y=\sqrt{a^2+c^2}$，$+\frac{1}{2}y^2+\frac{1}{2}p=\frac{3}{4}a^2$，且 $\frac{p}{2y}=\frac{1}{2}a\sqrt{a^2+c^2}$，故我们有

$$z=\frac{1}{2}\sqrt{a^2+c^2}+\sqrt{-\frac{1}{2}a^2+\frac{1}{4}c^2+\frac{1}{2}a\sqrt{a^2+c^2}}$$

或

$$z=\frac{1}{2}\sqrt{a^2+c^2}-\sqrt{-\frac{1}{2}a^2+\frac{1}{4}c^2+\frac{1}{2}a\sqrt{a^2+c^2}}。$$

利用简约手段的例证

为了强调这条法则的价值，我将用它来解决一个问题。给定正方形 AD 和直线段 BN，要求延长 AC 边至 E，使得在 EB 上以 E 为始点标出的 EF 等于 NB。

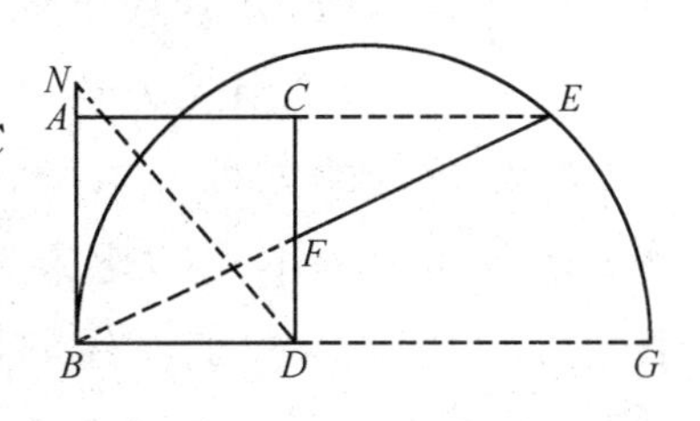

帕普斯指出，若 BD 延长至 G，使得 $DG=DN$，并以 BG 为直径在其上作一圆，则直线 AC（延长后）与此圆的圆周的交点即为所求的点。

不熟悉此种作图的人可能不会发现它。如果他们运用此处提议的方法，他们绝不会想到取 DG 为未知量，而会去取 CF 或 FD，因为后两者中的任何一个都能更加容易地导出方程。他们会得到一个方程，但不借助于我刚刚解释过的法则，解起来不容易。

比如，令 a 表示 BD 或 CD，c 表示 EF，x 表示 DF，我们有 $CF=a-x$；又因 CF 比 FE 等于 FD 比 BF，我们可写做

$$(a-x):c=x:BF,$$

因此 $BF=\frac{cx}{a-x}$。在直角三角形 BDF 中，其边为 x 和 a，它们的平方和 x^2+

a^2 等于斜边的平方，即 $\frac{c^2x^2}{x^2-2ax+a^2}$。两者同用 $x^2-2ax+a^2$ 乘，我们得到方程

$$x^4-2ax^3+2a^2x^2-2a^3x+a^4=c^2x^2,$$

或

$$x^4-2ax^3+(2a^2-c^2)x^2-2a^3x+a^4=0$$

根据前述法则，我们便可知道其根，即直线段 DF 的长度为

$$\frac{1}{2}a+\sqrt{\frac{1}{4}a^2+\frac{1}{4}c^2}-\sqrt{\frac{1}{4}c^2-\frac{1}{2}a^2+\frac{1}{2}a\sqrt{a^2+c^2}}。$$

另一方面，若我们将 BF、CE 或 BE 作为未知量，我们也会得到一个四次方程，但解起来比较容易，得到它也相当简单。

若利用 DG，则得出方程将相当困难，但解方程十分简单。我讲这些只是为了提醒你，当所提出的问题不是立体问题时，若用某种方法导出了非常复杂的方程，那么一般而论，必定存在其他的方法能找到更简单的方程。

我可以再讲几种不同的、用于解三次或四次方程的法则，不过它们也许是多余的，因为任何一个平面问题的作图都可用已给出的法则解决。

简约四次以上方程的一般法则

我倒想说说有关五次、六次或更高次的方程的法则，不过我喜欢把它们归总在一起考虑，并叙述下面这个一般法则：

首先，尽力把给定方程变成另一种形式，它的次数与原方程相同，但可由两个次数较低的方程相乘而得。假如为此所做的一切努力都不成功，那么可以肯定所给方程不能约化为更简单的方程；所以，若它是三或四次的，则依赖于该方程的问题就是立体问题；若它是五次或六次的，则问题的复杂性又增高一级，依此类推。我略去了大部分论述的论证，因为对于我来说太简单；如果你能不怕麻烦地对它们系统地进行检验，那么论证本身就会显现在你面前，就学习而论，这比起只是阅读更有价值。

所有简约为三或四次方程的立体问题的一般作图法则

当确知所提出的是立体问题，那么无论问题所依赖的方程是四次的或仅

是三次的，其根总可以依靠三种圆锥截线中的某一种求得，甚或靠它们中某一种的某个部分(无论多么小的一段)加上圆和直线求出。我将满足于在此给出靠抛物线就能将根全部求出的一般法则，因为从某种角度看，它是那些曲线中最简单的。

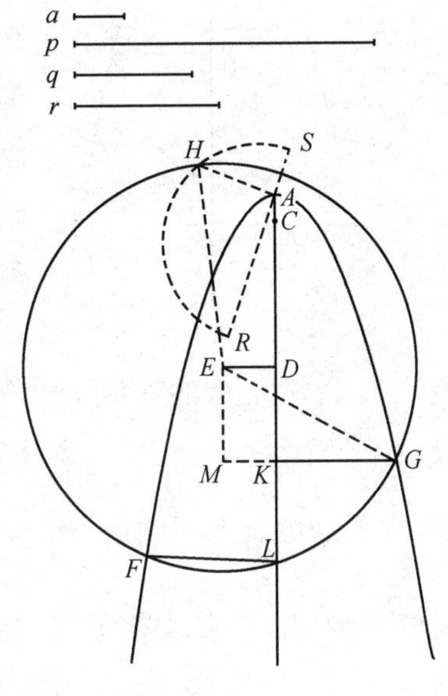

首先，当方程中的第二项不是零时，就将它消去。于是，若给定的方程是三次的，它可化为$z^3=\pm apz\pm a^2q$这种形式；若它是四次的，则可化为$z^4=\pm apz^2\pm a^2qz\pm a^3r$。当选定$a$作为单位，前者可写成$z^3=\pm pz\pm q$，后者变为$z^4=\pm pz^2\pm qz\pm r$。设抛物线$FAG$已描绘好；并设$ACDKL$为其轴，$a$或1为其正焦弦，它等于$2AC$($C$在抛物线内)，$A$为其顶点。截取$CD=\frac{1}{2}p$，使得当方程含有$+p$时，点$D$和点$A$落在$C$的同一侧，而当方程含有$-p$时，它们落在$C$的两侧。然后，在点$D$(或当$p=0$时，在点$C$)处画$DE$垂直于$CD$，使得$DE$等于$\frac{1}{2}q$；当给定方程是三次(即$r$为零)时，以$E$为心、$AE$为半径作圆$FG$。

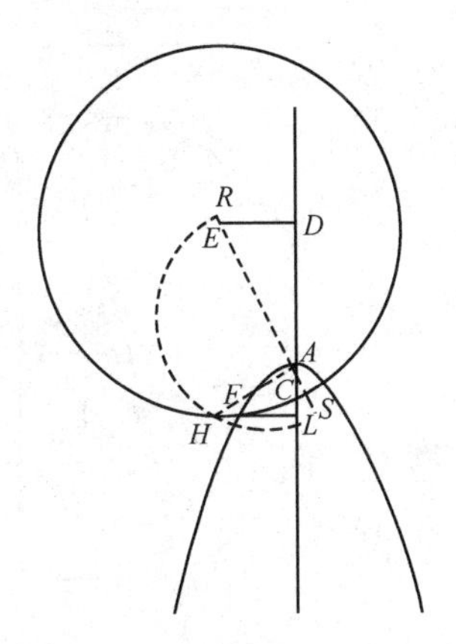

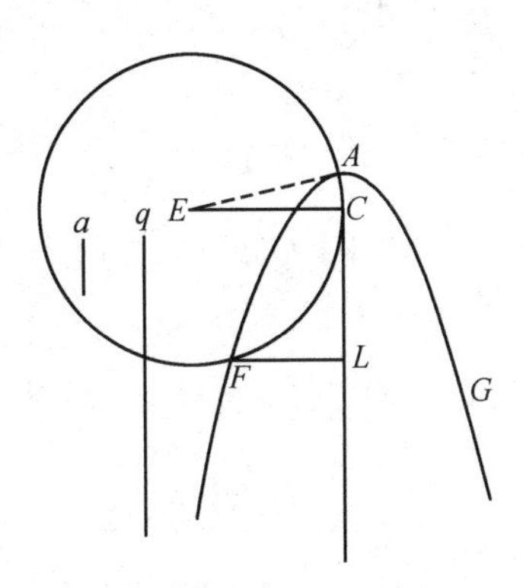

若方程含有$+r$，那么，在延长了的AE的一侧截取AR等于r，在另一侧截取AS等于抛物线的正焦弦，即等于1；然后，以RS为直径在其上作圆。于是，若画AH垂直于AE，它将与圆RHS在点H相交，另一圆FHG必经过此点。

若方程含有$-r$，以AE为直径在其上作圆，在圆内嵌入一条等于AH的线段AI；那么，第一个圆必定经过点I。

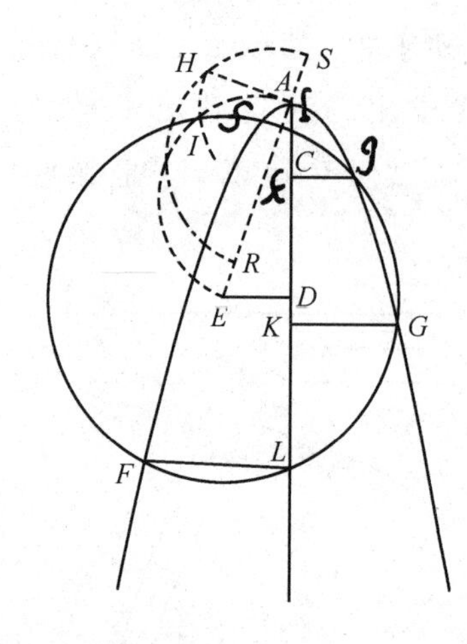

现在,圆 FG 可能在1个,2个,3个或4个点处与抛物线相交或相切;如果从这些点向轴上引垂线,它们就代表了方程所有的根,或是真根、或是假根。若量 q 为正,真根将是诸如跟圆心 E 同在抛物线一侧的垂线 FL;而其余如 GK 这样的将是假根。另一方面,若 q 是负的,真根将是在另一侧的垂线,假根或者说负根[①]将跟圆心 E 在同一侧面。若圆跟抛物线既不相交也不相切,这表明方程既无真根、亦无假根,此时所有的根都是虚的。

这条法则显然正是我们所能期待的、既具一般性又是很完全的法则,要论证它也十分容易。若以 z 代表如上作出的直线段 GK,那么 AK 为 z^2,因为据抛物线的性质可知,GK 是 AK 跟正焦弦(它等于1)之间的比例中项。所以,当从 AK 中减去 AC 或 $\frac{1}{2}$ 及 CD 或 $\frac{1}{2}p$ 之后,所余的正是 DK 或 EM,它等于 $z^2-\frac{1}{2}p-\frac{1}{2}$,其平方为

$$z^4-pz^2-z^2+\frac{1}{4}p^2+\frac{1}{2}p+\frac{1}{4}。$$

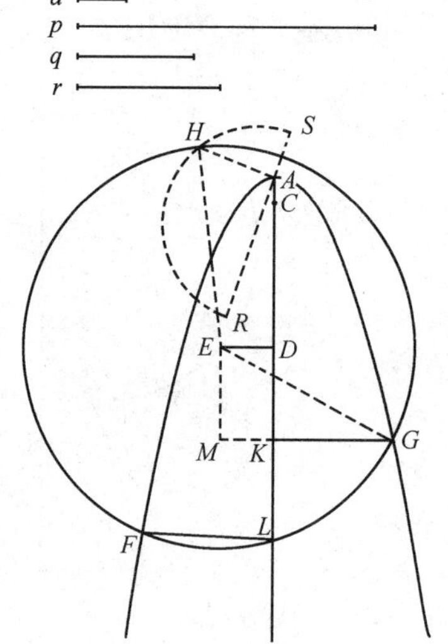

又因 $DE=KM=\frac{1}{2}q$,整条直线段 $GM=z+\frac{1}{2}q$,GM 的平方等于 $z^2+qz+\frac{1}{4}q^2$。将上述两个平方相加,我们得 $z^4-pz^2+qz+\frac{1}{4}q^2+\frac{1}{4}p^2+\frac{1}{2}p+\frac{1}{4}$。此即 GE 的平方,因 GE 是直角三角形 EMG 的斜边。

但 GE 又是圆 FG 的半径,因此可用另一种方式表示。因 $ED=\frac{1}{2}q$,$AD=\frac{1}{2}p+\frac{1}{2}$,$ADE$ 是直角,我们可得 $EA=\sqrt{\frac{1}{4}q^2+\frac{1}{4}p^2+\frac{1}{2}p+\frac{1}{4}}$。

于是,由 HA 是 AS(或1)跟 AR(或 r)之间的比例中项,可得 $HA=\sqrt{r}$;又因 EAH 是直角,HE 或 EG 的平方为

① 笛卡儿在这里首次直接使用"假根"的同义语"负根",原文为"Les fausses ou moindres que rien",直译为:假根或比无还小的根。——译者

$$\frac{1}{4}q^2+\frac{1}{4}p^2+\frac{1}{2}p+\frac{1}{4}+r,$$

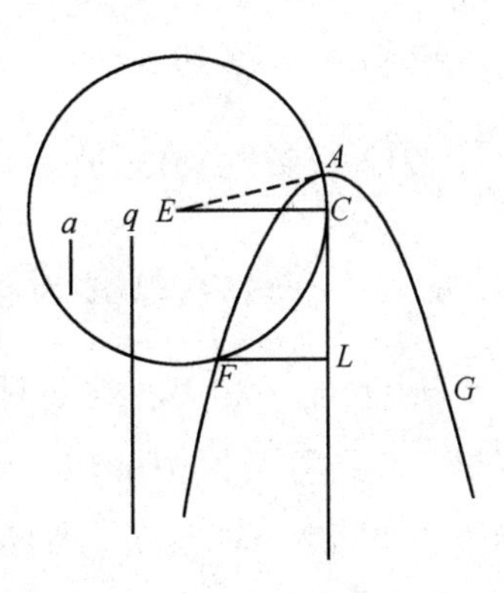

我们从这个表达式和已得到的那个式子可导出一个方程。该方程形如 $z^4=pz^2-qz+r$，从而证明了直线段 GK、或者说 z 是这个方程的根。当你对所有其他的情形应用这种方法时，只需将符号作适当的变化，你会确信它的用途，因此，我无须再就这种方法多费笔墨。

对比例中项的求法

现在让我们利用此法求直线段 a 和 q 之间的两个比例中项。显然，若我们用 z 表示两比例中项中的一个，则有 $a:z=z:\frac{z^2}{a}=\frac{z^2}{a}:\frac{z^3}{a^2}$。我们由此得到 q 和 $\frac{z^3}{a^2}$ 之间关系的方程，即 $z^3=a^2q$。

以 AC 方向为轴描绘一条抛物线 FAG，AC 等于 $\frac{1}{2}a$，即等于正焦弦的一半。然后，作 CE 等于 $\frac{1}{2}q$，它在点 C 与 AC 垂直；并描绘以 E 为心、通过 A 的圆 AF。于是，FL 和 LA 为所求的比例中项。

角的三等分

再举一例，设要求将角 NOP，或更贴切地说将圆弧 $NQTP$ 分成三等分。

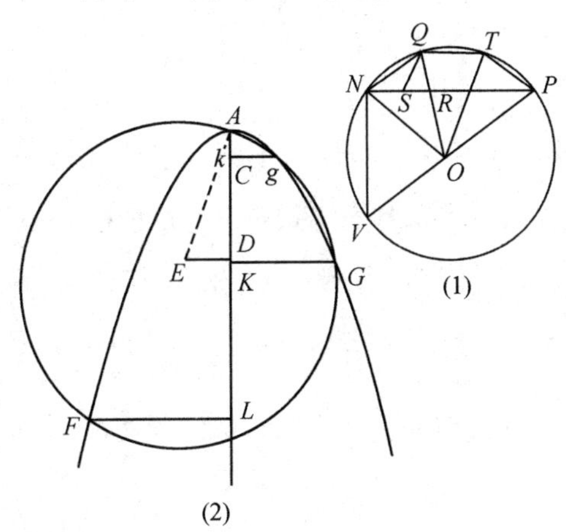

(1)

(2)

令 $NO=1$ 为该圆的半径，$NP=q$ 为给定弧所对的弦，$NQ=z$ 为该弧的三分之一所对的弦，于是，方程应为 $z^3=3z-q$。因为，联结 NQ、OQ 和 OT，并引 QS 平行于 TO，显然可知 NO 比 NQ 等于 NQ 比 QR，且等于 QR 比 RS。又因 $NO=1$，$NQ=z$，故 $QR=z^2$，$RS=z^3$；由于 NP（或 q）跟 NQ（或 z）的三倍相比只差 RS（或

z^3),我们立即得到 $q=3z-z^3$,或 $z^3=3z-q$。

描绘一条抛物线 FAG,使得正焦弦的二分之一 CA 等于$\frac{1}{2}$;取 $CD=\frac{3}{2}$,垂线 $DE=\frac{1}{2}q$;然后,以 E 为心作过 A 的圆 $FAgG$。该圆与抛物线除顶点 A 外还交于三点 F、g 和 G。这说明已得的方程有三个根,即两个真根 GK 和 gk,一个假根 FL。两个根中的较小者 gk 应取作所求直线段 NQ 的长,因另一个根 GK 等于 NV,而 NV 弦所对的弧为 VNP 弧的三分之一,弧 VNP 跟弧 NQP 合在一起组成一个圆;假根 FL 等于 QN 和 NV 的和,这是容易证明的。

所有立体问题可约化为上述两种作图

我不需要再举另外的例子,因为除了求两个比例中项和三等分一个角之外,所有立体问题的作图都不必用到这条法则。你只要注意以下几点,上述结论便一目了然:这些问题中之最困难者都可由三次或四次方程表示;所有四次方程又都能利用别的不超过三次的方程约简为二次方程;最后,那些三次方程中的第二项都可消去;故每一个方程可化为如下形式中的一种:

$$z^3=-pz+q,\quad z^3=+pz+q,\quad z^3=+pz-q。$$

若我们得到的是 $z^3=-pz+q$,根据被卡当(Cardan)归在西皮奥·费雷乌斯(Scipio Ferreus)名下的一条法则,我们可求出其根为

$$\sqrt[3]{\frac{1}{2}q+\sqrt{\frac{1}{4}q^2+\frac{1}{27}p^3}}-\sqrt[3]{-\frac{1}{2}q+\sqrt{\frac{1}{4}q^2+\frac{1}{27}p^3}}。$$

类似地,当我们得到 $z^3=+pz+q$,其中最后一项的一半的平方大于倒数第二项中已知量的三分之一的立方,我们根据卡当的法则求出的根为

$$\sqrt[3]{\frac{1}{2}q+\sqrt{\frac{1}{4}q^2-\frac{1}{27}p^3}}+\sqrt[3]{\frac{1}{2}q-\sqrt{\frac{1}{4}q^2-\frac{1}{27}p^3}}。$$

很清楚,所有能约简成这两种形式的方程中任一种的问题,除了对某些已知量开立方根之外,无需利用圆锥截线就能完成其作图,而开立方根等价于求该量跟单位之间的两个比例中项。若我们得到 $z^3=+pz+q$,其中最后一项之半的平方不大于倒数第二项中已知量的三分之一的立方,则以等于$\sqrt{\frac{1}{3}p}$的 NO 为半径作圆 $NQPV$,NO 即单位跟已知量 p 的三分之一两者间的

比例中项。然后，取 $NP=\frac{3q}{p}$，即让 NP 与另一已知量 q 的比等于 1 与 $\frac{1}{3}p$ 的比，并使 NP 内接于圆。将两段弧 NQP 和 NVP 各自分成三个相等的部分，所求的根即为 NQ 与 NV 之和，其中 NQ 是第一段弧的三分之一所对的弦，NV 是第二段弧的三分之一所对的弦。

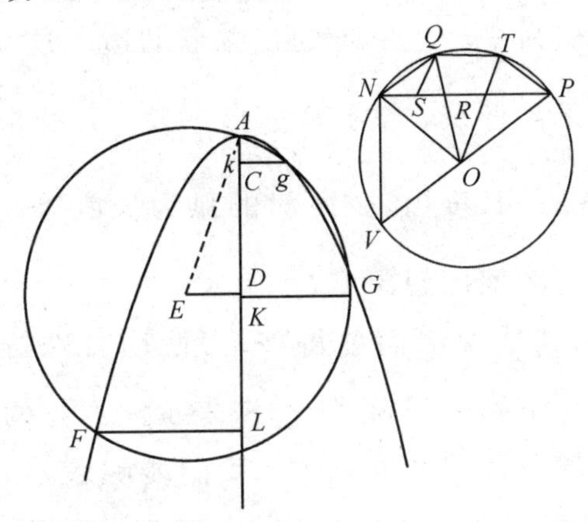

最后，假设我们得到的是 $z^3=pz-q$。作圆 $NQPV$，其半径 NO 等于 $\sqrt{\frac{1}{3}p}$，令 NP（它等于 $\frac{3q}{p}$）内接于此圆；那么，弧 NQP 的三分之一所对的弦 NQ 将是第一个所求的根，而另一段弧的三分之一所对的弦 NV 是第二个所求的根。我们必须考虑一种例外情形，即最后一项之半的平方大于倒数第二项中已知量的三分之一的立方；此时，直线段 NP 无法嵌在圆内，因为它比直径还长。在这种情形下，原是真根的那两个根成了虚根，而唯一的实根是先前的那个假根，据卡当的法则，它应为

$$\sqrt[3]{\frac{1}{2}q+\sqrt{\frac{1}{4}q^2-\frac{1}{27}p^3}}+\sqrt[3]{\frac{1}{2}q-\sqrt{\frac{1}{4}q^2-\frac{1}{27}p^3}}。$$

表示三次方程的所有根的方法，此法可推广到所有四次方程的情形

还应该说明，这种依据根与某些立方体（我们仅知道它的体积）的边的关系表示根的方法，绝不比另一种方法更清晰和简单，后者依据的是根与某些弧段（或者说圆上的某些部分）所对弦的关系，此时我们已知的是弧段的三倍长。那些无法用卡当的方法求出的三次方程的根，可用这里指出的方法表示，使其像任何其他方程的根一样清晰，甚至更加清晰。

例如，可以认为我们知道了方程 $z^3=-qz+p$ 的一个根，因为我们知道它是两条直线段的和，其中之一是一个立方体的边，该立方体的体积为$\frac{1}{2}q$ 加上面积为$\frac{1}{4}q^2-\frac{1}{27}p^3$ 的正方形的边，另一条是另外一个立方体的边，此立方体的体积等于 $\frac{1}{2}q$ 减去面积为$\frac{1}{4}q^2-\frac{1}{27}p^3$ 的正方形的边。这就是卡当的方法所提供的有关根的情况。无需怀疑，当方程 $z^3=+qz-p$ 的根的值被看成是嵌在半径为$\sqrt{\frac{1}{3}p}$的圆上的弦的长度（该弦所对的弧为长度等于$\frac{3q}{p}$的弦所对的弧的三分之一）时，我们能更清楚地想象它、了解它。

确实，这些术语比其他说法简单得多；当使用特殊符号来表示所论及的弦时，表述就更精炼了，正如使用符号$\sqrt[3]{\quad}$来表示立方体的边一样。

运用跟已解释过的方法类似的方法，我们能够表示任何四次方程的根，我觉得我无须在这方面作进一步的探究；由于其性质所定，我们已不可能用更简单的术语来表示这些根了，也不可能使用更简单同时又更具普遍性的作图法来确定它们。

为何立体问题的作图非要用圆锥截线，解更复杂的问题需要其他更复杂的曲线

我还一直没有说明为什么我敢于宣称什么是可能、什么是不可能的理由。但是，假如记住我所用的方法是把出现在几何学家面前的所有问题，都约化为单一的类型，即化为求方程的根的值的问题，那么，显然可以列出一张包括所有求根方法的一览表，从而很容易证明我们的方法最简单、最具普遍性。特别地，如我已说过的，立体问题非利用比圆更复杂的曲线不能完成其作图。由此事实立即可知，它们都可约化为两种作图，其一即求两条已知直线段之间的两个比例中项，另一种是求出将给定弧分成三个相等部分的两个点。因为圆的弯曲度仅依赖于圆心和圆周上所有点之间的简单关系，所以圆仅能用于确定两端点间的一个点，如求两条给定直线段之间的一个比例中项或平分一段给定的弧；另一方面，圆锥截线的弯曲度要依赖两种不同的对象，因此可用于确定两个不同的点。

基于类似的理由，复杂程度超过立体问题的任何问题，包括求四个比例

中项或是分一个角为五个相等的部分，都不可能利用圆锥截线中的一种完成其作图。

因此我相信，在我给出那种普遍的法则，即如前面已解释过的、利用抛物线和直线的交点所描绘的曲线来解决所给问题的作图之后，我实际上已能解决所有可能解决的问题；我确信，不存在性质更为简单的曲线能服务于这一目标，你也已经看到，在古人给予极大注意的那个问题中，这种曲线紧随在圆锥截线之后。在解决这类问题时顺次提出了所有应被接纳入几何的曲线。

需要不高于六次的方程的所有问题之作图的一般法则

当你为完成这类问题的作图而寻找需要用到的量时，你已经知道该怎样办就必定能写出一个方程，它的次数不会超过 5 或 6。你还知道如何使方程的根增大，从而使它们都成为真根，同时使第三项中的已知量大于第二项中的已知量之半的平方。还有，若方程不超过五次，它总能变为一个六次方程，并使得方程不缺项。

为了依靠上述单一的法则克服所有这些困难，我现在来考虑所有使用过的办法，将方程约化为如下形式：

$$y^6-py^5+qy^4-ry^3+sy^2-ty+u=0,$$

其中 q 大于 $\frac{1}{2}p$ 的平方。

BK 沿两个方向随意延长，在点 B 引 AB 垂直于 BK、且等于 $\frac{1}{2}p$。在分开的平面上描绘抛物线 CDF，其主正焦弦为

$$\sqrt{\frac{t}{\sqrt{u}}+q-\frac{1}{4}p^2},$$

我们用 n 代表它。

现在，把画有该抛物线的平面放到画有直线 AB 和 BK 的平面上，让抛物线的轴 DE 落在直线 BK 上。取点 E，使 $DE=\frac{2\sqrt{u}}{pn}$，并放置一把直尺连接点 E 和下层平面上的点 A。持着直尺使它总是连着这两个点，再上下拉动抛物线而令其轴不离开 BK。于是，抛物线与直线的交点 C 将描绘出一条曲线 ACN，它可用于所提问题的作图。

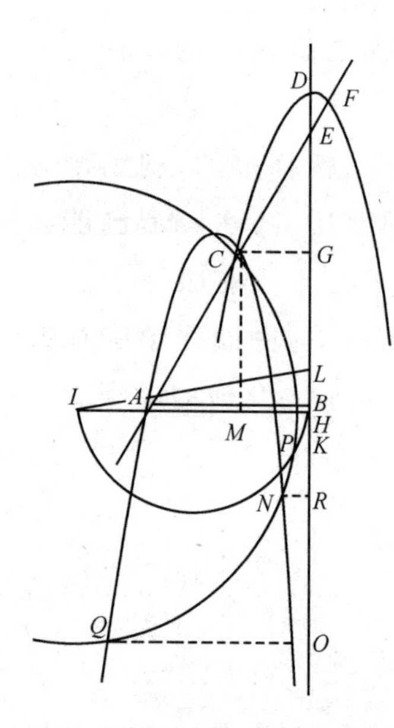

描绘出这条曲线后，在抛物线凹的那边取定 BK 上的一个点 L，使 $BL=DE=\frac{2\sqrt{u}}{pn}$；然后，在 BK 上朝 B 的方向划出 LH 等于 $\frac{t}{2n\sqrt{u}}$，并从 H 在曲线 ACN 所在的那侧引 HI 垂直于 LH。取 HI 等于

$$\frac{r}{2n^2}+\frac{\sqrt{u}}{n^2}+\frac{pt}{4n^2\sqrt{u}},$$

为简洁起见，我们可令其为 $\frac{m}{n^2}$。我们再连接 L 和 I，以 LI 为直径并在其上描绘圆 LPI；然后，在该圆内嵌入等于 $\sqrt{\frac{s+p\sqrt{u}}{n^2}}$ 的直线段 LP。最后，以 I 为心画过 P 的圆 PCN。这个圆与曲线 ACN 相交或相切触的点数跟方程具有的根的数目一样多；因此，由这些点引出的与 BK 垂直的 CG、NR、QO 等垂线段就是所求的根。这条法则绝不会失效，也不允许任何例外发生。

因为，若量 S 与其他的量 p、q、r、t、u 相比有如此之大，以至直线段 LP 比圆 LI 的直径还长，根本不可能嵌在圆内，那么，所论问题的每一个根将都是虚根；若圆 IP 如此之小，以至跟曲线 ACN 没有任何交点，方程的根也皆是虚根。一般而论，圆 IP 将跟曲线 ACN 交于六个不同的点，即方程可有六个不同的根。如果交点不足此数，说明某些根相等或有的是虚根。

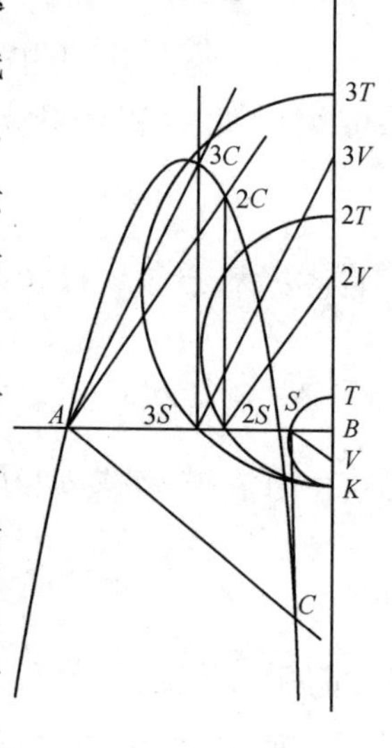

当然，如果你觉得用移动抛物线描绘曲线 ACN 的方法太麻烦，那么还有许多其他的办法。我们可以如前一样取定 AB 和 BL，让 BK 等于该抛物线的正焦弦；并描绘出半圆 KST，使其圆心在 BK 上，与 AB 交于某点 S。然后，从半圆的端点 T 出发，向 K 的方向取 TV 等于 BL，再连接 S 和 V。过 A 引 AC 平行于 SV，并过 S 引 SC 平行于 BK；那么，AC 和 SC 的交点 C 就是所求曲线上的一个点。用这种方法，我们可以如愿找出位于该曲线上的任意多个点。

以上结论的证明是非常简单的。置直尺 AE 和抛物线 FD 双双经过点 C。这是总能办到的，因为 C 落在曲线 ACN 上，而后者是由该抛物线和直尺

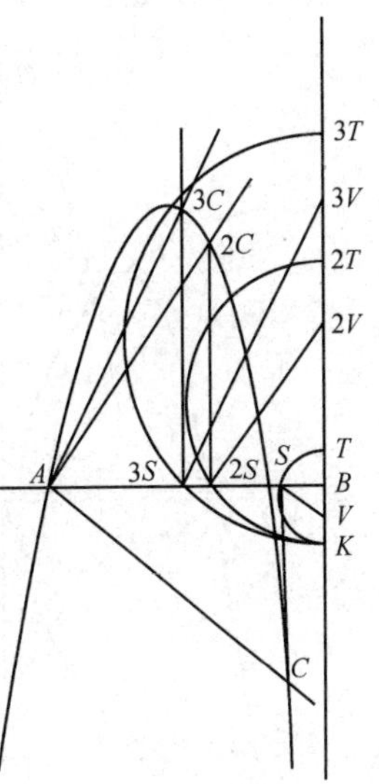

的交点描绘出来的。若我们令 $CG=y$，则 GD 将等于$\frac{y^2}{n}$，因为正焦弦 n 与 CG 的比等于 CG 与 GD 的比。于是，$DE=\frac{2\sqrt{u}}{pn}$，从 GD 中减去 DE，我们得 $GE=\frac{y^2}{n}-\frac{2\sqrt{u}}{pn}$。因为 AB 比 BE 等于 CG 比 GE，且 AB 等于$\frac{1}{2}p$，因此，$BE=\frac{py}{2n}-\frac{\sqrt{u}}{ny}$。现令 C 为由直线 SC（它平行于 BK）和 AC（它平行于 SV）的交点所生成的曲线上的一个点。并令 $SB=CG=y$，抛物线的正焦弦 $BK=n$。那么，$BT=\frac{y^2}{n}$，因为 KB 比 BS 等于 BS 比 BT；又因 $TV=BL=\frac{2\sqrt{u}}{pn}$，我们得 $BV=\frac{y^2}{n}-\frac{2\sqrt{u}}{pn}$。同样，$SB$ 比 BV 等于 AB 比 BE，其中 BE 如前一样等于$\frac{py}{2n}-\frac{\sqrt{u}}{ny}$。显然，由这两种方法描绘出了同一条曲线。

而且，$BL=DE$，故 $DL=BE$；又 $LH=\frac{t}{2n\sqrt{u}}$及

$$DL=\frac{py}{2n}-\frac{\sqrt{u}}{ny},$$

因此，

$$DH=LH+DL=\frac{py}{2n}-\frac{\sqrt{u}}{ny}+\frac{t}{2n\sqrt{u}}。$$

又因 $GD=\frac{y^2}{n}$，故

$$\begin{aligned}GH&=DH-GD\\&=\frac{py}{2n}-\frac{\sqrt{u}}{ny}+\frac{t}{2n\sqrt{u}}-\frac{y^2}{n},\end{aligned}$$

此式可写成

$$GH=\frac{-y^3+\frac{1}{2}py^2+\frac{ty}{2\sqrt{u}}-\sqrt{u}}{ny},$$

由此可得 GH 的平方为

$$\frac{y^6-py^5+\left(\frac{1}{4}p^2-\frac{t}{\sqrt{u}}\right)y^4+\left(2\sqrt{u}+\frac{pt}{2\sqrt{u}}\right)y^3+\left(\frac{t^2}{4u}-p\sqrt{u}\right)y^2-ty+u}{n^2y^2}。$$

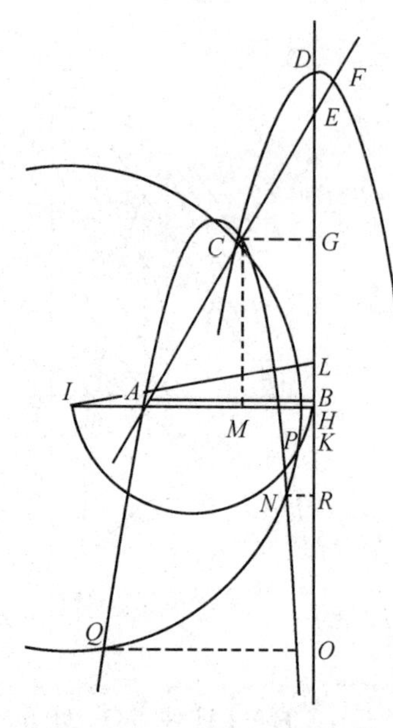

无论取曲线上的哪一点为 C，也不论它接近 N 或接近 Q，我们总是能够用上述同样的项和连接符号表示 BH 之截段（即点 H 与由 C 向 BH 所引垂线的垂足间的连线）的平方。

再者，$IH=\frac{m}{n^2}$，$LH=\frac{t}{2n\sqrt{u}}$，由此可得

$$IL=\sqrt{\frac{m^2}{n^4}+\frac{t^2}{4n^2u}},$$

因为角 IHL 是直角；又因

$$LP=\sqrt{\frac{s}{n^2}+\frac{p\sqrt{u}}{n^2}},$$

且角 IPL 是直角，故 $IC=IP=\sqrt{\frac{m^2}{n^4}+\frac{t^2}{4n^2u}-\frac{s}{n^2}-\frac{p\sqrt{u}}{n^2}}$。现引 CM 垂直于 IH，

$$IM=HI-HM=HI-CG=\frac{m}{n^2}-y;$$

由此可得 IM 的平方为 $\frac{m^2}{n^4}-\frac{2my}{n^2}+y^2$。

从 IC 的平方中减去 IM 的平方，所余的即为 CM 的平方：

$$\frac{t^2}{4n^2u}-\frac{s}{n^2}-\frac{p\sqrt{u}}{n^2}+\frac{2my}{n^2}-y^2,$$

此式等于上面求得的 GH 的平方。它可写成

$$\frac{-n^2y^4+2my^3-p\sqrt{u}y^2-sy^2+\frac{t^2}{4u}y^2}{n^2y^2}。$$

现在，式中的 n^2y^4 用 $\frac{t}{\sqrt{u}}y^4+qy^4-\frac{1}{4}p^2y^4$ 代替，$2my^3$ 用 $ry^3+2\sqrt{u}y^3+\frac{pt}{2\sqrt{u}}y^3$ 代替。在两个部分①皆以 n^2y^2 乘之后，我们得到

$$y^6-py^5+\left(\frac{1}{4}p^2-\frac{t}{\sqrt{u}}\right)y^4+\left(2\sqrt{u}+\frac{pt}{2\sqrt{u}}\right)y^3+\left(\frac{t^2}{4u}-p\sqrt{u}\right)y^2-ty+u$$

等于

$$\left(\frac{1}{4}p^2-q-\frac{t}{\sqrt{u}}\right)y^4+\left(r+2\sqrt{u}+\frac{pt}{2\sqrt{u}}\right)y^3+\left(\frac{t^2}{4u}-s-p\sqrt{u}\right)y^2,$$

---

① 指 GH 的平方和 CM 的平方。——译者

即

$$y^6-py^5+qy^4-ry^3+sy^2-ty+u=0,$$

由此可见,直线段 CG、NR、QO 等都是这个方程的根。

若我们想要找出直线段 a 和 b 之间的四比例中项,并令第一个比例中项为 x,则方程为 $x^5-a^4b=0$ 或 $x^6-a^4bx=0$。设 $y-a=x$,我们得

$$y^6-6ay^5+15a^2y^4-20a^3y^3+15a^4y^2-(6a^5+a^4b)y+a^6+a^5b=0。$$

因此,我们必须取 $AB=3a$;抛物线的正焦弦 BK 必须为

$$\sqrt{\frac{6a^3+a^2b}{\sqrt{a^2+ab}}+6a^2},$$

我称之为 n。DE 或 BL 将为

$$\frac{2a}{3n}\sqrt{a^2+ab}。$$

然后,描绘出曲线 ACN,我们必定有

$$LH=\frac{6a^3+a^2b}{2n\sqrt{a^2+ab}},$$

$$HI=\frac{10a^3}{n^2}+\frac{a^2}{n^2}\sqrt{a^2+ab}+\frac{18a^4+3a^3b}{2n^2\sqrt{a^2+ab}},$$

及

$$LP=\frac{a}{n}\sqrt{15a^2+6a\sqrt{a^2+ab}}。$$

因为以 I 为心的圆将通过如此找出的点 P,并跟曲线交于两点 C 与 N,若我们引垂线 NR 和 CG,从较长的 CG 中减去较短的 NR,所余的部分将是 x,即我们希望得到的四比例中项中的第一个。

这种方法也可用于将一个角分成五个相等的部分,在圆内嵌入一正十一边形或正十三边形,以及无数其他的问题。不过,应该说明,在许多问题中,我们可能碰到圆与第二类抛物线斜交的情形而很难准确地定出交点。此时,这种作图法就失去了实际价值。克服这个困难并不难,只要搞出另一些与此类似的法则即可,而且有千百条不同的道路通向那些法则。

我的目标不是撰写一本大部头的书;我试图在少量的篇幅中蕴含丰富的内容。这一点你也许能从我的行文中加以推断:当我把同属一类的问题化归为单一的一种作图时,我同时就给出了把它们转化为其他无穷多种情形的方法,于是又给出了通过无穷多种途径解其中每个问题的方法;我利用直线与圆的相交完成了所有平面问题的作图,并利用抛物线和圆的相交完成了所有立体问题的作图;最后,我利用比抛物线高一次的曲线和圆的相交,完成了所

有复杂程度高一层的问题。对于复杂程度越来越高的问题，我们只要遵循同样的、具有普遍性的方法，就能完成其作图；就数学的进步而言，只要给出前二、三种情形的做法，其余的就很容易解决。

我希望后世会给予我仁厚的评判，不单是因为我对许多事情作出的解释，而且也因为我有意省略了的内容——那是留给他人享受发现之愉悦的。

← **毕达哥拉斯** 古希腊时代是初等数学的第一个黄金时代，以论证几何为主。毕达哥拉斯学派对于论证数学的成长起了巨大的推动作用，其信条是“万物皆数”，是通过数学来理解和分析自然的先驱。

↓ **《雅典学园》拉斐尔画** 柏拉图认为数学是一切学问的基础，具有伟大、崇高的作用，他积极倡导研究数学。据说在他所创办的著名的雅典学园门口写着：“不懂几何者不得入内。”

↑ **亚里士多德** 亚里士多德将前人使用的数学推理规律规范化和系统化，从而创立了独立的逻辑学，他的形式逻辑被后人奉为演绎推理的典范。

《几何原本》希腊文手抄本

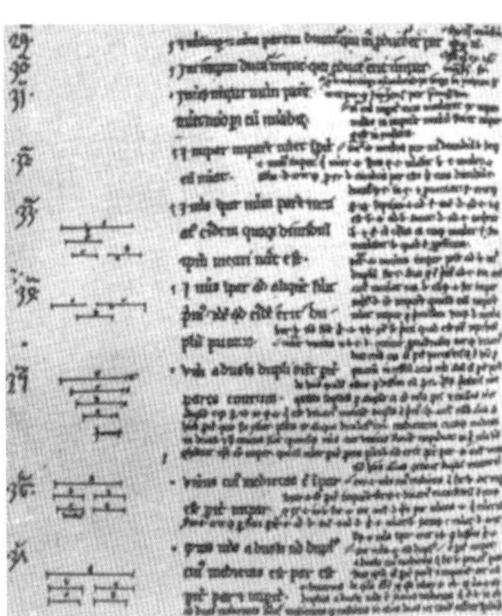

《几何原本》拉丁文手抄本

↑ 欧几里得的《几何原本》精辟地总结了人类长时期积累的数学成就，建立了数学的科学体系，为后世继续学习和研究数学提供了课题和资料，使几何学的发展充满了生机。

→ 阿波罗尼奥斯是与欧几里得同一时期的伟大数学家。他所著的《圆锥曲线论》在研究圆锥曲线方面所达到的高度，直至17世纪笛卡儿、帕斯卡尔出场之前，始终无人能够超越，对几何学的发展产生了深远的影响。

阿波罗尼奥斯

《圆锥曲线论》书影

PAPPI
ALEXANDRINI
MATHEMATICAE
Collectiones.
A FEDERICO
COMMANDINO
VRBINATE
In Latinum Conuersæ, & Commentarijs
Illustratæ.

VENETIIS.
Apud Franciscum de Franciscis Senensem.
M. D. LXXXIX.

帕普斯是古希腊后期的数学家，其主要著作《数学汇编》总结了希腊早期的几何知识，其中记载着著名的“帕普斯问题”，笛卡儿试图用分析方法解决这一问题，导致其发现了解析几何学的原理。

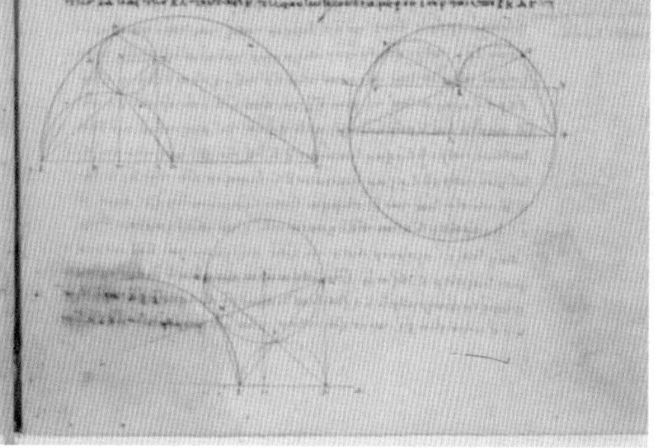

《数学汇编》书影

← **荷兰南部的布雷达** 从拉弗莱什公学毕业后，笛卡儿认为学校教育并没有给他掌握真理的方法，经过长时期的思考，他寻找到了数学和逻辑学是通往真理之路。在荷兰南部布雷达服兵役期间，他潜心于构造一种适用于一切精密科学的数学方法。1619年他在写给朋友的信中激动地说：“透过这门科学的谜团，我已瞥见难以名状的光明，凭借它，我想我能驱散最浓密的黑暗。”

↑ **多瑙河畔的诺伊堡** 1619年冬季，笛卡儿随军队驻扎于多瑙河畔的诺伊堡，附近是乌尔姆。据说11月10日夜里，笛卡儿连续做了三个奇特的梦。第一个梦是他被风暴吹到一个风力吹不到的地方；第二个梦是他得到了打开自然宝库的钥匙；第三个梦是他开辟了通向真正知识的道路。这三个奇特的梦增强了他创立新学说——解析几何的信心，这个传说给解析几何的诞生蒙上了一层神秘色彩。

↑ **莱顿大学** 笛卡儿旅居荷兰期间，于1630年6月27日入莱顿大学学习数学，后来在其老师戈琉斯的建议下，研究并解决了帕普斯问题。

↑ **莱顿大学徽标**

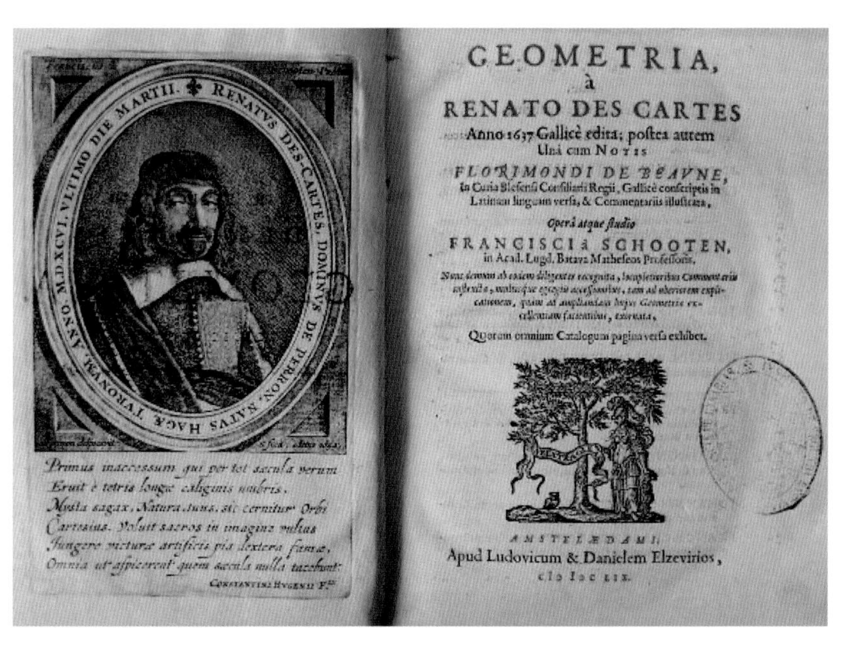
GEOMETRIA,
à
RENATO DES CARTES
Anno 1637 Gallicè edita; postea autem
Unà cum Notis
FLORIMONDI DE BEAUNE,
In Curia Blesensi Consiliarii Regii, Gallicè conscriptis in
Latinam linguam versa, & Commentariis illustrata,
Operâ atque studio
FRANCISCI à SCHOOTEN,
in Acad. Lugd. Batava Matheseos Professoris.
Quorum omnium Catalogum pagina versa exhibet.
AMSTELÆDAMI,
Apud Ludovicum & Danielem Elzevirios,
CIↃ IↃC LIX.

1637年笛卡儿发表了《方法谈》，附《折光》、《气象》、《几何》3篇论文，所附3篇科学论文，笛卡儿认为足以证明他的方法非常有效，其中《几何》是解析几何诞生的标志。

《几何》扉页

LA
GEOMETRIE.
LIVRE PREMIER.
Des problesmes qu'on peut construire sans y employer que des cercles & des lignes droites.

Tous les Problesmes de Geometrie se peuuent facilement reduire a tels termes, qu'il n'est besoin par aprés que de connoistre la longeur de quelques lignes droites, pour les construire.

Et comme toute l'Arithmetique n'est composée, que de quatre ou cinq operations, qui sont l'Addition, la Soustraction, la Multiplication, la Diuision, & l'Extraction des racines, qu'on peut prendre pour vne espece de Diuision: Ainsi n'a'on autre chose a faire en Geometrie touchant les lignes qu'on cherche, pour les preparer a estre connuës, que leur en adiouster d'autres, ou en oster, Oubien en ayant vne, que ie nommeray l'vnité pour la rapporter d'autant mieux aux nombres, & qui peut ordinairement estre prise a discretion, puis en ayant encore deux autres, en trouuer vne quatriesme, qui soit à l'vne de ces deux, comme l'autre est a l'vnité, ce qui est le mesme que la Multiplication, oubien en trouuer vne quatriesme, qui soit a l'vne de ces deux, comme l'vnité

Commēt le calcul d'Arithmetique se rapporte aux operations de Geometrie.

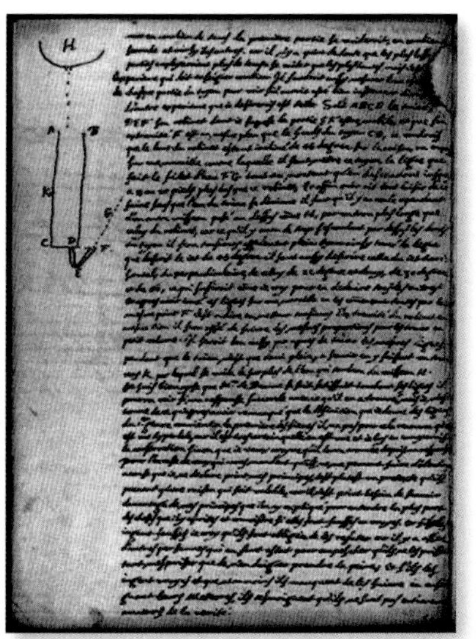

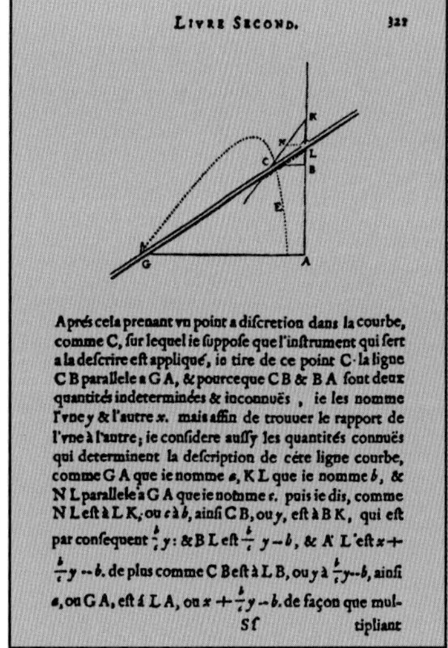
LIVRE SECOND. 321

Aprés cela prenant vn point a discretion dans la courbe, comme C, sur lequel ie suppose que l'instrument qui sert a la descrire est appliqué, ie tire de ce point C la ligne CB parallele a GA, & pourceque CB & BA sont deux quantités indeterminées & inconnuës, ie les nomme l'vne y & l'autre x. mais affin de trouuer le rapport de l'vne à l'autre; ie considere aussy les quantités connuës qui determinent la description de cete ligne courbe, comme GA que ie nomme a, KL que ie nomme b, & NL parallele a GA que ie nomme c. puis ie dis, comme NL est à LK, ou c à b, ainsi CB, ou y, est à BK, qui est par consequent $\frac{b}{c}y$: & BL est $\frac{b}{c}y - b$, & AL est $x + \frac{b}{c}y - b$. de plus comme CB est à LB, ou y à $\frac{b}{c}y - b$, ainsi a, ou GA, est à LA, ou $x + \frac{b}{c}y - b$. de façon que mul-
Sf tipliant

《几何》书影

费马像

← 笛卡儿的《几何》1637年问世时，另一位法国数学家费马也完成了用代数方程研究几何曲线的作品《平面和立体的轨迹引论》，据称该文于1629年完稿（1679年正式发表），“优先权问题，在一切科学史中都构成了不幸的一章”。 相比之下，笛卡儿的解析思想更为深刻，他创立的解析几何也更为成熟。

→ 解析几何引入了变量思想，成为发明微积分的思想基础。在创立微积分方面，莱布尼茨与牛顿两个伟人各自独立地发现了微积分基本定理，同为微积分的创始人。

牛顿

莱布尼茨

卫星导航系统

为了整合代数与几何，笛卡儿发明了卡氏坐标系统（Cartesian coordinate system），这一系统是由相交的并行线组构成如网格般的坐标系统，可以让我们在二维、三维甚至多维空间中，以数字来描述某一定点的位置，卫星导航系统的原理即来自于此，另外计算机、图表、地图、数字图片，还有工程设计、太空航行及原油勘探等，也都要应用卡氏坐标系统。

在日常生活中，运用到卡氏坐标系统的事物不计其数。例如，银行会有顾客的收入、资产、工作经历、学历等许多资料，这类统计与多变量的科学表达式，都得在卡氏坐标系统中应用，才能进行分析。

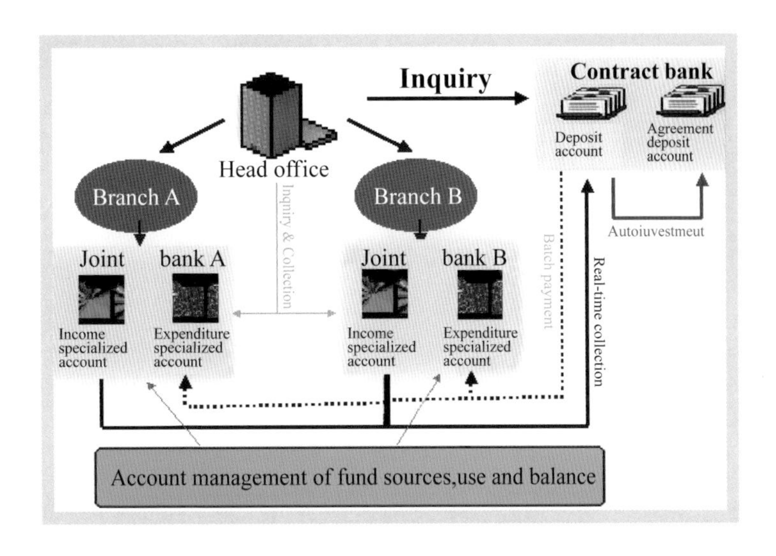

资金来源、使用和平衡的账户管理

→ 鹦鹉螺 鹦鹉螺美丽的外壳，呈现出对数螺线的形态。

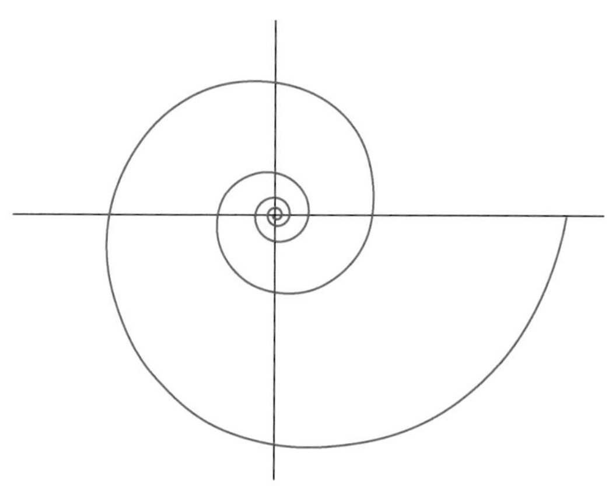

← 对数螺线 笛卡儿坚持曲线与方程相对应，这就突破了欧氏几何只用尺规作图的局限，以前一向为几何学家所回避的许多曲线，便有了和常见曲线相同的地位，大大扩展了数学的领域。现代数学研究的曲线种类繁多，例如玫瑰线、三叶草线、蔓叶线、蚌线、曳物线、回旋曲线等。笛卡儿研究过对数螺线，对数螺线是一根无止尽的螺线，它永远向着极绕，越绕越靠近极，但又永远不能到达极。

← 笛卡儿号船 运动物体的路线是几何曲线，传统几何对于运动的物体无能为力，而在与变量有关的广阔天地里，解析几何却大有用武之地。现代许多高新技术产品的设计造型都离不开曲线方程工具，如飞机、船舶、航天器等。

笛卡儿在科学上的贡献是多方面的，除了数学上的贡献，他还首次对光的折射定律进行了理论论证，正确地解释了彩虹的形成原因；对人眼进行光学分析，探讨了眼睛的功能及病态的原因，设计了矫正视力的透镜；发展了伽利略运动相对性的理论，比较完整地表述了惯性定律；隐约窥见了能量守恒原理；创立、发展了旋涡说、宇宙演化论学说；探讨了人体的反射活动等。

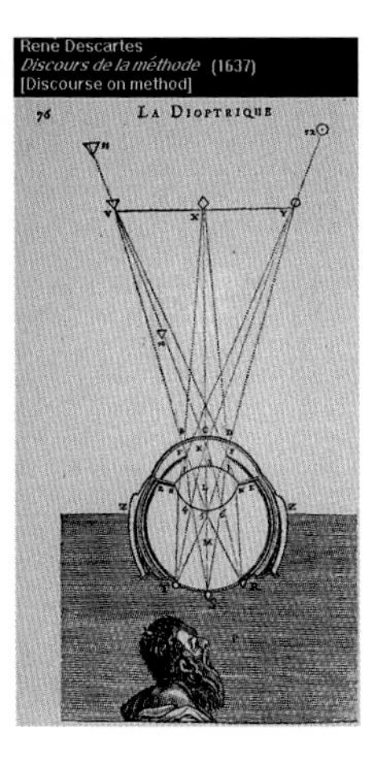

↑ 笛卡儿绘制的视网膜上倒像示意图

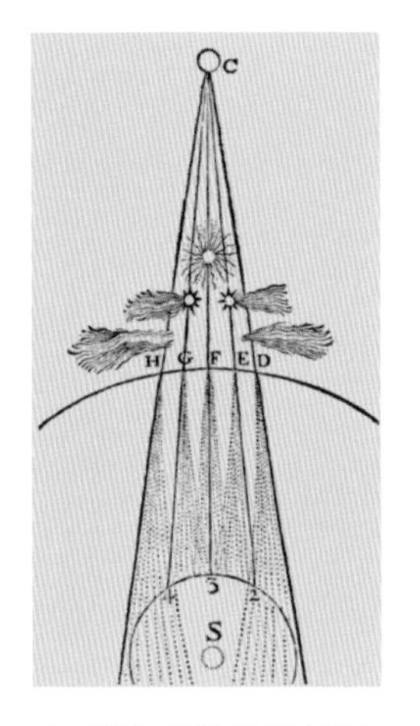

↑ 笛卡儿关于彗星尾部形成的示意图

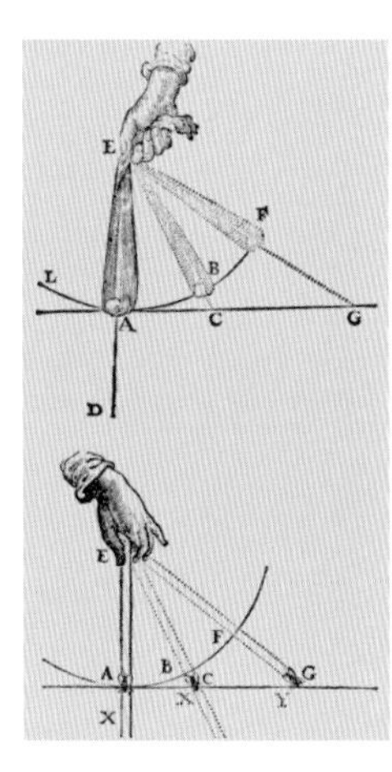

↑ 笛卡儿《哲学原理》中关于物体的运动的插图

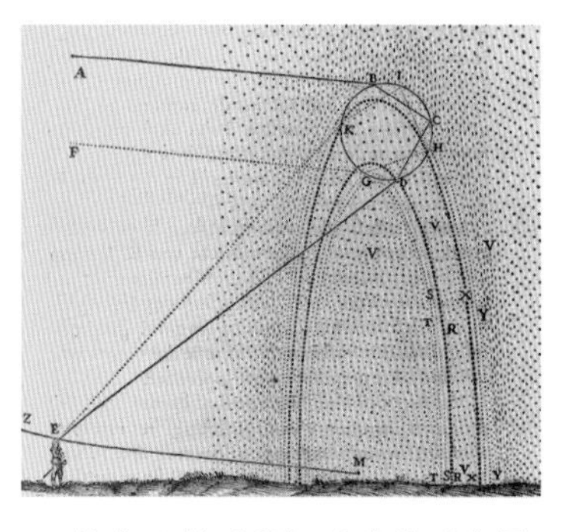

↑ 笛卡儿关于彩虹形成的示意图

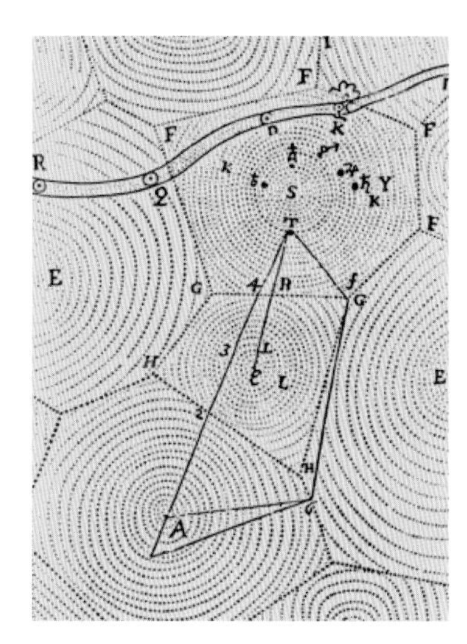

↑ 笛卡儿关于星系的分析示意图

↓ 笛卡儿《论人》中的插图

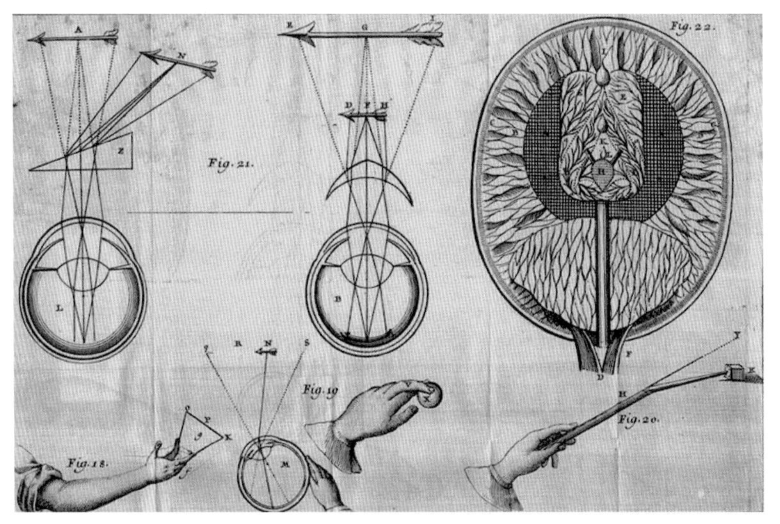

↑ 笛卡儿关于人体对外界刺激的机械反应示意图

“如果你读了笛卡儿的几何学之后，又去看他写的形而下学，你很难相信这些著作是一个人写的，你会大为骇然：怎么这样伟大的一位数学家会坠入这样一大堆错误之中。”这是荷兰化学家、医生布尔哈弗对笛卡儿的一句评论。今天看来，笛卡儿的许多科学结论是错误的，但他思考问题的方式却启发了一个又一个伟大的头脑取得一个又一个伟大的发现。

← **笛卡儿雕像**　“我思故我在”是笛卡儿全部知识大厦的基石。笛卡儿对“我”的发现是划时代的发现，它标志着近代哲学的“主体”正式建立起来。近代科学、哲学的发展都以这种主体与客体对立的二元世界为背景而展开。此雕像基座上的话“COGITO ERGO SUM”是“我思故我在”的拉丁文。

↑ **笛卡儿的肖像**　笛卡儿既被尊为近代哲学之父，又被奉为近代科学的旗手。他距离我们似乎陌生而遥远，但其实我们无时不生活在他的影响之下。

↑ **《百科全书》插画**　笛卡儿是近代理性主义的奠基者，他高举理性主义的旗帜，号召人们依从理性光芒的指引，去探求事物的真理。图为1772年版《百科全书》的插画，画面上方的真理（truth）头上放出象征智慧的万丈光芒，旁边的理性（reason）和哲学（philosophy）正从她脸上揭去面纱。

附录 I

方法谈

彭基相　译

· *Appendix* I ·

我的这本《方法谈》只能视为一种历史，假使你愿意的话，也可以称之为一种故事，在这本书中有些可以跟着走，有些或者也不适宜于仿效，我希望能有用而对于任何人无伤害，并且特别要感谢我自己的坦白。

DISCOURS

DE LA METHODE

Pour bien conduire ſa raiſon, & chercher la verité dans les ſciences.

PLUS

LA DIOPTRIQUE.

LES METEORES.

ET

LA GEOMETRIE.

Qui ſont des eſſais de cete METHODE.

A LEYDE

De l'Imprimerie de IAN MAIRE.

CIϽ IϽ C XXXVII.

Auec Priuilege.

第1章 关于科学的各种研究

好的理由[①]是宇宙中的东西，为人人所同具；因为每个人都以为他自己具有很丰富的理性，即便是那些最难喜欢一切别的事物的人，他们对于理性的欲望也不能比他们原来具有的更多。这句话表面看来不免有错误，但是这或者更足以证明判断与辨别真伪的力量，这种力量正当说来可以称之为好的理由或理性，为人人原来所同有。之所以意见不同，并不是因为这个人比那个人更有理性，只是我们的思想在不同的方向上发展，只是所有人不能研究一个相同的目的。所以仅有好的心灵还是不够；最主要的还是要善用这种心灵。最伟大的灵魂能成最大的善，也能成最大的恶；[②]假使有人顺一条直路走，虽然他走得慢，但假使他天天走，比那一时跑一时停的人终究是要在前的。

至于我自己绝不敢以为我的心灵比普通人完全些；我甚至希望能与他人有相同敏锐的思想，清楚的想象，或丰富的记忆。除此以外，我不知尚有何种性质能使心灵完全；因为只有理性或觉知能唯一使我们成为人，并使我们与动物不同，我只得相信每个人都有完全的理性，关于这一点我与普通哲学家的意见相同，他们说具有理性或多或少是“偶然的”，[③]并不影响在同类中之个人的“形式”或性质。

但是我可以大胆地说，我真的有很大的幸福，自幼年以来，我能寻到几条道路，领我到学问与公理的研究，由此我形成一种方法，借这种方法的帮助，

◀1637年出版的笛卡儿《方法谈》的扉页

① 法文 Le bon sens 在笛卡儿此书中所用的意义，与良心、好的理由、理性等相类似，此处我不译“良心”而译作“好的理由”，是因为怕与道德上的良心相混。

② 柏拉图说知的能力是一种神圣的，绝不失其善的性质；这种性质能变成有用或无用，有益或无益，要看指导的人如何(《理想国》Ⅶ)。这几句话可以为笛氏这儿的注脚，换言之，即理性原为人人所具有，如善用之则为善，误用之则为恶。

③ 所谓“偶然的”(accident)即谓不是事物的必然性，例如人或高或矮，或黑或白，这都是人的偶然性。至于“形式”则相反，系为事物之本性，例如理性即为人的本性，因为无理性即不足为人。

我的知识渐渐增加，日积月累，此种知识竟达于最高点，几为我孱弱的能力与短短的生命所难于达到。因为由此我已获得如此的成果，所以虽然我自己的判断往往趋向于自欺，并不趋向于公正，虽然我用哲学家的眼光看世人的种种行动都似乎是无味，但我对于自己研究真理已取得的进步仍然极为满意，并且对于将来我有如此的希望，[①]即在人所从事的职务中，如果说有最好的与最重要的事业，我敢说这就是我所要选择的。

然而有时我自己或者也能受骗，并且我也能拿铜当做金，拿玻璃当做宝石。与我们自身有关的事情我们不知受了多少的欺骗，还有我们朋友的判断，当其有利于我们的时候，我们也应当审慎。但是在这本《方法谈》中，我很高兴能告诉读者我所走的道路，并且把我的生活清楚地描写出来，因此每一个人可以依其自己来下判断；并且由公共的谈话我能知他人已有的意见，这对于我自己的训诲更有益处，这种受益的方法是在我平常所用的方法以外。

所以此处我并不是教人一种方法——这种方法是每人为达到他的理性都应当遵从的，[②]而只是告诉人在何种情形中我如何努力实行我的方法。那些立有一定法则的人，一定以为他们自己相较于他们所教授的人是格外灵巧，假使他们有些微不到的地方，他们应当受责罚。但是我的这本《方法谈》只能视为一种"历史"，假使你愿意的话，也可以称之为一种故事，[③]在这本书中有些可以跟着走，有些或者也不适宜于仿效，我希望能有用而对于任何人无伤害，并且特别要感谢我自己的坦白。

在儿童时代，我已受书本的陶冶，[④]因此我相信由这种方法一个人也能获得对于人生有用的清楚且确切的知识，所以我曾极想学习这种文字。但是当我学业告一段落的时候，即所谓获得毕业学位的时候，我的意见完全改变了。因为我愈学觉得疑难愈多，诚所谓"学然后知不足"，即愈学愈发现自己的无知。然而我曾在欧洲一所著名学校中读过书，我以为在这个学校里面的著名学者，在世界别的地方很难找到。在这个学校里，他人所学的我已都学过了；教给我的学问我不能满意，我可以说读尽了一切的书，即他人认为最奇怪与

---

① 在《方法谈》第 6 章中就可以知道这种希望。笛卡儿已知道科学能改造世界。这就是他此处为什么要这样说的理由。

② 笛卡儿在一封信中说，他称他的这本书为 *Discurs de le méthode*，而不称之为 *Traité de la méthode* 意思就是表示没有教人的计划。并且在实际方面比理论方面多。

③ 此字法文原为 fable，与拉丁文 fabula 一词意义相同，故译为"故事"。

④ 这就是指他在拉弗莱什中学时代，受教会的指导研究学问。这种教育只可说是书本教育，与实地观察的不同。

最不易得的书都能到我的手里。[1] 由此我知道他人对于我所下的判断,并且我也不觉得有人认为我是在我的同学之下,虽然在我的同学中有人能被认为拥有大师的地位。并且在我们的时代也有丰富伟大的心灵,正如以前的时代一样;这就使我自由判断其他一切的人,认为在世界上没有一种学说如我以前所信仰的那样真正可靠。

然而我并非要将学校的练习置之不理。我知道一个人所学的语言对于了解古代典籍非常重要;读故事可以激励人心,读伟人历史可以鼓舞心灵。读书时如能善为辨别,书本亦可以帮助人形成健全的判断。我知道,读一切好的书就是和过去许多高尚的人谈话,因为这些人就是著者,不,简直是极小心有研究的谈话者,由此可以显示出他们最好的思想。我以为口才有一种力量与不可比较的美;诗歌最能感动人且能使人爱;数学能有极高的发明,并且既能满足好奇心,又能促进艺术,减少人的劳苦;[2]至于讨论道德的著作不仅含有许多有益的教训,并且含有许多极有用的善良劝告;神学是指导人到天堂的道路;哲学给人以方法来谈一切事的真理,是引起那些学问较少的人来崇拜;法学、医学与一切其他科学能给研究者以荣耀与财富;最后可以说研究一切东西都好;即使是最迷信与最虚伪的东西,由此我们可以知道它们适当的价值,免得为它们所欺骗。

但是我相信我学语言的时间已很多,即如古代典籍以及历史,故事学的时间也不少。因为与以前另一个时代的人谈话正如旅行一样。因为旅行可以知道其他民族的风俗习惯,借此可以对于我们自己的风俗习惯有一个公平的判断,不要以为凡与我们不同的就是可笑的,就是反对理性的,正如许多人没有看见的一样。但是一个人旅行的时候太多了,对于自己本国好像是一个外国人;一个人对于过去要是过于好奇,对于现在就会一点都不知道。此外,如故事能使人想象实际上是不可能的事,即如最忠实的历史,假使没有误传或夸大原来事体的价值,因为要使之为有价值的读物,至少会失去最微小与最不引人注意的情境;并且由此事实可以知道历史所留存的事实并非原来实在所有的事实,并且由此来源而来的行为也很容易成为小说中的侠客,不免有夸张的地方,而形成能力难于达到的行为。

我极重视口才,也极爱诗歌,但我以为此二者是心灵的天才,并非研究的

---

① 在后面我们就可以知道,笛卡儿除研究普通的科学以外,还研究许多玄妙的学问,如星相学、魔术等。

② 一切科学的进步都与数学有关系,详细情形,笛卡儿在《方法谈》第 6 章中将要说及,唯有科学能使我们认识自然,拥有自然。

结果。凡是具有最强的推理者,与最能组织思想使之明了清楚者,定有研究真理的最好能力,虽然他讲极坏的布勒通(*Breton*)[①]的语言,从没有学习过修辞学,也没有什么关系。凡是具有独创的观念,且能用柔和文体表现出来的人,定是一个最好的诗人,虽然他不知道什么是诗的艺术。

各种学问中我最喜欢数学,因为数学有确定的证明,与明白的推理;但我仍不能了解其真正用处,并且我以为数学只能应用于机械的手艺,对于数学基础之坚固结实,我亦极为惊异,再没有别的能建筑在这上面。[②] 另一方面,古代许多异教徒讨论道德的著作好比是富丽堂皇的宫殿,但其基础仍是建筑在沙泥上的。他们把道德看得太高,并且认为道德在一切事物之上;但是他们不能使我们彻底认识道德,并且他们所称呼的美名只是愚蠢、骄傲、失望或凶逆。[③]

我尊敬神学,我对于进天堂的期望也与任何人一样。但是我已知道,此为极确定的事实,即到天堂的道路对于极无知识与极有学问的人是一样地开放;由此引出启示的真理远远超过了我们的智识,我不敢将之置于我们微弱的理性之下。我想要研究这种真理,并且能够成功,那必须要有上天的特别帮助,要有超乎人以上的帮助。

关于哲学我将一无所说,但是,哲学为几百年来最好的心灵所培养,然而无一件事不是在争论中,故结果无一件事不是可疑的,我也绝不希望能在哲学中遇着更好的意见。在一个相同的题材中也不知有多少不同的意见,并且这些意见均为著名学者所支持;虽然这些意见绝不只一个是真的,但我以为凡是或然的都是伪的。

至于其他的学问,它们的原则都是由哲学来的,我想人很难为之建筑坚固基础。荣耀与获利均不能使我费精神来研究它们,天啊,我从没有想过逼迫我自己利用科学增加我的财富;虽然我不像犬儒学派(*cynigue*)轻视一切的荣耀,但是除了虚伪的头衔以外,我也并不希望能得到什么荣耀。最后对于那些骗人的学说,我已知道很多,既非一个炼金术士的诺言,一个星相家的预料,一个魔术家的假冒,更非一个专以假装不知以为知的空吹牛者能够欺骗我的。

---

① Bretagne是法国西北部的一省,向来极为保守,尤其语言还是说的初民的语言,故Bretagne的语言在法国是最无文法与修辞学的语言。Breton就是Bretagne的形容词。

② 此为笛氏主要意见之一,数学之重要已为近代科学进步所证实,并使哲学本身趋向于数学。

③ 笛卡儿对于古代哲学家很有认识,如斯多葛学派,笛氏即深受其影响。所谓失望是指Caton d'Utique(即为拥护自由而反对恺撒者),所谓凶逆是指布鲁图(Brutus)杀恺撒(César)的事。

这就是为什么等到我的年龄刚能离开师长的管束的时候，我即立刻完全放弃了这些文字的研究。并且我决计寻找一种在我自己中可以找到的科学，或至少在世界这本大书里面可以找到的科学，所以我利用我青年还未过去的时间，去游历，去参观宫廷与军队，[①]与各种性情与境况不同的人交际，聚集各种不同的经验，证明在各种困难境遇中我还是一个有幸福的人，这一切情形都使我忘不了已过去的事，所以我能由我的经验获得不少利益。因为在推理中我似乎得到更多的真理，与其任一个学者在他的研究中专凭玄想，无一点结果，他离开常识愈远，他愈觉得一无所得，还不如叫每一个人特别留心关于他自己的事，假使他的判断错了，就会有问题来惩罚他，因为一个人如果只从事于玄想，即证明他是用很多的心灵与才能来做一种不定的东西。我极想区别真与假，因为我要明白我的行动信任这种生活。

这是真的，即当我考虑别人的风俗习惯时，我不能在里面找到固定的信仰；在这些风俗习惯中我所见到的不同，正如我以前见到哲学家意见的不同。因为他们的研究我获得很多教益，我知道有许多事虽在我们看来很奇怪与可笑，而在别的伟大民族中不仅被接受而且受赞扬。因此我渐渐脱离错误。但是在我用几年工夫研究世界这本大书以后，我获得许多经验，于是我即决心以我自己为研究的目的，并用全力选择我所要走的道路。这与我未出国门与未离书本时相比较，在我看来，已有较大的成功。

① 笛卡儿1612年中学毕业后，在巴黎住了四年。后前往荷兰与德国游历。1619年在德国入伍为军士，至1629年复返荷兰，从事其伟大工作。

第2章　方法的主要规则

我曾在德国，因为战争尚未完结[1]，所以我被牵绊住了。等到皇帝的加冕礼过了[2]，我就很快回来加入军队，因为冬天开始来了，遂把我羁留在一个地方，在这个地方既无任何社会的交际来烦扰我，并且更幸福的是也无任何情感与开心的事来扰乱我，所以我能终日独自关闭在一间小房子里面，坐在火炉旁边，从事我自己的思想工作。在我考虑中的第一件事是一个几部分合成的工作，并且出自各种不同的人的手中，其完全程度当然不及出自一个人的手中所完成的工作。例如一所房子为一个工程师所计划的与指挥造成的，一定比利用旧墙加以改造的来得更为美丽与坚固，因为旧墙有另外一个目的。又如许多古代的城市，在最初仅为村落，经过很长的时间，就渐渐变为大的城市，这种城市的构造，要与由一个工程师按照他自己的思想实行他制订的计划去建造一个城市相比，一定差得很远。并且要将这两个城市的建筑分开来看，为一个人所建造的一定比那旧有的表现出更多的美丽与精巧，并且那旧有的城市，房屋一定是大大小小，不能齐一，因此街道也一定是弯弯曲曲、毫无规则的，所以为理性引导达于这种布置，与其说是人的意志，不如说是人的机会。假使我们想有几个警察有时时看守私人住宅的特别职务，以为公共的装饰品，我们就可以知道要从事别人的工作而能得着满意是如何困难。因此我想象那些由半野蛮渐渐变成文明的人民，仅因为他们的犯罪与争夺的必然结果而形成的法律，绝不能建立一个很好的政府制度，如那些初结合的社会，受谨慎的立法者的影响所设立的。[3] 因此亦可以确定受上帝一个人命令而成之真正宗教的制度一定比由别的多数人所成的好得多了。再说到人事，我相信如斯巴达在古代非常强盛，这并不是因为每一个人有完全的道德与健全的法律，在斯巴达有许多很奇怪的事，并有许多事是与道德相悖，而是因为这个

---

① 指三十年战争(La guerre de Trente ans)。

② 即费迪南德(Ferdinand)二世的加冕礼，时在1619年。

③ 笛卡儿这种学说并不是完全无错误。历史与经验证明，好的制度不见得就是由一个立法者的头脑里来的。如英国的宪法为许多人所颂扬，但是英国的宪法也是由环境的影响与压迫渐渐形成的。笛氏此种学说到18世纪为卢梭(Rousseau)应用到政治上去，即成了大革命。

国家为个人所结合，并且他们是趋向于一个相同的目的。相同，我以为在书本中的科学，至少是那些不定的推理与无证明的学问，就是由许多人的不同意见渐渐集合起来的，故不能接近真理，比较一个普通常识人对于他眼前事物所具有的自然的推理。又我以为因为我们在未成年以前都是儿童，又因为很久均被我们的情欲与师长所管理（这些师长常常彼此互相矛盾，没有一个人或者能给我们以最好的劝告），所以我们的判断绝不能如此完备与坚固；假使我们自生下来就能完全应用我们的理性，而只为理性所引导，那我们的判断一定不像现在这样。

诚然，没有一个城市只是因为要把房屋另换一种形式，或使街道更为美观，就将所有的房屋都拆毁；但是，也有许多人因为要改造他们的房屋而拆毁他们的旧房屋，并且有时当房屋本身有倒塌的危险，房基不稳固的时候，势必要拆毁。由这个例子可以知道有私人主张要改造一个国家使之返于正轨，当改变一切，彻底推翻，这似乎没有什么理由。将科学全体与学校中所设立之课程加以完全改造，此或亦不可能。但是，关于我以前所信仰的一切意见，我想我当努力将它们都完全扫除出去，所以这些意见后来或为较好的意见或为相同的意见所代替，直至我使它们合于理性计划的标准为止。并且我坚信用此方法我能使我的生活更好，比较建筑在旧的基础上，依据我青年时未加以思索而听信的原则上。虽然如此做我承认有许多困难，然而同时并不是不能战胜这种困难，也并不是不能与有关公众之琐细事的改革相比较。至于在较大的事件中，当一次崩溃以后就很难使之再恢复起来，或一次完全动摇以后亦难再使之保持原状，并且它们的崩溃亦极为猛烈。[①] 至于它们所具有的缺点（这在它们当中的复杂性看来，知道在许多情形中，这些缺点一定会存在的），习惯是无疑地能使它们比较减轻，并也能帮助我们免除或无意中改正许多，这许多缺点非先见所能预防。最后，这些缺点比较除去它们的方法还常常更能忍受，这正如山中的道路，因为常常有人走，遂渐渐变成平坦的大路，人宁愿走这种路，也不愿翻山越岭去走捷径。

这就是为什么无论如何我不能赞成那些浮躁乱动的精神，它们既不是生来就有，也不能对于管理公共事务有益，但拥有这种精神的人常常有改革意识。假使在这本书中要有一点被人疑惑是为这种愚蠢行为辩护，那我这本书真大不应该出版。我的计划绝没有超过想改革我自己的意见，并且建立一个

① 笛卡儿想将他的方法应用到国家的政府，但又不愿发生革命。不过他已觉得当应用他在思想中找真理的方法到社会上来，换言之，即应在科学改造以后，再来改造国家。

完全是我自己的基础。假使我的工作能给我以相当的满足感，那我此处所呈现的草稿，并非想要劝任何人来模仿。那些受上帝特别恩惠的人或者能有更高尚的计划，但是我很惧怕这种特别的个人将为多数人而太过冒险了。只是决心扫除一切以前所承受的意见与信仰，这并不是一个人人都应当跟着学的好例子。世界可以说是由两种心灵组合成的，但没有一种能采取这种例子；第一种是那些相信自己是很聪敏的人，他们一定不能免除过于急促的判断，无耐心整理他们的思想使之合于正当秩序。所以像这种人要是有自由怀疑他以前所承受的原则，再受歧途的迷惑，那他永远不能顺着必经的大道达到预定的目的，并且他一生必完全徘徊于迷途中。第二种是那些有理性或很谦虚的人，以为他们分辨真假的能力不及曾经教授过他们的人，那他们应当满足于服从教授者的意见，不必再由他们自己寻找较好的意见。

假使我从没有过一个教师或者从不知道时时存在于最大学者中的不同的意见，那我自己当然是属于第二种。在我在学校读书的时代我就听说没有东西能想象为这个或那个哲学家所不主张的那样奇怪与令人几不能相信，在我旅行的时候我更承认凡与我们的意见冲突的未必就一定是野蛮的，或者比我们具有更多的理性。一个相同的人，并有相同的精神，如自儿童时起即养育在法国或德国，较之他一生是在野蛮人中，一定有极大的不同。我也注意到如一个人衣服的样式在十年前或者为我们所喜欢，再过十年或者我们仍能喜欢，但在现在我们以为极不合时而且可笑。因此可知影响我们最深的是风俗习惯，而不是任何确定的知识，然而虽如此说，多数人的论调对于难发现的真理不能供给任何价值，因为这种真理似乎只可以为一个人所发现，并非为大众所发现。我不能选择任何人，他们的意见在我看来应当有利于别人，而我觉得我是使我自己必须担任我自己方法的方向。

但是像一个人单独走着，在黑暗中走着，我决定是慢慢地走，并用全力注意一切的事体，假使我只向前走了一点点，但我至少能保证不至于倾倒。我并不想开始完全扫除以前钻入我信仰中的任何意见，未经过理性而介绍进来的意见，直至后来我用了很多的时间再计划我所要担任的工作，并寻找真正的方法能使我的心灵在可能范围内知道一切的事体。

在我幼年的时候，在哲学方面我曾研究过逻辑学，又在数学、解析几何与代数中，这三种艺术(或称之为科学亦可)对于我的计划亦有相当帮助。但是对于它们细加考察，我看到在逻辑学方面，三段论证式与别的一大部分学理，只能解释人已知的东西[①][正如吕勒[②]的艺术说对于不知道的东西无判断],不能知道新的东西。虽然逻辑学也含有很多真的与好的方法,但同时也混杂有不少有害的或肤浅的别的方法,要想将这两种截然分开颇为困难,正如一块未经雕刻的大理石要分出里面的条纹与脉络,是一样的困难。至于古代的分析(*analyse*)与近代的代数,[③]除了它们只是含有最抽象的材料与似乎最无用以外,前者仅以符号的研究为事,若无很大的想象是很不容易了解的;后者是服从规则与公式,结果造出一种很难明白的艺术,使心灵发生阻碍,代替了培养心灵的科学。因此使我觉得一定要寻找别的方法,这种方法要含有前面所述的三种方法的益处,而免除它们的缺点。有时公律过多反能容罪恶横行,正如一个国家的法律虽少,苟能严格遵守,比较多而不能遵守,一定管理好得多。所以我与其采取构造逻辑学的许多规律,还不如就找出下面的四条规则,假使我有坚固的决心遵守,就是这四条也很够了。

第一规则是无论任何事在我未明白认识以前,绝不能把它当作真的而接受。这就是说,要很小心地免除在判断中的急促与偏见,只能接受在我们心灵中表现极清楚明白而使我们再不能怀疑的判断。

第二规则为将我在很多部分中所有的困难尽量分析开,使之能获得最好的解决。

第三规则为顺着次序引导我们的思想,由最简单的与最容易认识的事物起始,渐渐达到最复杂的知识,假定在它们当中彼此不是顺着一个自然的关系。

第四规则为在一切情形中统计愈完全愈好,观察愈普遍愈好,不要遗留一点。

这些推理的长链,简单而且容易,几何学对此似乎常常是达于最困难的证明,使我想象一切事,能在人认识之下,似乎在相同的形式中彼此都有关系;假使我们不愿承受任何事为真实——不是如此的真实,常常保留必然的秩序演绎出结论,由此达于彼,没有如此之远不能使人达到,也没有如此的隐

---

① 亚里士多德(Aristotle)式的逻辑学只是告诉我们如何由普遍实在推知个别实在,而不能教我们发现新的思想。

② 吕勒(Raymond Lulle)生于巴利阿里群岛(Baléares),在1234年,他曾以一种智识的机械方法解决一切的困难,曾以观念或字代替数目,有些与机械相同的计算,今日所见者相同。这是中古经院学派的胜利,一个人不必用字做游戏。

③ 分析是一种方法,即由一个命题达于另一个更简单的命题,不过亦可以用严格的推理,使简单命题再返于原来命题。这种方法是用在数学里面以解决问题。至于代数亦然,也是用来使一个等号愈简单,直至达到人能解决此等号为止。(参看Duhamel的*Méthode dans les sciences de raisonnement*,第一部分)。

藏不能使人发现。究竟必须是由哪一种事物起始，这在我并没有什么困难，因为我已经知道是由最简单与最容易知道的事物起始。又研究一切以前在科学中寻求真理的那些科学家，只有数学家能够找出些证明，换言之，能够找出些确定与明白的理性，我不怀疑他们是用此相同的方法去研究的，同时我也不希望有任何其他的结果，除非我的心灵为真理所滋养已成习惯，对于伪的推理不满意，但是我毫无意思想了解一切这些特别的科学如与数学有相同的名称；但是要知道它们的对象虽不同，在这一点是相同的，即它们所研究的只是表现在这些对象中的各种关系或比例，假使我只在它们的普通方面来研究这些比例，我想这是比较好些，而不去观察它们，在各种对象中，此对象即用来使知识格外容易。在对象上我也一点没有限制它们，因为我能将它们用于一切其他的现象。[①] 因为要很小心地认识这些比例，有时我必须个别地逐一加以研究，有时我仅须记在心里，或者将它们聚在一块，因为要能详细研究它们，我想应当是在线的形式中来描写它们，因为我再不能找到比这个更简单与表现在我的印象与感觉中更清楚的方法。但是要能使我记得住它们，或能了解他们的全体，我必须还要借几个公式来解释它们，不过这些公式是愈短愈好。因为这种目的，所以我必须在解析几何与代数中借来它们最好的，借以改正彼此的错误。[②]

其实，我敢说我所选择几个条规的确切观察，能使我很容易分辨包括在此二种科学中的一切问题，我用两三个月的时间研究它们，由最简单与最普通的开始，在每一个真理中我发现有一个规则能用来帮助我寻找别的规则，不仅能使我解决许多我以前认为很困难的问题，并且最后能使我决定（我虽然还不知道）用什么方法，在什么范围，能够解决它们。假使你不记得在每一个事物中只能发现一个真理，不论谁成功了，他就是知道最多的真理，那或者在你就是太无意味了。例如在儿童中也是相同，儿童学习数学，依照教授的规则去做加法；他一定以为就要人的心灵能知道之数目的总数他都能知道。总结可以说因为方法是教我们跟着真正的秩序，并且一个一个地举出事物中每一个名称，加以研究，并包含一切给予数学规则以确定的东西。

但是在这种方法中使我最满意的是借此我能充分用我的理性于一切事物，虽不能完全，至少是尽我所有的力量。除此以外，用了这种方法之后，我

---

① 这种关系的研究笛卡儿称之为普遍的数学（mathématique universelle）；这种科学的规则可以移转至一切别的科学，特别是在哲学中。

② 所谓解析几何（géométrie analytique）就是笛卡儿所要发明的。

觉得我的心灵渐渐习惯了解事物格外清楚，格外精确；并且这种方法不限于任何特别事物，我自己承认这种方法也能用来解决别的科学的困难，正如我用之解决代数的困难一样。并非因此我就敢研究一切表现它们自己的事物，因为此与“方法”所规定的秩序相反。但是要注意它们的原则都应当来自哲学，[①]虽然在哲学中我不能找到任何的确定，我以为最要紧的还是先在哲学中建立确定。并且我以为这是世界上最重要的事，又先入之见与偏见是最可怕的，所以在我 23 岁还未达到真正成熟年龄的时候，我并不想能在哲学中建立这种确定。我以为第一我当用很多时间使我自己预备这种工作，即从我的心灵中扫除我在这个时候以前所承认的一切的错误意见，聚集各种经验供给我后来的推理，并使我自己常常应用我以上所述的方法，这些可以渐渐帮助我增加力量。

---

① 在《方法谈》第 6 章中可以看出笛卡儿怎样证明外界事物的存在。这种证明假定灵魂与上帝的知识，结果除非元学完成，否则物理不能开始。

第3章　由这种方法提出的几个道德规则

最后，这似乎是不够，即在开始再建造我们所住的房屋以前，把房屋拆毁，预备材料，请工程师（或自己做工程师建筑，并很小心地计划），但是我们仍然需要预备一个别的房屋，使我们在建造自己的房屋的时候可以安居。同样地，我不能使我的行动无所决定，当我的理性强迫我不得不如此判断的时候，并且我要使我的生活能够快乐，我当及时为我自己制造一个道德的规则，这种道德规则仅含有三四个公理，我将一一叙述之。[①]

第一是服从我们国家的法律与风俗，常常借上帝的恩惠皈依宗教，此种宗教即在我儿童时被教训的，依据最中庸的意见使我指挥一切的事远离太过的事，此种太过的事常常为与我们所接触之最聪明的判断所实行与接受。我开始视我自己的意见为一无所有，因为我想把它们一一加以研究，我曾料定最好是服从靠得住的判断。虽然在中国人、波斯人中与在我们自己中一样，也有这种靠得住的判断，但我以为最好是使我的行为能与我在一块生活者的思想相合。并且因为要确定这些是他们的实在意见，我应当遵守他们所做的，不应当遵守他们所说的，不仅因为在我们腐败的风俗中，很少有人能愿意说他所信仰的，并且因为多数人自己根本上就不知道他们所信仰的，因为我们借思想的动作信仰一件事，与我们知道我们所信仰的是不同的。[②] 彼此没有关系，这个可以没有其他一个而单独存在。在许多相等接受的意见中，我只选择那最合乎中庸的，因为中庸的意见最适合于实行，并且或者也是最好的（一切太过都有坏的倾向），并也因为能少使我受歧途的迷惑，假使我是错误了，那是我选择了另一极端。并且我以为一切事要是太过，反而多少限制了我们的自由。并不是我将这些法律的价值看低了，因为补救这些微弱灵魂的缺点，法律承认发誓、结合同，借此强迫我们实行我们要达的目的。虽为商业的保障，这种允许也能给予，不过这种商业的计划是完全无关。但是因为

① 笛卡儿此处所述之道德规则，有人或以为并非确定，因为假使看他的信札，知他对于此问题无任何兴趣，但是在笛氏给伊丽莎白的信（Lettres de la princesse Elizabeth）中，可以知道他对此问题的兴趣；在道德方面，他似乎接近于斯多葛学派（Stoiciens）的思想。

② 笛卡儿对于论信仰的学说很特别，完全是依赖于意志，参看他的 *Méditation* 第4节。

我在世界上没有看见一件事是常常不变的。又因为特别在我一方面，我要使我的判断渐渐变好，不要渐渐变坏，我想我要犯一个反对常识的大罪过，因为我在一时赞成过的事，到后来我仍不能不同样赞成，除非这件事已不复存在，或者我已不复如以前那样的重视。

我的第二个公理，在我的行动中是格外坚固格外决定，并且不服从少忠实，多疑惑的意见，假使它们比较确实无疑，我即将决定它们。在这个情形中，我当服从旅行家的例子，他们觉得他们自己迷在深树林中，知道他们不应这边跑跑，那边跑跑，也不应当停在一个地方，但是他们应当一直向一个方向继续走去，不要因为任何一点理由改变自己的方针，虽然这即使是在开始的时候为唯一的机会能够决定他们在他们的选择中。由这种方法，他们虽或不能达到他们所要到的地方，至少他们总能达到一个终点，这比留在树林中间好得多。生活的行动亦复相同，常常不能允许一点延迟，这是很确定，即当超过我们分辨意见的力量的时候(此种意见载有最真的真理)，我们应当服从最或然的意见；虽然我们以为在一个意见中比较在另一个意见中没有较大的或然性，我们至少应当决心服从一个特别的意见，并且以后即视之不能再怀疑在实行的关系中，而视之为极真实、极确定的，正如理性使我们决定是如此的。所以这种原很能使我脱离烦恼与懊悔，此常常影响心灵，鼓动那些微弱与摇动者的良心，他们在今日认为是好的事而实行之，后来又认为是坏事了。[①]

我的第三个公理是常常要征服我自己，不是征服命运，要改变我的欲望，不是改变世界的秩序，并且大概要使我相信除了我们自己的思想以外，没有一件东西能在我们的能力范围以内；所以当我们用尽力量注意我们以外的事时，坏的结果对我们而言仍绝对不能免。这唯一阻止我希望在将来能有在我现在获得以外的东西，所以能使我知足。我们的意志自然不能希望任何东西，除非我们的理智能表现出几分达到的可能，[②]假使我们想一切好的东西，此在我们以外，并在我们的权力以外，我们得不到这些好的东西，一定不觉得懊悔，这正如我们不能具有中国或墨西哥的王位，就觉得这是我们的不满足。同样地，除了需要以外，即无所谓道德，一个人正当有病的时候，绝不想身体强健，正在狱中的时候，绝不想享受种种自由，正如我们现在不希望我们的身

---

① 此条道德规则像下一条一样，或者是受斯多葛学派的影响。

② 依笛卡儿说，意志绝不能与理智分开，我们绝不能对于无任何观念的东西想要。但我们对于一个观念不清楚的东西可以要(或可以希望)。故意志不能与理智(或理解)分开，详细可以看笛氏 *Méditation* 第 4 节。

体是由碎的金刚石所做成，或希望能像鸟雀一样有两个翅膀能飞。要想一个人能有这种观点的习惯去看一切事，必须有很长久的练习与常常反复的默想，我相信只能由此可以找出这些哲学家的秘密，[1]即他们在古代能够脱离了命运的领域而自由，或轻视困苦与贫穷，为他们的快乐与上帝相争。因为他们自己不停考虑自然给予他们的限制，他们遂完全相信除了思想以外，没有任何东西能在他们的权力以内。只有这种信仰能阻止他们不必再希望别的东西了。他们能绝对具有他们的思想，他们就有理由能使他们自己更为丰富，更为有力，并且比别人更为自由，更为快乐，无论别人受自然或命运如何的恩惠，假使要缺乏这种哲学，绝不能达到他们所要达的目的。

最后，为结束此道德的规则，我觉得我当对于人在此生活中各种职业加以观察，以便选择出最好的。别人的职业如何我不愿多嘴，我想我只能说我自己所从事的一种，我用我完全一生培养我的理性，尽我的能力依照我以上所述的方法增进我对于真理的知识。自从开始用这种方法，我的经验极为满意，我不相信任何弱者或天真无知者在这生活中能够寻到这种方法，由这种方法每天可以发现些真理，在我以为这些真理是很重要，虽然他人通常多半不知道。我已有的这种满意充满在我的心灵中，其余的一切都不能摇动我一点。此外，如以上所述的三个公理，其基础只是建筑在这种计划上面，即我以前为继续教训我自己所形成的计划。因为自从上帝给我们每一个人以分辨真伪的光明，我不相信我应当以承受他人所主张的意见满足我自己，除非我能考察我自己判断的应用，在适当的时候研究它们；我也不主张我自己很少脱离以下的意见，虽然我不想失去机会去找最高的意见，假使这些意见存在；最后，我更不能限制我的欲望，也不能常常满足，假使我不跟着一条路，由这条路我想我一定能获得一切的知识，并且我想我一定也能获得在我权力以内的一切最好的东西。我们的意志既不强迫我们跟着任何东西，也不强迫我们脱离任何东西，除非我们的理解已表现出这个东西是好或是坏，最好的判断是产生最好的行为[2]——这就是说，一切道德与一切其他好的东西都能获得。当一个人以为这一点已达到了，他就不会不满足。

在使我承认这些公理以后，并将它们置于宗教的（或信仰的）真理的一面（这在我的信条中常常占第一地位），我想这和我其余别的意见一样，总算平安地把我自己混瞒过了。因为我十分希望我的目的能够成功达到，还是出去

---

① 这些哲学家即指斯多亚派。

② 这一点笛卡儿与苏格拉底（Socrate）及柏拉图（Plato）均相同；因为他们亦主张“道德即知识”。

与人交接比较一人老是关闭在一间暖房子里面好得多，虽然在一间小房子里能让我思想，所以我不等待冬天完了，我再让我自己出去旅行。在以后的九年当中，我一点事都没有做，只是这儿跑跑，那儿跑跑，在这个世界所演的戏剧中，与其说我是一个演戏的人，还不及说我是一个看戏的人。特别是想到每一件使我怀疑的事体，并给我以思想错误的机会，所以我能在我的心灵中掘出以前所承受的一切过错。这儿千万不能误会，我并不是模仿怀疑论者，[1]他们是为怀疑而怀疑，所以他们自命往往是不确定；至于我的计划刚刚相反，我的怀疑是为使我能得好的确定理由，我不要沙土为的是要寻找泥石。在这种工作中，我似乎有很好的成功，因为我想发现我所研究命题的错误或不确定，不是借无力的猜想，而是借清楚与确定的推理，我没有遇见如此可疑的东西，即我不能由此抽出确定的结论，假使这仅是推理，那将不能含有一点确定。正如 拆去旧的房屋，我们多半保存剩下的断瓦残砖，为建造另一个房屋之用，所以我扫除这些我认为根基不好的意见，由我的许多观察与经验，再用来建造更确定的意见。不仅乎此，我并继续练习设立为我用的方法；除了我很小心依照公理引导我一切的思想以外，我并留些时间时时依照我的方法使我自己解决数学的问题，或者解决属于别的科学的别的问题，我能使之与数学问题相同，使之与别的科学（我以为这些科学不十分稳固）的一切原则分开。你可以在这本书[2]中所陈述的许多例子看出来他们的结果。所以表面上生活没有什么比这些人不同，他们除了在平静与天真中消磨他们的生活以外，没有别的职务，把快乐与罪恶分开，并且他们因为享受他们的闲暇，用他们一切好的与天真的消遣，我不能停止实行我的计划，或者对于我真理的研究更有益，假使我只是读书或与文人相交际。

这九年的光阴就是如此渡过去了，对于学者所争论的困难我未能参与任何确定的一部分，或者开始寻找任何比较普通更确定的哲学基础。有许多具有最好智慧的人在我以前已试过这样相同的工作，但在我看来，他们都没有成功，因此使我想象这种工作是很难，几乎令我不敢担任，假使不是我发现到处有人说我已经达到这种工作的目的。我不能告诉他们根据什么，有这种意见；假使在我的谈论中能稍有贡献，这也是因为我自己忏悔无知反而比较那些自己认为有点研究的得到益处。或者也因为我能使我的理性怀疑许多他

---

① 此处极为重要，有人以为笛卡儿为怀疑论者，此为极大错误，其实笛氏系以怀疑为方法，而达其不怀疑之目的，故此处所言为笛氏学说之真正态度。

② *Dioptrique*, *Météores*，与 *Géométrie* 在出版时曾与《方法谈》为一本书。

人认为确定的东西，并且也曾未夸口过任何哲学的系统。但是我有一个诚实的心灵不愿获得意外的夸奖，所以我想我当在我的能力以内用种种方法不辜负我所获得的名誉。整整八年过去了，我有一种愿望要使我自己决心远离一切能有交际的地方，去退隐到一个像这样安静的地方，[①]在这个地方经过一个很长久的战争立定了如此的秩序，即在那儿维持的军队仅是用来使居民在最安定的状态下享受和平的效果；在这个地方，我虽在一个极活动人民的群众中，他们多半只顾他们自己的事，很少对于别人的事有好奇心，并且不少有最繁华城市的便利，我仍然是过着寂寞的生活，好像退隐在最远的沙漠中。

---

① 笛卡儿在1629年退隐于荷兰。

第4章　理性证明上帝与人类灵魂的存在或元学的基础

我不知道我应当怎样告诉你我在那儿所做的第一次默想，这些默想是太玄妙与太异常，也许不能使人人相信。然而同时为使人能判断我所建立的基础是否稳固，所以我觉得我自己对于它们必须有相当的陈述。在一个很长的时候，我即注意到有时在公共的生活中大家所遵从的意见，他们认为最无可疑的，而实际上是最不确定的，如我在以上所说的。[①] 但是因为在这种情形中，我想要我自己完全去求真理，必须要自相反的方面下手，要把我想象中认为无可疑的东西，都绝对加以拒绝，视为完全不真实的东西，而后再看在我的信仰中所遗留下来的东西是不是完全确定。因为感觉有时欺骗我们，所以我想假定由感觉引起我们想象的东西不是像它们原来的一样，又因为有许多人在他们的推理中欺骗他们自己而堕入于谬论中，虽关于几何学中最简单的事也是如此，并说我之陷于错误与任何他人相同，所以我把我以前承受的一切理性都视为非真实的。还有一切相同的思想与概念，在我们醒的时候有，在我们睡了做梦的时候也可以有，但它们无论在醒的时候或做梦的时候都不是真的，因此我承认凡进入我心灵中一切的事体都不见得比我梦中的幻象为真。[②] 但以后我立即注意到当我想一切事都不是真实的时候，这个我想的"我"总应当是真实的，并且我注意到这个真理，即"我思故我在"[③]是如此的确实，凡一切怀疑论者所用之最厉害的假设都不能摇动这个真理，故最后我毫无迟疑地即承受这个真理为我所求的哲学的第一原则。

要详细研究我是什么，我想我能够知道我是没有身体，并且没有世界，也没有地方，我是在那儿；但是不能因此就不能知道我。相反，由这种事实，即我想怀疑别的事物的真理，就很能明白地与确定地说我是存在；反过来说，假

① 参看《方法谈》第3章论道德的公理。

② 在第一个沉思中笛卡儿曾详细发挥此意。

③ 此句之拉丁原文为：Cogito ergo sum。

使我停止思想，即使我曾想象过其他的一切都实在存在，但我没有理由想我是存在。从我知道我是一个本质，这个本质的完全性质是思想，[①]并且我的存在无需任何空间，也不依赖于任何物质的东西；所以这个"我"，换言之，即我之所以为我的这个灵魂，是完全与身体不同，并且灵魂比较身体更容易知道；[②]虽然假使身体是没有了，灵魂将仍不失其为灵魂。

在这个以后，我应讨论在一个命题中怎样是真实是确定；因为我已发现了我知道这样一个东西，我想我也应当知道这个确定所包含的是什么。所谓"我思故我在"这句话不能就使我们有一个真实的确定，除非能清楚明白地知道思想必是存在，所以不能不达到这个结论，即按照通例，凡是我们能清楚明白地知道的都是真实的——然而，记住要确定我们清楚明白的知，尚有多少困难。[③]

由此再对于我疑的事实加以反省，结果，我的存在并不是十分完全(因为我明白知比较疑固然更完全)，所以我决心再研究从何处我能思想比较我更完全的东西；我明白承认这种概念一定是在实际上更完全的自然之前。至于在我以外，我还有别的许多东西的思想，如天、地、光、热，以及千千万万别的东西，要知它们是从何处来的，这倒没有很多的困难，因为在它们当中似乎没有东西能使它们超过我，我相信假使它们是真实的，它们是依赖于我的性质，只要是这种性质具有相当的完全；假使它们不是真实的，那我即认它们为没有，换言之，即它们在我中，因为在我的性质中缺乏某些东西。但是这不能应用到比我自己更完全的一个存在的观念上，因为视此观念为没有显然不可能；并且要说较多的完全是由于较少的完全的结果而来与依赖于较少的完全，这正如说有些东西是在"没有"以前就有的是一样矛盾可笑，要认为解释我自己这也同样的不可能。由此说来，在我当中的自然实在比较我自己更为完全，并且这种自然在其本身内更有十分的完全，几乎使我不能有一个观念来形容，真正要用一个词说出，即是所谓上帝。[④] 自从我知道有些完全为我所不能具有，所以我在存在中不是唯一的东西(我在这儿随便用了中古经院派的名词)；但是必须有一个比较更完全的东西为我所依靠，或者由此我能获得我所有的。假使我只是单独的存在，与任何别人不生关系，所以我自己应当

---

① 笛卡儿区别"思"与"积"为两个极端的不同，这是很可注意的，因为这是他的系统中的一个重要点。

② 说灵魂比较身体容易知道，可以参看第二个沉思。

③ 此处笛卡儿用"清楚明白"(distinctement)这个词，而不用证据或证明(L'évidence)这个词，因为证据这个词笛氏专为纯粹智识或元学之用，一点没有感觉的或物理的意思。

④ 上帝的存在在第三个沉思中有比此处更详细的证明。

有存在的一切完全，虽然我参加在这个完全里面只有很小的范围，因为相同的理由，我应当能有我缺乏的一切其余的东西。因此我自己应当是无限，永久，不变，全知，全能，并且，最后，我应当有上帝所有的一切完全。因为要追求我刚才所行的推理，因为要就我的性质的能力范围以内知道上帝，我只有考虑这一切的事体，在我自己中我寻出这一切事体的观念，不论这个是否完全具有它们。我承认它们当中指示不完全的没有一个是在上帝里面，但是一切别是表现；我知道怀疑，无常，疯狂以及与此相等的东西都是不能在上帝里面，我自是喜欢没有它们。除此以外，我还有许多感觉的与形体的观念，虽然假定我是在梦中，我所见的或想象的都是假的，同时我不能否认这些观念实在是在我的思想中。但是因为我在我自己很清楚认识智识的性质与身体的性质不同，并知道一切的组织都有互相依赖的证明，这种依赖显然是不完全，故我的结论是假使在上帝中是由这两种性质组织成的，那是不完全的，所以上帝不是由此两种性质组织成的。然而，假使在世界中有任何物体，或有任何智慧，或别的不完满的东西，它们的存在一定要依靠于上帝的权力，换言之，要没有上帝它们一刻都不能存在。

在此以后，我还想再寻找别的真理，我把几何学家的对象放在我的前面，我认此对象为继续的体，或为在长度或深度上扩展至无限的空间，此可以分成许多不同的部分，并可以有许多不同的形式或大小，并可以用种种方法可以移动或转移它们（因为凡此一切几何学家均假定为他们思想的对象），我曾浏览过几个最简单的证明，并注意到每人对于这些证明所贡献的最大确定，唯一根据于他们认为清楚的事实，按照我上面所建立的规则，我并注意到在它们当中没有一件事能使我承认它们的对象的存在。例如，假使我假定一个三角形，三角之和一定等于两个直角；但是没有任何理由要使我承认一定有这样一个三角形存在，并且相反，再复返回来研究我有一个完全存在的观念，我觉得在这种情形中，存在包含于这种观念中正如三角之和等于二直角是包含在一个三角形中一样；或者在一个平面圆形的观念中，在平面上各点与其中心点均为等距离是与上面所说一样的，或者比较更为清楚。故结果我们至少可以确定具有完全存在的上帝，他的存在，正如几何证明的清楚明白是相同的。

许多人觉得他们自己很难知道真理，甚至于很难知道他们自己灵魂的性质，这是因为他们从没有将他们的心灵提起在感觉的事物之上，并且他们不习惯考虑任何事体，只是想象事体，这是思想的一种形式，特别适合于物质事物，凡是一切对于他们不能想象的东西，似乎在他们都是不能了解的。这是很明显的事实，即在中古经院学派中哲学家可都持此为一种公理，即在知识了解中没有东西不是先在感觉中的，上帝与灵魂的观念当然无疑绝不在这里面。在我以为那些想用想象来了解这些观念的人，他们正如想用眼睛来听声音或嗅味道一样，除非有这种区别，即视觉比较嗅觉或听觉对于其对象的真理不能给吾人以较少的确定，既非我们想象，亦非我们感觉能使我们确定任何东西，假使没有我们智识的干涉。

假使仍有任何人还不能使他们自己相信上帝与他们灵魂的存在，他们凭借的理由我在上面已说过了，我想他们应当知道一切别的东西他们或者以为是比较更确定的（如具有一个身体，有星，地球等等），实际上恐怕更不确定。虽然我们对于这些事有一个道德的确定，[①]我们如再怀疑他们固然未免太过，然而同时没有一个人（除非他缺乏理性），能否认（当一个元学的确定是在问题中的时候）我们有一个很充足的原因说我们没有完全的确定，由这种事实更可以证明，当睡眠的时候，我们同样想象出我们有另外一个身体，我们看见另外别的星与别的地球，虽然实际上没有任何东西。因此有一个问题，即我们如何知道在梦中的思想比较在醒的时候的思想愈不真实？并且常常知道前者的思想并不比后者的思想更少活跃。虽然最聪敏的心灵研究物质能如他所愿，然而我不相信他们能有很充足的理由，除去这种疑问，除非他们假定上帝的存在。因为第一即我刚才所建立的规则，所谓我们对于一切事要能很清楚明白地知道，这些事就是真实的，只因为上帝是存在；这些事才是确定的，上帝是一个完全的存在，在我们当中的一切都是由上帝而来。由此可以知道我们的观念凡是清楚明白的，即是来自上帝之实在事物的观念，并且也只有清楚明白的观念才是真的。所以我们虽有许多观念是伪的，但它们之所以为伪即因为它们是混杂不清的，因为它是属于消极的（或没有），换言之，这些观念在我们当中所以是混杂不清的，只因为我们是不完全的。这是很明白的，即由上帝而来之错误或不完全的观念，其可憎并不减于由没有（或消极）而来之真实或完全的观念。但是假使我们不知道在我们当中一切的实在与真理是来自一个完全与无限的存在，那么无论我们的观念如何清楚明白，我们也没有任何理由使我们自己承认他们有真实的完全。

但是在上帝与灵魂的知识使我们确定这种规则以后，这是很容易明白我

① 笛卡儿曾分道德确定与元学确定为二，前者是规定我们的风俗习惯；后者是告诉任何思想是不可能，除非我们对于此事加以判断。

们在睡眠中所想象的梦，绝不能使我们对于在醒时之思想的真理有一点怀疑。[1] 虽在梦中我们也能有像几何学家发现新证明一样很清楚的观念，所以睡眠的事实有时并不与真理相矛盾。至于在我们梦中所有最普通的错误（梦常含有各种事物的表现正如外面感觉所表现的一样），并不能给我们对于这些观念的真理有怀疑的机会，因为我们虽不在梦中也能常常受骗，正如那些有黄疸病的人看见东西都是黄的，又如天上各种星体因为很远，所以我们看见的比它们原来的不知小多少。最后，不论我们是醒着或是睡着，除了我们的理性的证据以外，绝不能让我们自己信服。一定要注意，我所谓理性并非我们的想象，也非我们的感觉；正如我们看见太阳很清楚，但不能因此我们即判断说太阳的大小即如我们所看见的一样；同样，我们也可以很清楚地想象一个狮子头长在一只羊的身上，但不一定说这个东西就存在。因为理性不能主张凡是我们看见的或是想象的都即是真理，但是这是很清楚地告诉我们说我们一切的观念必须有些真理的基础。否则为一切完全与真理的上帝不能将这些观念放在我们当中。因为在睡的时候与在醒的时候一样我们的推理绝不是如此明白，也不是如此完全，虽然我们的想象有时是极活跃，极精确，或者更不止此，理性告诉我们说我们的思想不能完全真实，因为我们不是十分完全的，我们思想所有的真理在醒的经验中是不错误些，比较在睡的经验中。

① 关于梦与醒时的详细区别可以参看第六个沉思。

第5章 物理问题的次序

我现在很愿意表现出真理的完全线索，即我在以前引申而来的线索，但是要谈到此种真理的线索，必须说到学者中所争论的许多事体，我不愿意因他们来扰乱我自己，所以我想仍是暂守缄默为佳。[1] 我只大概说一说这些真理是什么，因为要让给那些最聪敏的人去判断再详细说出他们是否对于公众有用。我仍时时坚持我以前的决定，除了我用来证明上帝与灵魂的原则以外，我没有假定任何别的原则，除了像几何学家以前所有的证明一样清楚明白以外，我不承认任何事是真实的。然而我敢说不仅我能在哲学中常常所讨论的一切主要困难里面获得短时间满意的方法，并且我也遵守上帝在自然中所建立之一定的公律，并由此上帝在我们的心灵中印下这种观念，[2]即在详细思想事物以后，我们不能怀疑在一切存在中或在世界中所精确观察的事物。并且进一步我考虑了这些公律的结果，我似乎发现了许多比我以前所知道或希望知道更有用与更重要的真理。

但是因为我想在一本书中[3]解释这些真理最重要的地方，因为种种考虑阻止我出版此书，现在为使人能知道他们，所以我只得在此处将此书所含有的作一个简单的节要。在我开始写此书以前，我曾计划把我自己所知道关于物质事物的性质完全包括在里面。然而正如一个画家在一个平面的书上不能把一个立体的各方面都表现出来，只能选择一部分最重要的，使之成为阳的一面，其余别的成为阴的一面，使人能由前者看出后者，所以我怕不能把在我心中的一切都放在我的这本书里面，我只能将我的关于光学的概念完全陈述出来。后来当机会有了，我决心再讨论太阳与恒星，因为光几乎完全是由它们来的；又讨论天体，因为它们能传达光；又讨论行星、彗星与地球，因为它们能反射光；并特别讨论地球上的一切物体，因为它们或有色、或透明、或发

① 自伽利略因主地动而受罚，故笛氏讨论这个问题的书名 *Traité du monde ou de la lumière*（此章仅为此书之节本），直至笛氏死后才出版。

② 我们一定要注意笛卡儿的这种物理学；在我们今日要想认识世界，只要明白事实；笛氏则相反，以为此与内在观念有关系。此为来自几何学之“理性的方法”。

③ 此书即指笛氏的 *Traité du monde*。

光;最后,我讨论人,因为他是一切的旁观者。因为要想将这一切论点放在背阴的一面,能使我自由发表它们,[1]不必一定要采取或排斥一切学者所承受的意见,我决计将这个世界的一切留给他们争论,只说一个新世界所发生的一切,假使上帝现在创造这个新的世界,在一个想象的空间中,物质很能造成这个空间,假使上帝没有一点次序乱动这种物质的各部分,故结果成了一个混乱的世界,如诗人所杜撰的一样,故最后他的工作在平常方法中仅赖与自然的和合,使自然依照他(上帝)所建立的公律而动作。所以,开始我描写这种物质,并想在这种方法中来表现这种物质,即在我以为在世界中没有东西再比这更清楚或更易了解,[2]除了我刚才所说的上帝与灵魂。并且我进而承认在这个世界中没有中古世代经院学派所争论的形式或性质,[3]也没有任何对于心灵不适合的知识,使人能假装着不知道。我再指明什么是自然律;将我的理性不根据于任何原则除了上帝的无限完全,我想证明人能疑惑的一切,并告诉他们是这一种性质,虽上帝另造别的世界,但他不能创造任何为自然律所不能观察的世界。在此以后,我当告诉如何由这种混乱所构成的一大部分的物质,必须依照这些公律使其自己排列成与我们天体相同的形式;如何同时这物质的一部分一定形成一个地球、行星、彗星、太阳与恒星,等等。扩大光的题目,我在此处详细解释光的性质,此可以在太阳与星中寻到,并解释光如何由一瞬间经过天体的无限空间,光如何由行星与彗星反射到地球上。此外我还论到许多事,如本质、位置、运动,以及这些天体与星的一切不同性质,所以我想我已经说得很清楚,在属于我们这个系统的天体与星中没有东西能够看见,这一定不与(或至少可以不与)在我所描述的系统中的那些天体与星相同。由这点我特别要说到地球,虽然我曾假定上帝没有放任何重量在物质中——组成地球的物质,但我将告诉如何地球的各部分仍能吸引到地球的中心;在地球面上的空气与水,天体与星的排列,特别是月亮,如何一定引起海潮的起落,此与在我们的海洋中所观察的是相同,此外如水与空气一定是自东往西流,此在回归线中亦可以看到。我也告诉在地球中的江海山泉是如何由自然形成的;金属如何来到矿的里面,植物如何生长在田野间;总之,一切混合体或化合体是如何造成的。因为我知道除了火以外没有东西能生

---

① 这儿可以知笛氏的谨慎与他所用的手段。将历史的观点置之旁边,而代以科学的观点;不论这件事在过去是如何,只指明这件事在将来能如何。

② 这种物质就是积(或扩张),并非由我们的感觉能认识,而是由我们内在观念而认识,故极清楚明白。

③ 中古经院派的哲学家把形式看做极神秘的东西,是用来决定物质的;例如我们先有石头的形式而后才有石头。笛氏的解释比较这种学说是更科学了。

光，除了星以外在别的事物中我将光的性质研究得很清楚，光是如何形成的，是如何滋养的，有时如何只有热而无光，又有时只有光而无热；我也可以告诉如何各种不同的性质与体由光生出不同的颜色，又如何在这些体中有些是液体，有些是固体，又如何一切东西都能化成灰与烟，最后这些灰又如何因紧缩作用变成透明的光片。因为由灰变成光片在我以为与自然中别的变化一样惊奇，所以我特别喜欢叙述这种变化。

同时我不愿意由这些事实推论这个世界的创造就与我所描写的世界是相同的；因为这是很可能，即在开始的时候上帝即使世界是像这样的。但是这是确定的，即神学家都一致承认他（上帝）现在保存世界的动作正如他（上帝）以前创造这个世界的动作。在这种情形中，虽然上帝在开始的时候只给这个世界以混乱，但是自然律一成立以后，上帝即凭借他的帮助使自然循着其自己的习惯而活动，我们不要为创造的神话所惑，十分相信只由这种方法，一切纯粹物质的东西经过很长的时候即渐渐变成像我们现在所看见的一样；当我们看它们是渐渐形成的时候，它们的性质就更容易了解，比较看它们在开始的时候就是完全无缺。

在我叙述无生物与植物以后，我进而讨论动物，特别是讨论人。但是因为我的知识还不能够使我能说人与说别的其余的东西一样，换言之，不能由原因证明结果，不能使人知道怎样开始与怎么情形自然应当产生它们，我只得暂以假定上帝造成完全像我们一样的人的身体为满足，在外形的四肢正如内部有机的组织相同，除了我以上所述的物质不用任何其他别的物质，在开始也没置入任何理性的灵魂，也没有任何别的东西如用来为生长或感觉的灵魂；除非上帝在人心里点着了无光的火，如我以前所说的，这与把干草烧着了，在草干以前封闭着相比，我寻不出有什么区别，这与新酒能起泡，而让酒在果子里面去发酵是一样的。因为我研究在这个身体中与此假定相符合的作用，我觉得我能找到一切存在于我们当中除了我们思想的能力，换言之，即结果没有我们的灵魂，即我们这一部分与身体不同，即如刚才所说这一部分的性质是思想，在动物身体中没有理性，故在动物身体中的作用可以说与我们自己的身体作用是相同。在这些作用中我不能寻出任何作用（依靠思想）只是属于我们的，因为我们是人；但当上帝给人以理性的灵魂，并在一种特别方法中他（上帝）把这种灵魂与身体相联结，而后我才知道他们的一切。

但是因为要使人知道我如何讨论此事体，我想在此处开始解释心与血脉的运动，此为最初与最普通的运动，在动物中可以观察到，可以给我们很容易的方法来判断我们应当怎样想其余的一切。因为要使人了解我说的这些事实少些困难,我应当像没有研究过解剖学的人,在未读解剖学以前先将有些哺乳动物的心切开放在他们眼前(因为这是与人的心完全一样),并证明在心的里面有两个心房。第一个心房在右边,在这个心房里面有两条大的管子,即所谓心室,这是主要收藏血的地方,这好像树干一样,在身体中其余别的血管就是树枝;又有血管名动脉血管,这个名称实在不好,只是因为这是一个跳动的血管,这个血管以心为来源,由心流出后即分出许多枝,再分出流于全体的肺部。第二个心房在左边,在这个心房里面也有两条管子,这两条管子比较前面所说的两条或者更大些,这就是静脉血管,这个名称也不好,只是因为这个血管是来自肺,并分成许多枝,与动脉血管互相错综,又有所谓气管,即是我们经过此管呼吸空气的,也与这些血管相连;还有所谓大动脉是来自心里面,分布其分支于全身体。我仍愿小心地说此外尚有十一个小薄膜,像很多的门一样,可以开关在两个心房中的四条血管。有三个是在心室的进口,它们安排得很好,一点不会阻止血管中所含的血流入到右心房,而能恰好阻止血往外流。又有三个在动脉血管的进口,这三个薄膜的安排又另是一样,使血能由此管进肺里面去,但不能使已在肺里面的血,再回到此动脉血管中。此外还有两个在静脉血管的进口,这是使肺里面的血流入左心房,而不使血再回流;还有三个在大动脉的进口,这是使血由心里流出去而不使之再回来。为什么薄膜的数目恰好是十一个,这并没有什么别的理由,除了因为静脉血管的薄膜是椭圆形的,所以只需两个就够关闭好,其余别的血管都是圆形的,所以必需三个才能关闭好。我进一步要读者知道大动脉与动脉比较静脉与心室血管更为坚硬;后面两个血管在入心以前就扩张开,形成两个口袋的形式,即称之为心耳,心耳的构造在筋肉上与血管相同;又在心里面比较身体任何别的部分为热;最后,这种热能使到腔内的一点一滴的血膨胀,正如普通的液体滴在热的瓶里面一样。

在此以后,我想无须再说什么来解释心的运动,除非当心腔内血不充满的时候,由心室血管中流入右腔,与静脉血管中流入左腔,流入的血常常充满了这两个腔,满到使血入于心脏的口门都不能关闭。但是当两路的血各流入于心的左右腔,这些血都膨胀得很大,因为它们流进去的口门很宽,它们所由来的血管充满了血,又因为心里面有热,所以这些血一流到心里面就变稀薄了并且膨胀。因此使全心都发生膨胀,这些血就向前走动,并将两个血管中的五个小门都关闭,以阻止再多的血流入到心脏里面去;他们就渐渐变稀薄,冲开另外两个血管中的六个小门,因此引起动脉与大动脉膨胀,这种膨胀与心的膨胀几乎是同时的。血一流到大动脉与动脉里以后,立即就收缩了,这因为血进了血管就变冷了；六个小门又再关闭，静脉与心室血管的五个小门又再开，又输入别的血到心脏里面，使心脏与动脉再膨胀，如此循环不已。因为入心脏的血经过两个所谓心耳，所以心耳的运动与心脏的运动相反，当心脏膨胀的时候，心耳收缩。因为那些不知道数学证明力量的人，并且不习惯区别真实的理性与仅为或然的理性的人，他们就不当否认无研究的说话，我想使他们认识这种事实，即我刚才所解释的这种运动，由机体的性质说这是必然有的，这在心中我们可以用肉眼看见，至于热度我们可以用手指感觉到，至于血的性质我们也可以由经验知道，这正如钟表之均衡与车轮的形式，情境与力量相同。

但是我们要问血如此继续不断流到心脏里面，如何无流尽的一天，又血管如何不过于充满了血，因为流到心里面的血都要经过血管，我现在只借一个英国的医生[1]的话来回答，他在这方面的功绩实在是不小，并且他第一个告诉我们说在血管的终端有许多小的管子，由此它们一方面可以接受心里来的血，一方面可以输送到血管的各分支里面去，而后再回到心脏里面，因此血液的流是永远循环不断的。他用外科医生的普通经验证明这种血液循环是很清楚的，例如他们将臂膀不松不紧地捆扎起来，在捆扎的下面把血管割开，这时候血流的比较没有捆扎的时候一定更多；然而要是在捆扎的上面将血管割开，或捆扎得太紧，这时候结果则适得其反。因为这是很清楚，即当捆扎不松不紧的时候，虽然能阻止血（已在手臂血管中）由静脉血管再回到心脏，但是不能阻止由心脏再出来的血，因为这是动脉血管而位于静脉血管之下，并且血管壁很坚强，不容易被压；并且心脏的血由动脉流出到手臂力量比较手臂的血由静脉回到心脏大得多。因为这种血系由手臂上静脉的割口流出，所以在捆扎的底下必须仍有血经过，换言之，即有血流过达于手臂的终端，血由动脉经过此而达于彼端。这个医学家又清楚证明这个真理，即他所说的血的道路，有许多小的薄膜顺着血道布置在各种不同的地方，这些薄膜不允许血经过身体的中间而达于极端，而仅允许血由极端回到心里面；并且由试验可以证明在身体中一切的血，在很短的时间借一个简单的动脉管由身体中出来，如这个动脉管已被割断，虽靠近心的地方捆扎很紧，并且将在心脏与捆扎间割断，但血仍然流出，所以没有任何理由假定说由心脏流出的血流到任何别的地方，但不流入于心脏。

但是还有许多别的事证明血的运动的真原因是如我以上所说的。第一，

---

[1] 此医学家即指哈维（Harvey），他在 1629 年发现血液循环理论。

由静脉与由动脉流出的血之区别可以由这种事实看出，即变稀薄与所谓滴入心中，在血刚离开心脏以后（即当在动脉管中的时候）比较在血刚进心脏以前（即在静脉管中）更为活跃，更为温暖。假使我们一加注意，即知此种区别并不是十分明白，除非是在心的近处，离开心脏较远的那些部分这种区别就不很明显。其次，动脉管与大动脉管组成的坚固壁垒，很足以表示血冲动这两个管子的力量比较在静脉管中为大。为什么心脏的左腔与大动脉管比较右腔与动脉管大而且宽，假使不是经过心脏仅在肺里面的静脉血管比较刚在心室流出的血更为活跃，更易稀薄？在验脉的时候医生发现的是什么，除非他依照血液变化的性质能知道血液因心脏的热多少变稀薄了，多少比较以前更快了？现在假使我们要问这种热如何流通到别的部分去，如身体的四肢，不是一定要承认这是因为血的关系，血经过心脏受了热后再将之传播于全身体？在身体的任何部分要将血流尽了，同时那一部分的热也将消灭了；虽然心像烧红的铁一样的热，但也不能使手与足如实际这样的热，除非心能继续不断供给手足以新的血。我们进一步可以了解呼吸的真正用处，即能使新鲜空气进入肺，将由心的右腔来到肺里面的血，即已经变成稀薄，所谓变成蒸汽的血，再使之成为浓厚的，使之在未入心的右腔以前变成血，不经此种步骤，血即不适宜变成火的燃料。由这种情形我们也能证明，即没有肺的动物在它的心中也有一个腔，并且如在母亲胎中的婴儿尚无呼吸作用，但是血仍能由心室而流入心的左腔，其道路只是由动脉血管而入大动脉，不再经过肺。假使心不由动脉管输送热到胃里面，不输入血中的流质至胃中帮助消化已在胃中的食物，那胃如何能有消化作用？假使我们研究血滴入心里每天不止一二百次，那由食物的汁变成血的动作不是容易了解了吗？假使我们能说已变稀薄的血能有力量经过心脏而达于动脉的极端，使有些血在它们所喜欢的地方即存留在那儿，在它们所不喜欢的地方即流开了；假使我们能说依照小毛孔的情境或形式或小的样子（这是他们遇到的），所以有的血只是流到某一部分，而不流到别的部分，正如各种不同的筛子能分出许多不同的谷，那还再需要什么来解释滋养的方法与在身体中各种不同脾气的产生？最后，在这一切中最使人注意的是动物精神的发生，这好像一种很刁怪的风，或者好像一种很纯洁很活跃的火焰，这种火焰继续不断由心到脑筋，再由神经达于筋肉，因此给四肢以运动的力量。不必需再假定任何别的原因来解释最活动最能钻的血是如何最适宜构造这种精神，只是到脑筋里面去，而不到别的地方去，动脉由心输送血到脑筋是一条最直接的线，并且依照机械律，此与自然相等，当许多东西趋向于一相同点的时候，在这儿没有地方能全体容纳的时候（如血的分子由心的左腔流出，并都趋向于脑筋），只有最弱与最不活动的一部分为较强的所驱逐，最后只是较强的一部分达到目的。

这一切事体在我的《论世界》（*Traité du monde* 见本章第一段注一）中曾详细解释过，此书我以前预备想出版的。以后我在那儿表示过人的身体的神经与筋肉的构造，在这里面包含的动物精神能有力量运动四肢，正如动物头，在砍去以后一刻工夫，仍可以动并能咬啮，虽然头已不是活的了；在脑筋中引起醒，睡眠与梦的必然变化；属于外界物体的光、声、嗅、味、热，以及一切别的性质如何能借感觉的介绍在脑筋上印有各种的观念；饿、渴以及一切别的内部情感如何能传达其印象到脑筋；应当注意所谓"常识"，这些观念即由此而被接受，保留这些观念的记忆是什么意义，还有在各种不同方法中能改变观念，使它们成为新的观念的想象也是什么意义，又同样想象分散动物精神于筋肉，能引起身体的各部分作种种不同的运动，能使它们适合于表现在感觉上的外物，并适合于身体内部的情感，虽无意志为之指挥我们也能运动。此在这些人一点不以为异，即他们知道能由人力做成各种不同的机械运动，如与在每一个动物身体中的许多骨头、筋肉、神经、动脉、静脉相比较，除了很少的一部分外，多半是与人造的机器作用相同。身体既被视为一机器，不过这个机器由上帝手中造出，就造得很巧妙，各部分都安排很好，并且在身体本身内还有很令人惊奇的运动，比较人能发明的任何机器更为巧妙。此处我特别不愿意说出假使有这样一种机器，具有一个猴子与别种无理性的动物的外形与组织，我们没有任何方法来确定这些机器不能与这些动物有相同的性质。在另一方面，假使有机器能与我们身体有相同的形式，并能模仿我们的行为，我们可以有两个很确定的标准，由此承认它们无论如何不是真实的人。第一是它们绝不能用语言或他种符号像我们人一样，把我们的思想记下为别人的方便。我们当然明白一个机器也能构造得说话，并且对于一种行为甚至于也能反应，能使在其组织中发生变化；例如这种机器在一特别部分被触动，就能回答我们对于这种机器所要说的话；假使要触动另一部分，机器就能解释其被伤害的，等等。但是机器绝不能有很复杂的语言来恰好回答一切表现的事体，然而这种就是最低等的人都能够回答。第二种区别是，虽然机器能实行某种事甚至于比人做的都好，它们也能毫无错误的除去别的，但由此我们发现这些机器不能由智慧而动作仅能由它们组织的情形而动作。因为理性是普遍的工具，能应用到一切发生的事体，而机械的组织对于个别的动作仅需要特别的反应。所以要承认在任何机器中之复杂动作使在人生一切事物中与我们理性引起我们的动作相同，这是绝对不可能的。

由这两种方法我们也可以知道人与动物(狭义的)的区别。因为这是很明显的事实,即再愚蠢的人甚至于白痴他们都能把几个字联结在一块做成一个语句来表现他们的思想;而在另一方面,没有任何别的动物,无论如何完全,但终不能与我们人所做的一样。机器不能像人一样,这并不是机器的缺点,鹦鹉八哥固然也能模仿我们说话,但是不能像我们所说的一样,换言之,即不能有证据说鹦鹉所说的即是鹦鹉的思想。在另一方面,人有时虽生为聋哑,与动物相同,或比动物更甚,失去了与他人谈话的机能,但是习惯上他们自己能发明一种符号,借这种符号使他们的同伴来了解他们,他们的同伴并能有闲暇学习他们的言语。这并不是说动物的理性比较人少,而是说动物一点理性都没有,因为动物一点也不需要说话,由此更可明白了。当我们注意到相同种类的动物与人中间的区别,并观察到有些比较别的更能接受教训的时候,这是不可相信,即一个猴子或一个鹦鹉(选择动物种类中最完全的),将在这些事中不能与一个最愚蠢的儿童相等,或者至少是一个心灵混乱的儿童,除非是动物的灵魂与我们灵魂的性质是完全不同。人不应当把语言与自然运动相混,这种自然运动能证实情感,并能为机器及动物所模仿;我们也不要以为,如古代的许多人一样,动物能说话,虽然我们不能了解他们的语言。因为假使这是真的,他们有许多组织与我们相同,那他们一定能将他们的思想通知我们与他们自己同种类的动物。这也是很明显的事实,即虽然有许多动物在他们的动作中表现出比较我们的更为巧妙,而在同时我们观察到他们不能在别的动作中表现出任何的巧妙。所以虽然事实上他们做的比较我们做的更好,但是我们不能因此证明他们是赋有心灵,在这方面也许他们比较我们更有理由,在一切别的事中并且超过我们,然而实际上他们是没有理性,这是自然使他们依照他们组织的情形而动作,正如一个钟,由轮盘与重量组织而成,能告诉我们时间,计算时间比较我们用一切的智慧来计算更为准确。

在此以后,我曾叙述理性的灵魂,并表示出这种灵魂无论如何不能来自物质的力量,像我所说的别的东西一样,但是灵魂很明显是被创造的。这并不够即说灵魂住在人身体中好像领港者在船中一样,[①]除非或者是说运动他们的四肢,但这是必须即灵魂当与身体发生密切的关系,使与我们自己有相同的感觉与欲望,因此造成一个真正的人。总之,我在这儿也许将灵魂的题目过于说多一点,因为这是极为重要的。那些人否认上帝的错误,我已经驳

① 没有人能像笛卡儿这样将身体与灵魂分得如此清楚,然而他很知道这二者的密切关系,与彼此的影响,这是不可否认的事实。

斥过了，那些人想象动物的灵魂与我们人的灵魂有相同的性质，这真是使我们微弱的灵魂离开道德的正路愈远，果如此，在这种生活以后，我们是无所惧怕，或无所希望，与苍蝇蚂蚁的生活又有什么不同。所以当一个人知道他们有如何极大的区别的时候，我们就很能了解有理由去证明我们的灵魂在其性质上完全与身体独立，所以结果灵魂是不能与身体同死。由我们的观察无别的原因能毁灭灵魂，所以我们自然不能不下一判断说灵魂是不朽。

第6章 再进一步研究自然需要的是什么事

用三年工夫我才完成这本包含这些内容的论著。这本书包括这一切事;因为此书正要付印我开始加以详细校阅,我知道我所同意的许多意见与他们的权威对于我的行动没有什么大的影响,还不及我自己的理性对于我的思想的影响更大,并且知道有许多人厌恶在我以前不久为他人所出版之一种物理学说。[①]我并不是说此与这种物理学的意见相同,不过只是在他们的检查者之前,我看在这种学说里面没有什么能使我想象对于宗教或对于国家有什么损害,或者结果能阻止我在著作中公然宣传这种学说,假使我的理性能允许我如此去做;因此使我害怕在我自己的意见中,人或者也能发生误会,虽然我时时留心不敢承受任何新的信仰,除非我已证实这种信仰的真实,时时留心不敢宣传对于任何人有害的东西。这种原因遂使我改变我以前要出版的决心。虽然我以前决心的理由是很强,然而现在的倾向常常使我厌恶著作的商业化,故立即使我寻出很多别的理由原谅我自己改变以前的决心。这些理由无论在哪一方面,不仅使我有兴趣在此处来说到它们,并且我想大众也很愿意来知道它们。

我绝没有想到要做我心灵中的这些事;从我所用的方法中我从来没有收集别的结果,除非关于满足我自己属于思想科学的几种困难,或者为我的理性所规定的我的行为,我绝不相信我自己要一定写任何关于此的东西。关于行为方面,每人都极相信他自己的常识,似乎是有很多的改革家做首领,假使这是允许的,那么除了那些是上帝使他们成为人民的管理者,或至少上帝给他们以恩惠与热心使他们成为预言者以外,其余的人在行为中不能有任何改变。虽然我的思想能给我以最大的快乐,我相信别人也有思想或者能给他们以更大的快乐。但是我一获得关于物理学的几个普通观念,在几种特别困难中我一用它们,我即知道它们领我们达于那一点,并知道它们与我们现在所用的原则有何不同,因此我相信我要是不违犯使我们获得人类普遍幸福的公律是不能将它们(物理观念)隐藏住的。因为这些物理观念使我们能明白获得一种于人生很有用的知识,并且能使我们知道除了中古经院学派所教授的

① 此处即指伽利略,所谓物理学说即指伽氏的地动说。

思辨哲学以外,我们还能找到一种实际的哲学,由此我们可以知道火、水、空气、星、天以及环绕在我们周围的物体的力量与动作,正如我们能清楚知道我们工人的各种不同的手艺一样,同样地,我们还能用它们在一切它们能适宜用的地方,因此即能使我们成为自然的征服者与拥有者。这不仅要发现无穷的技术与艺术,这种技术与艺术能使我们毫无困难地来欣赏地球的果实以及在地球上所能寻到的一切好的东西;并且能使健康获得保障,此无疑将为人生一切别的幸福中的基础与主要幸福。因为心灵很多是依赖于身体组织的气质与情形,假使真有方法能使人比较以前更聪敏,那我相信一定是在医学中可以找到这种方法。诚然,在现在医学很少表现出有什么功用;但是我虽不轻视医学,然我料定没有一个人,虽以研究医学为职业的人,莫不承认一切人所已知的比较其未知的真不啻天渊;并且我料定假使我们对于身体能有充足的知识,能有自然给予我们一切的补救,我们真能免除身体与心灵的无穷的疾病,而增加寿岁。但是要牺牲一生来研究如此重要的一种知识,并发现一种方法,我们必须借此方法来达到我们所求的目的,除非我们为生命的短促与经验的缺乏所阻止,我想反对这两种阻碍再好没有的补救就是很忠实地将我们所发现的完全传之于大众,并要求有好志愿的人,依照每人自己的志向与能力,继续去做不得不做的实验,将他们的发现也完全传之于大众,因为前者成功的时候,后者可以开始;所以集合多数人的生命与工作,比较任何个人单独的动作要得到更多的利益。

关于实验我也注意到,一个人的知识愈进步,这种实验愈为必需。在知识开始的时候,我们只用得着那些自动表现在我们感觉上的事物,并且即我们对于它们思索不多,我们仍不能不知道它们,而非去寻求比较更少与更精密的东西。这个理由是为那些更少的东西常常误引我们入于歧途,因为我们不知道更普通的原因,并且它们所依赖的情境是非常精细与特别,我们很不容易观察它们。但是在此中我所遵从的次序如下:第一我想发现一切东西的普通原则或第一原因,这些事是在或能在世界当中,没有考虑能够完成这种目的的任何事,除了创造世界的上帝本身,或者使他们来自任何来源除了真理的萌芽,此自然存在于我们的灵魂中。在此以后,我即考虑由这些原因演绎而来的结果,因此我发现了天、星、地球,以及在地球上的水、气、火、矿与别的东西,这是存在中最简单与最普通的东西,故最容易知道。当我想降下讨论那些特别的东西的时候,许多各种不同的东西都纷纷表现出来,我想人的心灵不能分别从地球别的无穷事物中而来之一切物体的种类与形式,假使这是上帝的意志放在那儿它们可以是如此;或者结果也不能使它们为我们应用，假使不是我们能由果索因，与应用许多特别的实验。接续在我的心灵中经过一切事物表现在我的感觉上，实在我敢说我没有观察到任何事物不能为我所发现的原则来解释。但是我仍然承认自然的力量是极为巨大，而这些原则是如此简单，我几乎不能观察到任何特别的结果，对此我不能立即认识由这些原则在各种不同方法中演绎出来的结果；我的最大的困难就是发现在什么方法中这些结果依赖于这些原则。关于此，我不知道任何别的计划，但仍然想寻找这种性质的实验，如用这种方法解释与用他种方法解，其结果不能相同。最后，我现在达到我所知道的地位，这是很清楚地知道一定要采取什么途径，使多数的实验能实行这种目的。但是我也知道这种实验是非常之多，既非我的手，更非我的进款能够达到全体；所以我能有多少力量来实行它们，我就能有多少的进步达到自然的知识。这由我以前所写的《论世界》可以知道，并很清楚证明大众由此所得的利益，所以我应当引导那些想对于人类有福利的人换言之即那些真正有道德的人，并非仅是表面的或意见的，这二者都能传达我已经实行的实验，并能帮助我研究要待完成的实验。

但是自那时候起因为许多别的原因我改变了我的意见，我以为将我认为重要的一切东西，无论何时当我发现它们是真实的时候，我应当继续都将它们放在著作里面，并且假使我愿意将它们印出来，我对于它们也应当像往日一样的小心。我所以如此因为这将给我以很多机会来小心研究它们（因为这是无疑，即一个东西是为多数人看见的，一个东西只是为自己，那我们对于前者常常是格外小心，还有东西当我们思想它们的时候似乎是真的，及至写到纸上的时候，它们似乎又是错误的了）；又因为我不想对于大众的利益失去任何机会，假使我是能够如此，又如我的著作能有任何价值，在我死后，这些著作落在那些人手中，他们可以有权力应用它们，如对于他们是很好。然而在我生前我决心不让它们出版，所以它们既不能引起反对，也不能引起辩论，并且也不能使我获得任何名誉，这种引诱也不能使我失去任何时间离开了我自己的苦读。虽然这是实在即每人不得不取得他人的利益，对于无人是有用的普通说来是无价值的，同时这也是实在，即我们的留心应当扩展至比现在更远，并且这样好除去了这些事，即他们对于生活或者能有益处，当我们正在要完成别的目的，此对于我们的子孙将更有益。实在我很愿人知道我们以前所知道的比较我们所不知道的真是等于没有，比较我们不绝望能达到的知识也是很少。那些在科学中一点一点发现真理的人，与那些开始是很丰富，经过很少的困难能获得比较他们以前经验过更多的东西，及至达到很少量而贫乏的时候，他们这两种人是相同的。或者我们可以将他们与军队中的将官相比较，他们的力量往往是与他们的胜利成比例的，在打败仗以后为聚集他们的队伍起见，比较在打胜仗取得城池以后，格外需要领袖。凡能征服阻止他们达到真理知识的一切困难与错误的人即是实在打胜仗的人，而凡是关于任何概括与重要的事允许有错误的意见，这就是打败仗的人。因为要恢复以前所占的地位需要更多的技术，而在有了可靠的本原的时候不怎么费事就可以取得很大的进展。在我自己，假使我能在科学中发现某种真理（我希望在这本书里面能表现出我是已发现了点真理），我可以说他们是由于与依赖于五六个主要困难，此为我所战胜，并且我遇了许多战争，幸而我仍然是在我自己的一边。我可以毫不迟疑地说，用不着再有两三个胜仗，我即能完成我的计划。我的年岁还并不算老，在自然的普通道路中，我仍能有很多的闲暇来完成我的目的。我相信我自己还能有很长的时间存在，所以我极希望能好好利用这些时间。无疑，假使我出版了我的物理学的基础，我将有很多机会白费了我的时间；虽然这是很明白，即要承受它们必须了解它们，虽然在它们中没有东西我不相信能自己给以证明，然而，因为这是不可能，即能使之符合于别人的许多不同意见，我预知我将为我的反对者——由这些不同意见所生的反对者——分离我主要的计划。

我可以说这些反对的意见在这两方面对于我都有利益，一方面是使我知道我的错误，假使我已达到满意的结论，别人已十分了解我的思想；一方面是多数人看见的比较一个人看见的更明白，他们可以帮助领导别人，他现在开始应用我的系统，并且用他们的发现来帮助我。虽然我承认我极容易错误，虽然我几乎绝不相信我第一次达到的思想，但是由我的系统而引起之反对的经验看来，实在不能使我对于由他们（反对者）而来的利益有任何希望。因为对于这两种判断我常常有经验，一种我认为是我的朋友，还有另一种人我相信我自己对于他们是漠不关心，并且还有些人他们不好的情感与嫉妒将使他们自己极力显示出在我朋友眼中不能看见的情感。但是任何反对很少不为我所预知，除非那些离开我题目很远的意见。我很难遇到我的批评者（即批评我意见的人）能如我自己有力量或公平。我也不相信能用争论的方法发现我们以前不知道的任何真理，虽然这种方法为中古经院学派用过。当每一方面都想战胜他的敌人的时候，最重要的是建立或然的是非，并不是平衡两方面的理由；凡是极擅长辩论的律师不见得因此即是最好的法官。

至于别人由我思想的沟通而得的利益，这也不能很大，我并没有使它们能到如此之远，即在它们未有实际应用之前，这不必需要再加上许多事。我想我不必夸大可以说，假使任何人都能如此做，这一定是我自己而不是别人，在世界上诚然不见得没有许多心灵能越过我自己的心灵，但是因为没有一个人能如此了解一件事，当他学习别人的时候，而能使之成为他自己的，好像是为他自己发现的。关于眼前的事实亦有很多的真理在里面，虽然我对于有很好智慧的人常常解释我的意见，当我与他们谈的时候，他们对于我的意见似乎了解得很清楚，然而当他们再述及我的意见时，我觉得他们这种态度完全改变了，所以我几乎不能承认他们所述的这种意见是我自己的意见[①]。因此我是很满意在此处有一个机会来请求我以后的人千万不要相信这些意见是由我而来，除非是我自己宣布的。关于古代许多哲学家的著作我们现在已不能获得，所以对于他们一切太过的叙述在我看来一点也不奇怪，我也不能由此判断他们的思想是很不合理，而视他们为他们生活的那个时代的最好的心灵，但是仅知道他们表现于我们的只是不完全。我们也知道他们的弟子很少能超过他们，我料定那些热心信仰亚里士多德的人，他们有一天一定想他们自己是很快乐，假使他们所有自然的知识能如亚氏所有的那样的多，虽然他们绝不能达到较此再多的知识。他们好像藤萝，绝不想爬过树的上面，在藤萝达到树的顶点以后，树再使之下落；因为在我以为这些人也是再往下落，这就是说，他们多少将愈为无知，假使他们限制他们的研究。因为不满意一切在他们著作者之中的清楚的解释，他们想另外在他们的著作者中寻出许多困难的解决，而他（原著作者）对于这些困难不仅没有说过，并且想也没有想到过。同时他们哲学思想的形式特别适宜于那些能力平常的人，因为他们所用的原则与区分都不清楚，这就是他们很勇敢地来谈一切事的理由，好像他们是实在知道了一切，他们为他们所说的一切辩护，并反对最尖锐的理论，没有任何人能有方法说服他们。在我看来这些人和瞎子一样，他们与看得见的人相战非无利益，能使看见的人入于黑暗的深渊。我也可以说，这是这种人的兴趣，即我将停止出版我所用的哲学原则，因为它们是极简单明白的，要出版它们，我也要入于黑暗的深渊，虽然我要打开窗子，把阳光放入到深渊中，这种深渊就是他们因为打仗而堕入在里面的。但是虽是最好的心灵也没有理由想获得这些原则，因为假使他们只想能谈论一切的事，而获得一个博学的名誉，他们将很容易达到他们的目的，由表面的真理就可以满足自己，这种真理在各种事物中均可以找到，没有什么困难，至于寻求真理只能在一定的范围内一点一滴地显示出来，那就比较困难多了，并且这种真理一经他人发生疑问的时候，即使人不得不承认他自己是无知的。然而假使他们愿意具有少

---

① 笛卡儿在他活着的时候已不承认许多学生对于他的学说的解释。这在他的通信中都可以看出。

量真理的知识，以为是无所不知，这种知识固然为人人所欢迎，但是假使他们愿意跟我自己走相同的道路，那我在这本《方法谈》中已说得很多，不必再多说了。因为假使他们能走过我所达到之点，他们一定能够寻得一切我已发现的。因为除了事物之秩序外别的任何东西都不研究，遗留下来为我所发现的在其本身言之比我以前所遇到的任何事更为困难，更为隐藏，他们由我所知道者比较由他们自己所知道者当更少兴趣。此外，他们获得这种习惯，即最初研究简单容易的事，而后再渐渐一点一滴达于最难的事，这比较我一切所受的教训都有益处。因为在我相信假使自我幼年的时候有人教授我一切的真理，就是我借证明所寻求的真理，并且我没有任何困难来了解这种真理，那我或者将不能知道任何别的真理，或者至少我绝不能获得我以为已获得的习惯与便利，只要我使我自己去寻求它们，觉得它们永远是新的。总之，假使在世界上有任何工作，不能为他人所完成，这种工作我将努力为之。

诚然，关于试验对于这种目的固然是很有用，但是一个人不能完成一切的事。不过除了他自己的手以外，他再不能用别的手，除非是那些工艺家或者是他所雇用的人，得钱的希望——这是一个很有效能的方法——能使他们很准确地照着指挥者的意思做一切的事。至于这些人不论是好奇心或是想学习，自动地可以帮助他们，他们不仅是言之匪艰，而行之维艰，想出很好听的计划，永远不能实现，并且他们因为许多困难的解释而要求报酬，或者至少因为谀词与废话，此将消费学生之时间不少。至于他人已做的试验，虽然他们想将这些试验传之于他——那些名之为秘密的人绝没有做——他们一大部分是由许多情境或过剩物质相偕而来，要想弄清楚真理在他是很困难。除此以外，他觉得都是坏的解释，并且是错误的（因为那些实行它们的人一定要使之与他们的原则相合），假使有些对于他是有用，那他们很不值得必须有选择的时间。这是实在，即在世界上任何处假使有一个人，大家知道他一定能发现最重要的事，并且对于大众极为有用，又因为这种理由，假使一切别人都极想用种种方法来帮助他使他达到他所计划的目的，我不相信他们除了供给他所需要的新鲜的经验以外，就不能对他有别的帮助，总之，他不能因为任何困难而抛置其闲暇。但是在此事实以外，我既不视我自己太高，以为能言及一切非常的事，我也不妄想大众对于我的计划能具有很大的兴趣，我也没有这种卑鄙的灵魂即希望承受无功之赏。

三年来所有这一切考虑都是我不愿意出版在我手边这本《方法谈》的原因，这并且也是我决心当我活着的时候不发表任何其他这一类普遍的东西，或者使人借此了解我物理学的基础。但是因为两个别的理由，又使我不得不跃跃欲试,故在此处公开我一部分的行为与计划。第一假使我要不如此做,在以前有许多人知道我出版的某种著作的意思,他们想象我现在不出版的原因,那对于我比较实际上将更有害;我虽然不喜欢不应得的荣誉,并且可以说我恨这种荣誉,因为此与平静相反,我认平静在一切事物之上,同时我从来不想掩饰我的行为,虽然这种行为是过错,我也不想用种种方法使人不知道这些行为,一部分因为这种对于我自己有损无益,一部分因为这种能给我以不安,此种不安与我所求之完全平静的精神相反。因此使我对于我是否为人知一事极为冷淡,我固不能阻止我自己获得一种名誉,但我想至少我应当尽力阻止我自己获得一种坏的名誉。使我不得不写此书的又一理由是我变成一天一天拖延使我受益的计划,因为缺少无限的试验,要无他人的帮助,我是绝不能为此。虽然我不敢自欺说希望大众在我的兴趣中参加一大部分,然而我亦不愿自甘堕落,更不愿有一天给这些人一个机会,责备我说我遗留下许多更好的事还没有做,假使我没有太忽略使他们了解在什么方法中他们能对于我计划的完成的贡献。

要选择几种材料,不引起许多反对的争论,也不强迫我公布我不愿意公布的原则,[①]并且很清楚地指示在科学中什么是我能做的,什么是我不能做的,这在我是很容易。在此中我不愿意说我是成功或是没有成功,我也不愿意预料任何人对于我的著作的判断;但是我很愿意别人来研究它们(著作)。因为他们能有很好的机会,我请求那些凡对于我的著作有反对议论的人,把他们的困难都送到我的出版者那儿,为使这些困难获得明白起见,所以我同时附以我的回答。[②] 因此读者得同时看见反对的意见和我的回答,对于真理的判断当比较更为容易;因为我从来没有过很长的回答,但是仅此可以很明白看出我的过错,假使我是知道了我的过错。或者,假使我不能知道他们,简言之,即我相信必须辩护我所写的东西,不增加任何新材料的解释,免得我由此说彼,甚至说之不尽。

假使在《折光》与《气象》的开始,我说了许多的材料初看应当受攻击,因为我只是称它们为假设,没有留心到它们的证据,让读者耐心将它们读完,我希望他们能获得满意。在我以为推理是互相发生关系的,后者可以为前者所证明,此前者即为原因,前者也可以为后者所证明,此后者即为结果。一定不

① 笛卡儿常常是很谨慎地遵守这个原则,所以欲了解他对于几个复杂问题的真正思想,以及他系统的底蕴,实在是不容易。

② 对于笛卡儿的反对我们可以指出许多人,最著名的卡德路(Catérus)、霍布斯、阿尔诺(Arnauld)、伽桑狄等。由笛氏给他们的回答中,可以使他的系统中有几点得以明白。

要想象我犯了逻辑学家所说的循环论证的错误，因为经验能使这些结果的一大部分很确定，结果所从出的原因不能用来证明结果的存在，好像解释他们(结果)一样；在另一方面，原因也为结果所解释。我所以不称它们为假设，因为我想它们可以由这些第一真理演绎出来，这种第一真理我在上面已解释过了；然而我想不如此做，因为可以阻止有些人欲在我的原则上建立哲学的系统，因此使我负了责任。有许多人他们以为在一天可以发现一切在二十年中的工作，他们对于这种工作仅说到两三个字；然而他们实际上是犯了错误，不能知道真理——变化万端的真理。关于那些意见要真正都是我的，我倒不以为它们太新，假使我们要详细考虑它们的理由，我料定它们是很简单，并与常识相合，比较任何讨论与此同题目的别的学说都少惊人，少奇异。我并不是夸口说我是第一个发现它们的人，但是仅说我采取它们，不是因为这种学说已为他人所主张，也不是因为这种学说没有被人所主张，而唯一的原因只是理性使我不能不服从它们的真理。

虽工艺家不能立即实行在《折光》中所解释的发明，我不能因这种理由即说这是很坏；必须有说明与习惯使与机械适合，这种机械即是我所详细叙述的，在第一次遇到机械即能很好地驾驭它们，等于我看见有人在一天即能会弹六弦琴，并且弹得很好，是一样的惊奇，因为仅仅有一个好的音乐谱在他们的前面。假使我用自己本国的语言——法文——来写书，[①]不用我的教师的语言——拉丁文——来写书，这是因为我希望那些用纯粹自然理性来判断我的意见比较那些相信古代典籍的人一定好得多；至于那些结合理性与研究为一的人，正是我希望中的判断者，我料想他们不会如此偏向拉丁文，因为我是用一种通俗的语言遂拒绝我的推理。

最后，在将来我希望在科学中的进步，此处我不想再详细说了，我也不想对于大众用任何诺言来束缚我自己，此种诺言即我一定不能完成的。但是我可以说我不想用我这一生残余的时间再从事别的事，除了努力获得自然的知识以外，此种知识能使我达到更确定的医学规则；我的倾向极反对任何别的研究，尤其是那些有用于此人，而有害于他人的研究，假使有情境反对我应用它们，我不想我将能够成功。如此说来不啻我明白宣言不能使我在世界中有所研究，但是我也不想达到这种目的；我应当使我自己感谢这些人，即借他们的恩惠我能无阻碍地享受我的闲暇；至于那些人能使我在世界中获得荣耀的地位，我固然也感谢他们，不过还不及前面那些人。

① 在笛卡儿时代用法文写书实在是一件惊人的事，正如我们在前十年用白话文写东西之惊人一样。

附录 Ⅱ

探求真理的指导原则

管震湖　译

· *Appendix* Ⅱ ·

静观真理而获得乐趣……这可以说是人生中唯一不掺杂质的幸福。

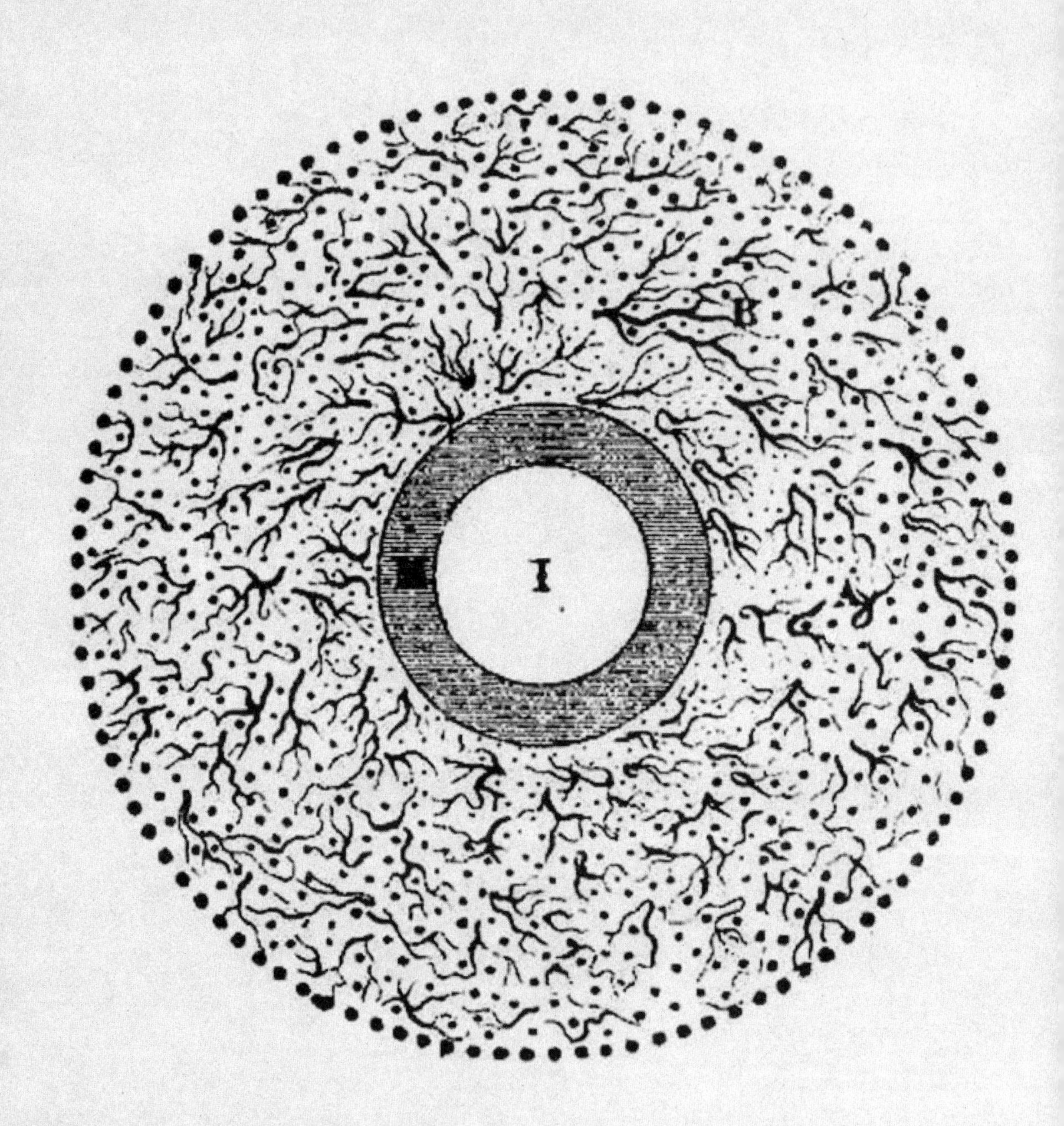
B
I

原则一

研究的目的，应该是指导我们的心灵，使它得以对于[世上]呈现的一切事物[①]，形成确凿的、真实的判断。

人们的习惯是：每逢他们看出两个事物有某种相似之处，就在内心判断中，把对于其一的真实理解同等施用于该二事物，即使两者之间有区别也在所不顾。这样，人们就错误地把科学和技艺等量齐观，殊不知科学全然是心灵所认识者，而技艺所需要的则是身体的特定运用和习惯[②]。同时，人们也注意到：单个的人是不可能统统学会全部技艺的，只有从事单一技艺[③]者，才较为容易地成为出色的技艺家，因为，同一双手从事单一行当甚为方便。既适应田间作业，又善于弹西塔尔[④]，或者还适应其他种种职司，就不那么方便了。于是，人们曾经认为科学也是这样，便按照各门科学对象的不同而加以区别，一度以为必须逐一从事，与此同时，其他各门科学则舍弃不顾。这样，他们的希望就完全落空了。因为，一切科学只不过是人类的智慧，而人类智慧从来是独一的、仅仅相似于它自己的，不管它施用于怎样不同的对象[⑤]；它不承认对象之间的任何差异，犹如阳光不承认阳光普照下万物互相径庭[⑥]；所以，大可不必把我们的心灵拘束于任何界限之内，既然正如运用某一单一技艺时的

◀笛卡儿《哲学原理》中的插图

① “对于[世上]呈现的一切事物”：拉丁原文作 de iis omnibus quæ occurrunt，也可译作“对于所出现的一切”。法译文作 touchant toutes les choses qui se présenter。（译者注，以下统此。）

② “习惯”：拉丁原文作 habitus。按照笛卡儿的用法，意为“适应，习惯，定向”。

③ 按笛卡儿的用法，“技艺”又称“自由科学”。指需要后天获得习惯者，例如政治、医学、音乐、修辞、诗，它们从一般科学（主要是哲学和数学）获得基本原理。

④ 西塔尔：一种七弦琴，起源于波斯，流行于印度。

⑤ “对象”（被施用的对象：subjectis applicata）：这里的 subjectum 等于 objectum。笛卡儿在《方法谈》中也有这样的用法。原则四中既说 exquovis subjeto（汉译文作“从任意主题中”），毫无歧义地又说 ex aliove quovis objecto（汉译文作“在随便什么对象中”）。

⑥ 这里的借喻是说悟性对于万物不分轩轾。在笛卡儿以前，不少哲学家也曾使用阳光普照之类的修辞性说法，但指的是上帝或神对于万物的关系；甚至就在笛卡儿同时的人中间也有借喻为耶稣的。笛卡儿在 1630 年 5 月 27 日的一封信中不同意这一流行用法，他说：“肯定无疑，上帝正是生物本质及其存在的创造者，但是，这个本质无非是那些永恒真理：我并不设想为像阳光一样来自上帝的永恒真理。”

情况一样，对一种真理的认识并不使我们偏离对另一真理的揭示[①]，相反，协助我们去揭示。当然，我觉得诧异的是：大多数人极其细心地考察各种植物的特性、各个星球的运行、点铅成金之术，以及诸如此类分科的对象，却几乎没有一人想到[②]这里涉及的是良知[③]，或者说，人皆有之的智慧[④]，而其他一切之所以值得重视，与其说是由于它们自己，不如说是由于它们对此良知或智慧多少有所贡献。因此，我们提出这一原则并把它定为第一原则，不是没有道理的，既然最使我们偏离探求真理正道的，莫过于不把我们的研究引向这个普遍目的，而引向其他目的。我说的还不是那些邪恶的可谴责的目的，例如虚假的荣耀和可耻的私利：十分明显，矫揉造作的推理和迎合庸人心灵的幻觉[⑤]，比起确凿认识真理来，所开辟的道路便捷得多。我要说的是某些诚实的可赞扬的目的，因为它们往往更为狡猾地欺骗我们，仿佛我们研究科学是为了有利于生活舒适，或者有利于静观真理而获得乐趣，虽然这几乎是人生中唯一不掺杂质的幸福，唯一不受任何痛苦惊扰的幸福。因为，尽管我们从科学可以合情合理地期待获得这些果实，其实，只要我们在研究的时候略加思考，便可发现它们常常促使我们舍弃许多为认识若干其他事物所需的事物，既然乍看起来，后者比较不那么有用，不那么值得注意。因此，我们必须相信，一切科学彼此密切联系，把它们统统完整地学到手，比把它们互相割裂开来，更为方便得多；因此，谁要是决心认真探求事物的真理，他就必须不选择某一特殊科学：因为，事物都是互相联系、彼此依存的；他必须仅仅着眼于如何发扬理性的天然光芒——并不是为了解决这个或那个学派纷争，而是为了在人生各个场合，让悟性指引意志何去何从。这样的话，不用多久，他就会惊奇地发现自己取得的进步，远超过那些研究特殊事物的人，发现自己不仅达到了他们企望达到的成就，而且取得了超过他们可能达到的成就。

---

① “另一真理的揭示”inventione alterius，这里的 inventione 并不与某些活着的西欧语言中的 invention 相等。按照笛卡儿例如在《方法谈》中的用法，应为“揭露、显示、暴露、传导”等义。

② “想到”cogitare，又有“思维、思考、设想”等义，还不是单纯等同于汉语的“想到”。

③ “良知”bona mens，笛卡儿的著作 Studium Bonæ Mentis，他自己给予的法文称呼就是“良知之研究”(L'Etude du Bon sens)。

④ “人皆有之的智慧”，拉丁原文为 humana sapientia，法译文作 sagesse universelle，参照之译作此。

⑤ “矫揉造作的推理和迎合庸人心灵的幻觉”：“矫揉造作的”，拉丁原文为 fucatas，与法译文的 ornés 还不完全一样；“幻觉”，拉丁原文为 ludibria，指那些可笑的幻影。

原则二

应该仅仅考察凭我们的心灵似乎就足以获得确定无疑的认识的那些对象。

任何科学都是一种确定的①、明显的②认识；对许多事物怀疑的人，并不比从来没有想到过它们的人更有知识，不如说，前者比后者大概更没有知识，要是他们对其中的某些形成错误的见解。因此，与其考察困难的对象——惟其困难，我们无从分辨真伪，只好把可疑当做确定无疑——倒不如根本不去研究，因为对于这些问题，增长知识的希望不大，知识减退的危险倒不小。所以，通过本命题，我们排斥的是仅仅知其或然的一切知识，主张仅仅相信已经充分知晓的、无可置疑的事物。然而，饱学之士也许深信：几乎不存在这样的知识，因为他们从不屑于加以思考，反而出于人类共同的一种恶德而断定获得这种知识是再容易也不过了，是人人都可以掌握的；但是，我要奉劝他们：它们的数量远远超出他们的想象，它们而且足以为不可胜数的命题提供确证，而以往他们对这些命题只能够以想当然的办法论述一番；他们觉得，自己既然博学多识，要是承认对于某个问题全然无知未免太难为情，所以他们往常的习惯是百般美化自己的错误论据，终而至于他们自己也就相信了，就把它们原样发表出来作为真实的论据。

但是，如果我们真正遵循本原则，就会发现我们可以致力研究的事物极少。因为，科学上也许没有一个问题，高明人士不是经常看法分歧的。然而，每逢他们有两个人对于同一事物作出相反的判断，两人中间必定至少有一人是错误的，甚至似可认为，两人中间没有一个是掌握了它的真正认识的：因为，设若他的理由是确定的、明显的，他就可以向对方提出，从而使他终于也能领悟。因此，凡属推测其当然的题材，看来我们不可能获得充分的真知③，

---

① “确定的”certa (certus)。笛卡儿用这个定语，恒常是与 certare(动词，“分辨”、“辨真伪”)相联的。既经分辨，识别真伪之后，我们获得确信，经过直观检验，那些“明晰而确定的”事物(claior et distior)便为理性所接受。

② “明显的”evidens。笛卡儿认为，凡获确证的即为明显的认识，那就是科学的；直观给予可能性的条件，而理性予以确认。这与亚里士多德是不同的，亚里士多德认为：“视觉是感性中最明显的。”笛卡儿则把“明显”归之于科学的论证，同时对三段论式只是有保留地接受。

③ “真知” scientia：“科学”、“求知”、“认识”、“学识”、“通晓”……

因为我们要是自命可以取得超过前人的进展，那未免太轻率了[①]。这样看来，要是我们细加斟酌，在已经揭示的各门科学中[②]，施用本原则而无误的，只有算术和几何两门。

不过，这并不是说，至今尚在揭示之中的那种哲学推理方法，我们要加以谴责；也不是说，结构十分巧妙、或许必须运用的三段论式，我们也要予以唾弃。三段论式的结构极为巧妙，以至于大可怀疑学校教育有无必要，因为，运用三段论式，就可以通过某种竞赛，训练和启发年轻人的才智。对于年轻人，最好是运用这类见解加以熏陶培育，即使这类见解还显示出不确定，学者们还在互相研讨之中。对于年轻人，不可以听其自然，放任自流；否则，他们既然得不到指导，就有可能最终走向悬崖深渊。但是，只要他们始终跟着老师走，那么，尽管有时还会偏离真理，至少在较慎重者已经试探过的地方，他们也许还是可以走上比较确实可靠的道路的。况且，我们过去在学校里也是这样教育出来的，我们对此是很满意的。但是，以往把我们束缚于夫子之言的誓词现在既已解除[③]，我们年龄渐长，我们的手心逃脱了戒尺，如果我们认真希望自己来提出原则，以求遵循这些原则达到最高度的人类认识，那么，也许应该把这样一条列为首要原则之一，即，绝不要像许许多多人那样浪费我们的时间：他们轻视一切容易的事情，专一研究艰难的问题，以极大聪明构想出种种确实十分巧妙的推测和种种或许极其确实的论据，然而，历经辛苦之后，他们终于后悔莫及，看出原来只是增加了自己心中本已存在的大量疑惑，并没有学到任何真正的知识。

因此，现在，我们在前面既已说过，已知各门科学之中，只有算术和几何可以免除虚假或不确实的缺点，那么，为了更细心推敲何以如此的缘故，必须注意，我们达到事物真理，是通过双重途径的：一是通过经验[④]，二是通过演绎。不过，在这方面，也得注意，对于事物，纵有经验，也往往上当受骗，如果看不出这一点，那就大可不必从一事物到另一事物搞什么演绎或纯粹推论；而凭持悟性，即使是不合理性的悟性，推论或演绎是绝不可能谬误的。辩证

① “进展”plura(“许多”、“极多”、“最多”)。笛卡儿在《方法谈》中也用于此意，他说：“此外，这里我特别不愿谈论我希望今后在科学中取得的进展，也不想向公众作出任何我没有把握完成的保证。”

② “已经揭示的”仍是 inventus (inventa)。不是“发明的”、“发现的”。

③ 这里引述的是贺拉斯的话“Nullius addictus jurare verba Magistri”(“谁也不再遵守对于夫子之言的誓词”)。笛卡儿自己在《方法谈》中也说过：“……一旦年龄容许我摆脱对于家庭教师们的顺从”，又说：“我们都曾经长期受自己的口味和家庭教师的管辖。”

④ “经验”experientia，按笛卡儿的用法，是指感性经验、听闻、偶然意念，甚至思考，尤其是直观。他认为直观 intuitus 是经验中唯一没有失误危险的形式。

家认为支配人类理性的那些逻辑系列，我看对此并无多大用处，虽然我不否认它们完全适宜于其他的用途。人[只是人[①]]可能发生的、而不是动物可能发生的任何错误，绝不是来自荒谬推论，而仅仅是由于误信自己并没有很好领悟的某些经验，或者，由于没有任何根据就仓促作出判断。

由此明显可见，算术和几何之所以远比一切其他学科确实可靠，是因为，只有算术和几何研究的对象既纯粹而又单纯，绝对不会误信经验已经证明不确实的东西，只有算术和几何完完全全是理性演绎而得的结论。这就是说，算术和几何极为一目了然、极其容易掌握，研究的对象也恰恰符合我们的要求，除非掉以轻心，看来，人是不可能在这两门学科中失误的。不过，假如有些人自己宁愿把才智用于其他技艺或用于哲学，那也不必惊讶。所以如此，是因为谁都乐意胡乱猜想晦涩不明的问题，觉得比掌握明显的问题更有把握，对于任何问题作点猜想，比随便什么极为容易的问题上确切掌握真理，是方便得多了。

现在该从上述一切得出结论了。这个结论当然不是：除了算术和几何，别的都不必研究；而只是：探求真理正道的人，对于任何事物，如果不能获得相当于算术和几何那样的确信[②]，就不要去考虑它。

原 则 三

关于打算考察的对象，应该要求的不是某些别人的看法，也不是我们自己的推测，而是我们能够从中清楚而明显地直观出什么[③]，或者说，从中确定无疑地演绎出什么；因为，要获得真知，是没有其他办法的。

必须阅读古人的著作，因为，能够利用那么多人的辛勤劳动，这对于我们是极大的便利：既有利于获知过去已经正确发现的东西，也有利于知道我们还必须竭尽思维之能事以求予以解决的东西。不过，与此同时，颇堪忧虑的是：过于专心致志阅读那些著作，也许会造成某些错误，我们自己沾染上这些

① [只是人]，为法译者所加。《方法谈》中说："人的、只有人所从事的事情"；1639 年 10 月 16 日的一封信中说："至于我，我区别两种本能：一种是我们作为人而内心中存在的纯粹睿智的，那就是自然的光芒，或者说 intuitus mentis（心灵的直观），只有这种，我才觉得是我们应该自豪的；另一种是我们作为动物而内心中存在的保存我们肉体、获取官能享受等等的某种自然冲动，这是我们不应该永远听从的。"

② "相当于算术和几何那样的确信"：法译本增字后作："相当于算术和几何证明那样的确信。"

③ 这里的"直观"，拉丁原文为动词 intueri，法文译为 regarder，统译为"直观"。

错误之后，不管自己多么小心避免，也会不由自主被它们打下烙印。事实上，作家们的思想状况正是这样，每逢他们未经熟虑就轻信以至造成失误，下定决心维护某个遭到反对的见解的时候，他们就总是拼命使用种种十分狡猾的论据要我们也赞成那个见解；相反，每逢他们由于十分侥幸发现了一点确定的明显的道理的时候，他们不把它掩盖以若干晦涩词句，是绝不会把它拿出来的[①]：这大概是因为他们唯恐道理如果简单明了，他们的揭示就会尊严丧尽，也就是说，他们千方百计拒绝让我们看到一无遮掩的真理。

然而，与此同时，就算是他们个个诚恳而且坦率，从不把可疑强加于我们充作真实，而是满怀诚意全面予以陈述，可是，几乎没有一个道理不是既经一人说出，就有另一人提出相反的见解，我们仍然无法决断究竟应该相信谁的说法才是。而要遵从可算最权威的[②]意见，计算票数是毫无意义的，因为，如果涉及的是一个困难的问题，更可相信的是：可能是少数人发现了真理，而不是许多人。即使多数人的意见全都一致，我们拿出他们的道理来也不足以服人，因为，一句话归总，哪怕是我们把别人的证明全都背得出来，我们也算不上数学家，要是我们的才智不够，解决不了可能出现的全部问题；也算不上哲学家，要是我们熟读柏拉图和亚里士多德的一切论点，却不能对出现的事物作出确实的判断。因为，这样的话，看来我们并没有获得真知，只是记住了一些掌故[③]罢了。

此外，我们都十分明白，对于事物真理作出判断，千万不可夹杂推想。提出这一点，并不是无关紧要的。一般哲学中从来不可能有任何论断足够明显而确切，不致遭到任何争议。所以如此，主要是因为：学问家并不满足于竭力辨明一目了然、确定无疑的事物，硬要断言晦涩不明、尚未知晓的事物，就只好想当然加以推想，到后来，他们自己也就渐渐深信不疑了，也就不分青红皂白，一律混同为真实而明显的事物，终于，他们得出任何结论，都似乎是取决于这类命题，从而结论也就不能确定无疑了。

因此，为了不致再犯这样的错误，下面我们将一一检视我们赖以认识事物而丝毫不必担心会大失所望的那些悟性作用。应该只采用其中的两个，即

① 笛卡儿在《方法谈》中说："但是，他们的哲学推理方式，对于那些心智十分平庸的人，是极为方便的，因为，他们故意晦涩，沆瀣不分，原则莫辨，因而他们可以妄论一切，就仿佛自己无所不知，瞎说一气，攻击最精致者、最高明者，而我们却没有办法说服他们。"

② "可算最权威的"quæ plures habet Authores。拉丁文的 Authores 可以有"权威"和"作家"二义，从上下文看，也遵从法译者的见解，此处词义应是前者。

③ Non scientias videremur didicisse，sed historias，这里的 historias 不是现代说的"历史"，而是"故事、传说、轶闻"之类。

直观[①]和演绎[②]。

我用直观一词，指的不是感觉的易变表象[③]，也不是进行虚假组合的想象[④]所产生的错误判断，而是纯净而专注的心灵的构想[⑤]，这种构想容易而且独特，使我们不致对我们所领悟的事物产生任何怀疑；换句话说，意思也一样，即，纯净而专注的心灵中产生于唯一的光芒——理性的光芒的不容置疑的构想，这种构想由于更单纯而比演绎本身更为确实无疑，尽管我们前面说过人是不可能作出谬误的演绎的[⑥]。这样，人人都能用心灵来直观[以下各道命题]：他存在，他思想，三角形仅以三直线为界，圆周仅在一个平面之上，诸如此类，其数量远远超过大多数人通常注意所及，因为这些人不屑于把自己的心灵转向这样容易的事情。

不过，为了免得某些人对直观一词的新用法大惊小怪（还有一些词的用法，我在下面也将不得不偏离通常的词义），在这里我要总起来说明一下：我丝毫也不考虑所有这些用语在我们学堂里近来是怎样使用的，因为要是用语一样而看法却根本不同，那真是叫人非常为难的事情。因此，在我这方面，我只注意每个词的拉丁文原意，从而只要是找不到合适的词，我就按照自己给予的词义移植我觉得最为合宜的词[⑦]。

但是，直观之所以那样明显而且确定，不是因为它单单陈述，而是因为它能够全面通观[⑧]。例如，设有这样的一个结论：2 + 2 之和等于 3 + 1 之和；这不仅要直观 2 + 2 得 4，3 + 1 也得 4，还要直观从这两道命题中必然得出第三个命题[即结论]。

---

① “直观”：intuitus。

② “演绎”：阿稿和汉稿都作 inductio（归纳），不作 deductio（演绎）。但以后的版本和大多数译者均改 inductio 为 deductio。这是很有道理的，因为笛卡儿这里的方法之一是演绎法，而不是相反；而且，即以本原则上下文来看，也应为“演绎”，不是“归纳”。但法译者主要根据笛卡儿其他著作来印证仍应为“归纳”，不从这些 Regulæ 本身考虑，显然没有充分理由。

③ 这里，笛卡儿是把悟性同感觉和想象对立看待。在《方法谈》中，他也说：“……鉴于我们的感觉有时欺骗我们，我曾想假定没有任何事物是像感觉使我们想象的那个样子的”，又说：“……我们的想象和感觉，假如没有我们的悟性的干预，是永远不能保证任何事物之为确实的。”当然，他还突出理性的地位：“……非经我们的理性的明证，我们绝不应该让自己相信。必须注意，我说的是我们的理性，而不是我们的想象和感觉……因为，理性不向我们指示：我们所见或所想象者就是当真是那样。”（《方法谈》）

④ “……进行虚假组合的想象”imaginatio male componens。笛卡儿以前的某些哲学家把想象的作用分为二：一是进行组合，二是进行分解，笛卡儿主要根据亚里士多德的看法，以为想象的作用仅在于进行组合[参看《论灵魂》中的用语 χαταληπτιχὸζ（形容词）]。既然没有悟性的干预，进行的就只能是虚假的（错误的）组合。不过，笛卡儿就在 Regulæ 中也还是承认：想象协助悟性构成意念。

⑤ “构想” conceptus。在《方法谈》中笛卡儿也多次提到心灵清楚而独特地构想事物（或对象）。

⑥ “尽管我们前面说过人是不可能作出谬误的演绎的”：参阅原则二。

⑦ “我就按照自己给予的词义移植……”transferam ad meum sensum。

⑧ “全面通观”，拉丁原文为 discursus，法文译作 parcours discursifs。

由此或许可以怀疑，为什么除了直观以外，上面我们还提出了一个认识方法，即，使用演绎的方法：我们指的是从某些已经确知的事物中必定推演出的一切。我们提出这一点是完全必要的，因为有许多事物虽然自身并不明显，也为我们所确定地知道，只要它们是经由思维一目了然地分别直观每一事物这样一个持续而丝毫也不间断的运动，从已知真实原理中演绎出来的。这就好比我们知道一长串链条的下一环是紧扣在上一环上的，纵使我们并没有以一次直观就把链条赖以紧密联结的所有中间环节统统收入眼中，只要我们已经相继一一直观了所有环节，而且还记得从头到尾每一个环节都是上下紧扣的，[就可以演绎得知。]因此，心灵的直观同确定的演绎之区别就在于：我们设想在演绎中包含着运动或某种前后相继的关系，而直观中则没有；另外，明显可见性在演绎中并不像在直观中那样必不可少，不如说，[这个性]是从记忆中以某种方式获得确信的。由此可见，凡属直接得自起始原理的命题，我们可以肯定说：随着予以考察的方式各异，获知这些命题，有些是通过直观，有些则通过演绎；然而，起始原理本身则仅仅通过直观而得知[①]，相反，较远的推论是仅仅通过演绎而获得。

这两条道路是获得真知的最确实可靠的途径，在涉及心灵的方面，我们不应该采取其他道路，其他一切被认为可疑的、谬误屡见的道路都要加以排斥；但是，我们绝不因而就认为神启事物比任何认识更为确定无疑，既然对它们的信仰——信仰本身总是涉及晦涩不明的问题的——并不是心灵的作用，而是意志的作用；如果说信仰的根据在悟性，那么这些根据必须而且能够主要通过上述两条途径之一来找到。关于这一点，将来我们也许要更充分地论述。

原 则 四

方法，对于探求事物真理是[绝对]必要的[②]。

人常为盲目的好奇心所驱使，引导自己的心灵进入未知的途径，却毫无希望的根据，只有姑且一试的意图：只是想看一看他所欲求之物是不是在那里。这就好比一个人，因为愚蠢的求宝欲念中烧，就马不停蹄地到处乱找，企

① “起始原理本身则仅仅通过直观而得知”：亚里士多德有相似的说法。“起始的”，拉丁原文作 prima。

② 这个命题中加上“绝对”二字，是根据笛卡儿传记家巴伊叶把它译为法文中有“绝对”字样。

望有哪位过往行人丢下了什么金银财宝。差不多所有的化学家、大多数几何学家、许多哲学家，正是这样在进行他们的研究。当然，我不说，他们浪迹四方就一定不能间或交上好运，找到了什么真理；但是，我不同意这就说明他们比较勤奋，他们只是运气好一些罢了。寻求真理而没有方法，那还不如根本别想去探求任何事物的真理，因为，确定无疑，这样杂乱无章的研究和暧昧不明的冥想，只会使自然的光芒昏暗，使我们的心灵盲目；凡是已经习惯于这样行走于黑暗中的人，目光必定大大衰退，等到看见亮光就再也受不了了：这一点也为经验所证明，因为我们经常看见有些人，虽然从来不注意研究学术，碰到什么事情，判断起来，竟比一辈子进学堂的人，确凿有据、清楚明确得多。我所说的方法，是指确定的、容易掌握的原则，凡是准确遵守这些原则的人，今后再也不会把谬误当做真理，再也不会徒劳无功瞎干一通而消耗心智，只会逐步使其学识增长不已，从而达到真正认识心智所能认识的一切事物[1]。

因此，这里应该注意两点：肯定不会把谬误当做真理，达到对一切事物的认识：我们能够知道的事物中，如果有什么是我们不知道的，那只是因为我们还没有觉知使我们达到这一认识的道路，或者是因为我们陷入了相反的错误。但是，如果方法能够正确指明我们应该怎样运用心灵进行直观，使我们不致陷入与真实相反的错误，能够指明应该怎样找到演绎，使我们达到对一切事物的认识，那么，在我看来，这样的方法就已经够完善，不需要什么补充了，既然上面已经说过，若不通过心灵直观或者通过演绎，就不能够掌握真知。因为，方法并不可能完善到这种程度：甚至把应该怎样运用直观和演绎也教给你，既然这都是最为简单、最根本的东西，要是我们的悟性不能早在运用它们以前就已掌握，不管我们的方法提供多么容易的准则，悟性也是丝毫不会懂得的。至于心灵的其他作用，辩证论者借助于[直观和演绎]这两个首要作用，而试图加以引导的那些其他作用，在这里是根本用不上的，更恰当地说，不如把它们归入障碍之列，因为，要是对于理性的纯粹光芒加上点什么，那就必然这样或那样使其黯然失色。

我们所说的这个方法极为有用[2]，致力于学术研究，如不仰仗于它，大概是有害无益的，所以，我很容易就相信了：以古人的才智，即使只受单纯天性的指引，也早已或多或少觉知这个方法。因为，人类心灵禀赋着某种神圣的

---

① 笛卡儿在《方法谈》中也说："遵循一条途径，会思维的生物肯定可以掌握我有可能达到的一切知识……"，又说："……达到我的心灵有可能掌握的对一切事物的认识。"

② 在笛卡儿，真实性和有用性是一致的。他主张，方法应以有用为真理的标准之一。他在《方法谈》中明确指出："不能有用于任何人的，确实没有任何价值。"他认为，他的方法的目的在于"使我们成为自然的主人和拥有者"。

东西，有益思想的原始种子早就撒播在那里面，无论研究中的障碍怎样使它们遭到忽视、受到窒息，它们仍然经常结出自行成熟的果实。正如我们在两门最容易的科学：算术和几何中所试验的，我们实际上发现，古代几何学家也使用过某种解析法，而且扩大运用于解答一切问题，虽然他们处心积虑不向后代透露这一方法的奥秘[①]。现在，某种算术正日趋兴盛，它叫做代数，它使用数字的成就相当于古人使用图形。其实，这两门科学，只不过是从我们的方法中我们天然固有的原理出发、自行成熟的果实。这些果实成长较为丰硕的地方，至今是在这两种技艺的简单对象方面，而不是在常有较大障碍窒息它们，然而只要精心培育，毫无疑问，它们也能够达到充分成熟的那些方面——对此，我并不觉得奇怪。

在我来说，这正是我要在这篇论文中试图达到的主要目标。事实上，我是不会重视我要揭示的各项原则的，如果它们只能够解决计算家和几何学家[②]惯常用来消磨时间的那些徒劳无益的问题，因为那样我就会觉得没有什么收获，只不过是干了些无聊勾当，而且还不见得比别人高明。虽然我的意图是详尽谈论图形和数字，因为从其他科学是不可能得到这样明显而确定的例证的，但是，凡是愿意细心考察我的看法的人，都不难觉知：我这里想到的并不是普通数学[③]，我要阐述的是某种其他学科，与其说是以它们为组成部分，不如说是以它们为外衣的一种学科[④]。因为，该学科理应包含人类理性的初步尝试，理应扩大到可以从任意主体中[⑤]求得真理；坦率地说，我甚至深信：该学科优越于前人遗留给我们的任何其他知识，既然它是一切学科的源泉。我用外衣一词，并不是说，我想掩盖这一学说，要把它包起来，使普通人看不见它，而是说，给它穿上外衣，装饰它，使它更易于为人类心灵所接受。

---

① “虽然他们处心积虑不向后代透露这一方法的奥秘” licet campem posteris inviderint：法译文作 quoiqu'ils l'aient jalousement cachée à leurs neveux。笛卡儿在《几何》中也使用 neveux，他说：“我希望，我的后代(neveux)将感激我，不仅由于我在这里已经阐明的东西，而且由于我为了把发现之乐趣留给他们自己而故意略去的东西。”

② “计算家”logistæ，指那些为实用目的从事计算的人。从柏拉图起始，就是把从事数量方面心智活动的人分为两种：一种是计算家，一种是较为高深的几何学家。后者才真正理解数量的本质，探讨与此相关的形象或图形的奥秘。笛卡儿所喜欢的数学当然是几何学家的数学，不是计算家的幼稚演算；但，这篇论文也表明他处在代数日益兴盛的时期，不仅以他心灵的目光考察这一新兴学科，而且多有建树，对代数的发展作出了重大贡献。

③ “普通数学” vulgari mathematica，笛卡儿指的是算术、几何、代数。但，他要建立一种真正揭示秩序和度量的普遍科学，“与其说是以它们为组成部分，不如说是以它们为外衣的一种学科”。下面他把这种普遍指导性的科学称为 Mathesis Universalis。

④ “与其说是以它们为组成部分，不如说是以它们为外衣的一种学科”，拉丁原文这一从句不使用主语，但从动词看，应为多数，所以，法译者把这个不言而喻的主语译作 ils。今从法译，译为“它们”。

⑤ “从任意主体中” ex quovis subjecto。这里的 subjecto 实际上就是 objecto（对象）。笛卡儿认为，不仅他的方法，而且他的体系，是适用于一切事物的真理的。

以往我开始把我的才智用于数学各学科的时候，我首先阅读了人们通常阅读的权威作家的大部分著作[①]，我特别喜爱算术和几何，既然人家说这两门科学十分简单，而且是通往其他科学的途径。然而，在这两方面，我都没有遇见我完全满意的作家：固然，在数学方面，我读了不少东西，经过计算，证明是真实的；在图形方面，固然他们以某种方式让我看见了许多，他们而且是从[理性的][②]某些结果作出那些结论的；但是，他们似乎没有向我们的心灵指明其所以然，也没有指明如何知其然；因此，我并不觉得奇怪：他们中间最高明、最有学问的人，也大都稍一尝试这些技艺，就立刻认为幼稚无用而弃之不顾，再不然，虽然想学，却认为太困难、太复杂，便在大门口吓得停步不前。因为，实际上，最徒劳无益的莫过于研究光秃秃的数学和假想的图形，好像打算停留于这类愚蠢玩意的认识[③]，一心一意要搞这类肤浅的证明，经常只是凭侥幸发现的、而不是凭本领发现的证明，与悟性无关、仅仅涉及视觉和想象的证明，结果使我们在某种程度上丧失理性的运用：总而言之，最复杂的莫过于通过这种证明方式，发现还有新的困难同数字混淆不清纠缠在一起。于是，后来我想到了理性，因而我想起：最早揭示哲学的那些先贤。只肯把熟悉马特席斯的人收为门生去研究人类智慧，他们大概是觉得：为了把人们的才智加以琢磨，使之宜于接受其他更为重大的科学，这一学科是最为便利、最为必需的。当我这样想的时候，我不觉有点猜测：他们所知的那个马特席斯大概同我们这个世纪流行的非常不一样。这并不是说，我估计他们对于它颇为精通，既然最不足道的揭示也使得他们欣喜若狂，使得他们甘愿作出牺牲，这就公开表明他们是多么鄙陋寡见。使我改变观感的，并不是历史学家所夸耀的这些人创造的器械，因为，尽管它们始终非常简陋，在一大堆无知之徒、轻易就目瞪口呆之辈看来，还是很容易被说成奇迹的。尽管如此，我还是相信，自然最初撒播于人类心灵的真理种子，由于我们日常读到或听人说到的谬误太多而在我们内心中湮没的真理种子，在那质朴纯洁的古代，其中的某些却仍然保持着原来的力量，以至于古人受到心灵光芒的启示，虽然不知其所以然，却看出了应该宁守美德，而勿享乐，宁愿正直，而不计功利，同时也认识了哲学中和马特席斯中的真正思想，尽管他们还达不到这两种科学本身的高度。

---

① “权威作家”仍是可作两解的 Authores。既是阅读其著作，似可译作“权威作家”。

② [理性的]，为法译者所加。凡不注明者，[ ]均为汉译者所加。

③ “停留于这类愚蠢玩意的认识” in talium nugarum cognitione conquiescere：nugarum：“愚蠢的玩意”、“无聊的东西”、“肤浅之物”。

这种真正的马特席斯，我甚至认为，在帕普斯和狄奥芬托斯[①]的著作中已经可以发现其遗迹，这两位学者生活的年代虽然没有远至太初时代，但毕竟他们是先于我们许多世纪的前辈古人。我简直怀疑，他们两位作家，出于可厌的狡诈，自己后来把它从著作中删去了，这就像许多技艺家对待自己的发明惯常采用的手法，因为真正马特席斯非常简单容易，他们唯恐泄露出去会使它们丧失价值，就宁愿换个别的什么东西拿给我们看，那就是，作为他们技艺的成果，用极为巧妙的办法得出的结论加以证明的某些空洞无益的真理，为的是叫我们钦佩不已，却不肯把高超技艺本身传授给我们，因为这样的话，别人就没有钦佩的机会了。还有一些人，才智出众，曾在本世纪试图把真正马特席斯恢复起来：他们用阿拉伯名词称为代数[②]的那种技艺，在我看来，似乎并不是其他什么——只要我们能够把那些破坏它的其数甚夥的数字和不可理解的符号统统去掉[③]，使这一技艺不再缺少据我们设想应该存在于真正马特席斯中的那种极其容易、一目了然的优点。这些想法使我不再专注于算术和几何的特殊研究，转而致力于探求某种普遍马特席斯。于是，我首先思忖：这个名称的内涵，大家所理解的究竟是什么；还有，为什么人们所称数学各部分，不仅仅指上述两门，而且指天文学、音乐、光学、力学，以及其他等等[④]。这里，单单考察用语的起源是不够的，因为，马特席斯一词的含义就是“学科”，那么，其他一切学科也可以叫做“数学”，其权利并不次于几何本身。尽管如此，几乎没有一个人，即使仅仅走到了学校的大门口，不能够很容易就在出现的形形色色事物中，辨别出哪些是涉及马特席斯的，哪些只是涉及其他学科。虽然如此，谁要是更细心加以研究，就会发现，只有其中可以觉察出某种秩序和度量的事物[⑤]，才涉及马特席斯，而且这种度量，无论在数字中、图形中、星

① 帕普斯(公元八世纪)、狄奥芬托斯(约250年)，均为古代数学家。前者发展了比例中项的计算并解决了著名的帕普斯问题；后者创造未知数的记述法、幂的写法和负数的古代标号。这些均为笛卡儿所知，笛卡儿在《几何》中详尽论述了帕普斯问题。

② “他们用阿拉伯名词称为代数的”，quam barbaro nomimine Algebram vocent。法译 barbaro 为 arabe，今从史实，依法译而译作“阿拉伯(的)”。

③ 当时的代数学著作中依据数的每一特性给予一个特殊称谓，致使数本身就繁杂重叠，成为学习的障碍；同样，各种符号也不断创造出来，越来越使人无法理解。笛卡儿在书信中多次表示他有决心革除这种弊病。

④ 把这些都包括在数学这个总学科范围之内(参看笛卡儿在《方法谈》中所说：“一般称为数学的所有这些特殊科学”)，原是从亚里士多德起西方的一种传统。包括笛卡儿在内，许多学者都认为这些分科都只论述表面事实，只有数学才揭示它们内中的理性奥秘。他而且运用数学在《气象》中论述天文学，在《音乐简论》中论述音乐，在《折光》中论述光学，如此等等。

⑤ “秩序和度量” ordo et mensura，参阅原则五、六、七。在笛卡儿看来，这两者是世界可以理解性的标准，同时，他也沿用历来神学家的说法，当做智慧的标准。他在《论世界》中说：“……上帝依据这些真理，教导我们：他把万物安排为数字、重量和度量。”

体中、声音中,还是在随便什么对象中去寻找,都应该没有什么两样。所以说,应该存在着某种普遍科学,可以解释关于秩序和度量所想知道的一切。它同任何具体题材没有牵涉,可以不采用借来的名称,而采用已经古老的约定俗成的名字,叫做 Mathesis Universalis,因为它本身就包含着其他科学之所以也被称为数学组成部分的一切。它既有用,又容易,大大超过了一切从属于它的科学。超过到什么程度,从下面两点就可以看出:凡其他科学涉及的范围,它都涉及了,而且只有过之;其他科学也有同它一样的困难(如果它有的话),然而,其他科学由于本身特殊对象而碰到的一切其他困难,它却没有。这样,既然大家都熟悉它的名字,懂得它所关注的是什么,即使他们并不专一研究它,那么,又为什么大多数人煞费苦心去钻研从属于它的其他学科,而不肯费劲研究它本身呢?也许我也会大吃一惊的,要不是我早已知道:人人都以为它是轻而易举的事情,要不是我早已注意到:人类心灵恒常舍弃自认为很容易就可获得的东西,而对奥妙新奇之物则趋之若鹜。

至于我自己,我的弱点自己是知道的,所以我探求认识事物的时候,下定决心坚决按照一定的秩序进行,那就是,永远从最简单、最容易的事物入手,非至这些事物不再剩下什么希望,我是决不去考虑其他的。因此,直到现在,只要 Mathesis Universalis 尚在我内心中,我就不断培育它,在此以后,我才认为可以从事其他较高级科学的研究,而不至于显得急躁。但是,在我转入进一步探究之前,我将竭力把以往研究中我看出十分值得注意的一切,搜集起来,整理成序,这样做,既是为了在我年事日长、记忆力衰退的时候,如为习俗所需,可以很容易在这本小册子里重新找到它,也是为了使我的记忆解脱这一重担,便于把我的心智自由转入其他题材的研究。

原 则 五

全部方法,只不过是:为了发现某一真理而把心灵的目光应该观察的那些事物安排为秩序[①]。如欲严格遵行这一原则,那就必须把混乱暧昧的命题逐级简化为其他较单纯的命题,然后从直观一切命题中最单纯

① “安排为秩序”in ordine et dispositione,现从法译本译如此句。笛卡儿自己也说:“……用秩序的方法,即,建立可能进入人类心灵的一切思想之间的秩序”(1629 年 11 月 20 日致麦尔塞纳的信);又说:“把这些项重新排好秩序。”又,巴伊叶把本原则的命题表述为:“这一方法,就是给人们愿意考察的事物以秩序。”

的那些出发，试行同样逐级上升到认识其他一切命题。

只有这里面才包含着整个人类奋勉努力的总和，因此，谁要是想解决认识事物的问题，就必须恪守本原则，正如忒修斯[①]想深入迷宫就必须跟随他面前滚动的线团。但是，有许多人并不考虑本原则的指示，或者对它全然无知，或者自称并不需要，他们研究十分困难的问题时，往往极其杂乱无秩序，这样，在我看来，他们仿佛是恨不得双脚一蹦就跳上楼房的屋顶。这或者是由于他们根本不管用于此目的的楼梯是一级一级的，或者是由于他们没有发现还有这样的一级一级的楼梯。一切星相学家正是这样，他们根本不懂得天的本性，甚至没有充分观察其运动，就希望能够指明其运动的后果。脱离物理学而研究力学，胡乱制造各种产生运动的新机器的人，大抵也是这样。忽视经验[②]，认为真理可以从他们自己的头脑里蹦出来，就像雅典娜从宙斯头脑中蹦出来一样[③]，这类哲学家也是这样。

固然，上述这些人显然违反本原则。但是，这里所要求的秩序，也与一般秩序一样，有些暧昧含混，以至于不是所有的人都能认识其究竟的，所以他们犯错误也许是在所难免，如果他们不小心翼翼遵守下一命题所述。

原 则 六

要从错综复杂的事物中区别出最简单事物，然后予以有秩序的研究，就必须在我们已经用它们互相直接演绎出某些真理的每一系列事物中，观察哪一个是最简单项，其余各项又是怎样同它的关系或远或近，或者同等距离的。

虽然这一命题看起来并没有教给我们什么非常新鲜的东西，其实它却包含着这一技艺的主要奥秘[④]，整个这篇论文中其他命题都没有它这样有用：它实际上告诉我们，一切事物都可以排列为某种系列，依据的当然不是它们与

---

① 按希腊神话，米诺斯国王之女阿里阿德涅给情人忒修斯一个线团，使他入迷宫后得以遵循线团的滚动，从原路觅道走出迷宫。

② “经验”，参阅 114 页注④。

③ 雅典娜原是宙斯的女儿，传说她是从父亲的脑子中全副武装蹦出来的。笛卡儿使用“雅典娜”，经常借喻智慧。

④ “这一技艺的主要奥秘”totius artis secretum。本论文中多次提到“这一技艺”之类，都是指笛卡儿自己的方法论。笛卡儿认为，只要掌握了正确的方法，科学是没有什么奥秘不可以被揭示的。而这种方法的要领就在于提出明证，证明简单明了的事物，并弄清楚其秩序或度量。

某一存在物类属有何关系，即，不是像往昔哲学家那样依据各类事物的范畴加以划分，而是依据各事物是怎样从他事物中获知的；这样，每逢出现困难，我们就可以立刻发现：是否宜于首先通观[①]某些其他事物、它们是哪些以及应该依据怎样的秩序。

要正确做到这一点，首先必须注意：一切事物，按照它们能否对于我们有用来看待，即，不是一个个分别考察它们的性质，而是把它们互相比较，以便由此及彼予以认识，那么，对一切事物都可以说出它们或者是相对的，或者是绝对的。

我所称的绝对，是指自身含有所需纯粹而简单性质的一切，例如，被认为独立、原因、简单、普遍、单一、相等、相似、正直等等的事物；这个第一项，我也把它称做最简单、最容易项[②]，便于运用它来解决各项问题。

相反，相对，是指源出于同一性质，或者，至少源出于得之于同一性质之物的，因而得与绝对相对应，得以通过某种顺序而演绎得到的一切。但是，相对之为概念，还包含我称为相互关系的某些其他项，例如，被称为依附、结果、复合、特殊、繁多、不等、不相似、歪斜等等之物。这些相对项包含的互相从属的这类相互关系越多，它们与绝对的距离就越远。本原则告诉我们，必须把它们互相区别，考察它们互相之间的联系和它们之间的天然秩序[③]，使我们可以从最低项开始，逐一通过其他各项而达到最绝对项。

这一技艺的奥秘全在于：从一切项中细心发现最绝对项。因为，某些项，从某种角度考虑，固然比其他项较为绝对，但是，换个角度来看，则较为相对，例如，普遍虽然比特殊较为绝对，因为它具有较简单的性质，但是，也可以说它较为相对，因为它的存在取决于个别，如此等等。同样，某些项确实比其他项较为绝对，却还不是一切项中最绝对的，比方说，我们拿个体来看，种是一个绝对项；但要是我们拿属来看，种则是一个相对项。在可度量项中，广延是一个绝对项，但是，在广延中，则以长度为绝对项[④]，如此等等。最后，为了更清楚地指出：我们在这里考察的是我们要认识的事物的顺序，而不是每一事

① “通观”，参阅123页注⑧。

② “我也把它称做最简单、最容易项”：笛卡儿在原则二中反对“轻视一切容易的事情，专一研究艰难的问题”，在原则三中反对“不屑于把自己的心灵转向这样容易的事情”；现在，他正面提出要从最简单、最容易项出发去解决问题。他在《几何》中也要求：无论直线或曲线，求其量，都应先找出最简单、最容易的。

③ “天然秩序”ordo naturalis，按照笛卡儿自己在《方法谈》中的解释，就是一切客体彼此之间自然互相联结的秩序，探求事物真理，也就是按照这种秩序，揭示事物的内在规律性。

④ “在可度量项中，广延是一个绝对项，但是，在广延中，则以长度为绝对项”。这个命题是笛卡儿数学的根本原理。他认为，数学中一切可度量项，归根到底，是以长短相较的，否则就没有度量可言。同一性质的广延相较，按较大较小排列，实际上也是与长度的相比对应的。

物的性质，[我们要说]我们得以识别各绝对物之间的因果关系和相对关系，尽管它们的性质确实是相对的，依靠的仍然是奋勉努力[①]，因为，在哲学家看来，原因和结果是对应项，但是，如果我们在这里要寻求结果是什么，就必须找出原因是什么，而不是相反。相等项也是互相对应的，但是，我们认识不相等，只是通过与相等项比较，而不是相反[②]，如此等等。

其次，应该注意，少有这样的事物性质：纯粹而简单，可以依其自身直观而不必取决于任何他物，只需通过我们的经验，或者凭借我们内心中某种光芒来加以直观。我们说，必须细心考察这类事物性质，因为不管我们把怎样的系列称为最简单系列，在该系列中这类事物都保持着同样性质。相反，我们得以知觉其他一切性质，都只是从上述性质中演绎而得的；或者是依据邻近命题直接演绎，或者是通过两三个或更多个不同的推论来演绎。我们还必须注意这样的推论数量多寡，这样才可以看出他们距离起始的最简单命题远近程度如何。环环相扣、互为因果的事物发展，在一切地方，都正是如此。这就产生了要研究的事物的顺序，任何问题都必须归结为这种事物顺序，才能够以确定无疑的方法加以研究。但是，因为把一切事物都归成类别是不容易做到的，也因为用不着把一切事物都记忆在脑中来集中运用心灵之力把它们加以区别，所以，必须设法训练我们的心灵，使它每遇必需之时，就能够立即分辨事物之不同。照我自己的体会，最合适的方法，就是使我们养成习惯，惯于思考事物中最细微者，我们原已相当灵巧地知觉了的那些事物中最细微者。

再次，还必须注意，我们的研究不应该从探究困难事物开始；我们应该在从事研究某些特定问题之前，首先不经任何选择，接受自行显现的那些真理，然后再看看还有没有其他可以从中演绎出来，然后再看看从其他中还可以演绎出什么，这样逐一进行下去。这样做了以后，还要仔细思考已经发现的这些真理，细心考虑为什么其中的一些比其他一些发现得快速而容易，以及它们是哪些。这样，日后如果我们着手解决某一特定问题，我们就可以判断首先致力于什么对于我们最为有利。例如，如果呈现的是：6 为 3 的两倍；我求 6 的两倍，则为 12；如果我愿意，我再求 12 的两倍，为 24；然后，我很容易就演

---

① 通过“奋勉努力” de industria。包括笛卡儿在内的 17 世纪作家和类如狄德罗等等 18 世纪作家，常常使用“人的奋勉努力”、“人工技艺”等等，表示与天赋才智等等相对立的、后天长期紧张实践等等。笛卡儿还常说“用奋勉努力弥补经验之不足”。

② 相等与不相等的关系，原因与结果的关系，都是相互的，互为对应项，但，从可理解性角度看，原因和相等又起先行项的作用（oportet prius causam cognoscere）。笛卡儿认为，一切相对项也是对应项；对应关系可以从两项之任一识别，全看我们理解的需要。他不像亚里士多德那样认为可以有例外。

绎得知:3 与 6 之间、6 与 12 之间有同一比例,12 与 24 之间……也是如此;这样,3,6,12,24,48……各数成连比。也许正因为如此,虽然这些演算都是一目了然的,甚至好像有点幼稚,但是,仔细推敲起来,就可以明白:凡属涉及比例或对比关系[①]的问题,是按照怎样的条理性[②]而掩盖着的,我们应该依据怎样的秩序去把它们找出来。只有这里面才包含着整个纯数学科学的总和。

首先,我注意到[③],求得 6 的倍数并不比求得 3 之倍数困难;还注意到,其他也都一样,任二量之比一旦求得,同一比例的无数其他量也都可以得出;困难的性质也没有改变,如果要求的是三个、四个或更多个此种量,因为需要的是逐一分别得出,而不是依据其他量得出。随后,我注意到,设已知量为 3 和 6,虽然我可以很容易得出连比的第三项为 12,但是,如果已知为首尾两项 3 和 12,求中项 6 就不那么容易了。在直观其中条理性的人看来,这里的困难是另一种性质的,完全不同于前者的,因为,如要求得比例中项,必须既注意首尾两项,也注意此两项之比,才可以用除法得到新的一项;这就完全不同于已知两个量而求连比的第三项。我进一步探讨,看一看已知两量为 3 和 24,求两比例中项 6 和 12 之一是否可能也一样容易。这里出现的困难又是另一种性质的,比前两种较为复杂:实际上这里应该注意的不仅仅是一项或两项,而是三个不同项同时注意,以求得第四项。还可以更进一步,看一看:如果仅仅已知 3 和 48,三中项 6、12 和 24 之一是否更难得出。乍看起来,似乎肯定无疑。但是,立刻就可以看出:这个困难是可以分割而减少的,即,如果首先只求 3 和 48 之间的一个中项,即 12,然后求 3 和 12 之间的另一中项 6,再求 12 和 48 之间的中项 24;这样,困难也就缩小为上述第二种了。

从上述种种,我注意到,对同一事物的认识是怎样可以通过不同的途径而获得,其中有些途径比别的途径长而艰难。例如,如要求得连比四项 3,6,12,24,假设已知连续两项为 3 和 6,或 6 和 12,或 12 和 24,由此求得其他各项是很容易做到的。于是,我们说,要求得的比例是直接考虑的。但是,假设已知为相间两项:3 和 12,或 6 和 24,由此求其他各项,我们则说,其困难是按照头一种方式间接考虑的。同样,假设已知为首尾两项 3 和 24,由此求中项 6

---

① “对比关系” habitudines rerum,表示“比例、比例关系、相比方式、对应形式、对比关系”等等,本译文中统译为“对比关系”。

② “条理性” ratio,又义“比”、“比率”。

③ 下面说的是求比例中项。求比例中项要求运用或实际上运用方程式一般原理:“……求已知若干量的两比例中项,这就是说,……找出这些量与单位之间的两比例中项”,“求单位和另一直线之间的一个、两个或多个比例中项,也就是求平方根、立方根……”(《几何》)。

和 12,则要按照第二种方式间接考虑。我还可以照此进一步进行,由这个单一例子演绎出其他许多推论。这些推论足以使读者知道:要是我说某一命题是直接或间接演绎而得的,是个什么意思;也足以使读者理解:专心思考、精细分辨的人们,从某些浅易可知的起始事物,还可以在其他若干学科中发现许许多多这类命题[①]。

原则七

要完成真知,必须以毫无间断的连续的思维运动,逐一全部审视他们所要探求的一切事物,把它们包括在有秩序的充足列举之中。

上面说过的那些不能从起始的自明之理中直接演绎出来的真理[②],如要归入确定无疑之列,就必须遵守在这里提出的[准则][③]。因为,推论的连续发展如果历时长久,有时就会有这样的情况:当我们达到这些真理的时候,已经不易记起经历过的全部路程了。因此,我们说,必须用某种思维运动来弥补我们记忆之残缺。例如,如果最初我通过若干演算已经得知:甲量和乙量之间有何种比例关系,然后乙和丙之间,再后丙和丁,最后丁和戊,即使如此,我还是不知道甲和戊之间的比例关系如何,要是我记不得一切项,我就不能从已知各项中得知此一比例关系的究竟。所以,我要用某种连续的思维运动,多次予以全部通观,逐一直观每一事物,而且统统及于其他,直至已经学会如何迅速地由此及彼,差不多任何部分都不必委之于记忆,而是似乎可以一眼望去就看见整个事物的全貌;这样,事实上,既可以减轻记忆的负担,又可以纠正思想之缓慢,而且由于某种原因,还增长了心智的能力[④]。

但是,还是指出,在任何一点上都不要中断这一运动,因为常有这样的情况:想从较远原理中过于急促演绎出什么结论的人,并不通观整个系列的中间环节,他们不够细心,往往轻率地跳过了若干中间环节。然而,只要忽略了一项,哪怕只是微小的一项,串链就会在那里断裂,结论就会完全丧失其确

① 参阅原则二、原则四。

② 参阅原则三,“起始原理本身则仅仅通过直观而得知”。

③ [准则],为法译者所加。

④ “心智的能力”,原文仅作 capacitas。笛卡儿不顾神学上一贯把这个词与上帝连在一起的传统,把它当做一种 posse(能力,能够,有能力),看待为 ingenium(心灵、心智)所能达到的东西,归之于人的属性。据此,把 capacitas 译作“心智的能力”。(法译,仅作 capacité。)

切性。

此外,我们说,要完成真知,列举是必需的,因为,其他准则固然有助于解决许多问题,但是,只有借助于列举,才能够在运用心智的任何问题上,始终作出真实而确定无疑的判断,丝毫也不遗漏任何东西,而是看来对于整体多少有些认识[①]。

因此,这里所说的列举,或者归纳[②],只不过是对于所提问题的一切相关部分[③]进行仔细而准确的调查,使我们得以得出明显而确定的结论,不至于由于粗心大意而忽略了什么,这样,每逢我们运用列举之后,即使所要求的事物我们仍然看不清楚,至少有一点我们比较有知识了,那就是,我们将肯定看出:通过我们已知的任何途径,都是无法掌握这一事物的;而且,假如——也许常常确实如此,——我们确实历经了人类为了认识它而可以遵循的一切途径,我们就可以十分肯定地断言:认识它,非人类心灵所能及[④]。

此外,应该指出,我们所说的充足列举或归纳,仅仅指比不属于单纯直观范围之内的任何其他种类的证明,更能确定无疑地达到真理的那一种;每逢我们不能够把某一认识归结为单纯直观,例如在放弃了三段论式的一切联系的时候,那么,可以完全信赖的就只剩下这一条道路了。因为,当我们从此一命题直接演绎出彼一命题的时候,只要推论是明显的,在这一点上就已经确实是直观了[⑤]。但是,假如我们从许多互不关联的命题出发推论出某个单一项,我们的悟性能力往往不足以用单纯一次直观把那所有的命题统统概括净尽;在这种情况下,使悟性具有概括所有命题的能力的,是把列举运用得确定无误。这就正如:虽然我们不能一眼看尽并区别稍长一些的串链上每一环节,但是,只要我们已经看清每一环与下一环的联结,就足以断言我们也已经

---

① “丝毫也不遗漏任何东西,而是看来对于整体多少有些认识”,另一法译本作“丝毫不完全遗漏任何东西,而是看来对于……”

② “或者归纳”中的“归纳”,原文仍为 inductio。参阅123页注②。现从法译,译作“归纳”。这主要是考虑上下文。

③ “对于所提问题的一切相关部分” eorum omnium quæ ad propositam aliquam quæstionem spectant。笛卡儿的意思是说:任何问题都存在于它的各个 respectus(方面)之中。犹言,对于问题的面面观。

④ 笛卡儿一方面确认可知的真理是能够包括一切命题的,另一方面他却认为某些认识是人类心灵所不能达到的,例如,在《论正确指导理性探求真理的方法》(即《方法谈》)中进一步说到“那些不超过人类心灵能力的知识”,前此数年,在给麦尔塞纳的一封信中提到“这是一种超过人类心灵能力的科学”(1632年5月10日),等等。此外,在诸如此类的说法中,“能力”均不同于134页注④中的 capacitas,而是使用 captum,意为“所能掌握者”、“所能达到者”。

⑤ “明显的推论” illatio evidens。笛卡儿在原则二中说:“我们达到事物真理,是通过双重途径的:一是通过经验,二是通过演绎”,接着又说:“从一事物到另一事物……演绎或纯粹的推论”。笛卡儿认为,凭借“纯净而专注的心灵”产生“唯一的光芒”,即“理性的光芒”,通过演绎和推论,达到最大的确信。“明显的推论”与原则二中说到的“荒诞的推论” mala illatio 相对立,是指为事实所确证的推论。这样的推论虽然是心智的内在活动,其实际结果,达到真理,是与“真正的直观” intuitus verus 一样的,所以说,“在这一点上就已经确实是直观了”。

发现最后一环与最前一环是怎样联结的。

我说这一运用应该是充足的①,是因为它往往可能有缺陷,从而可能有很多失误。事实上,有时候,虽然我们可以用一次列举通观许多多十分明显的事物,但是,只要我们哪怕只是略去最微小的部分,串链就会断裂,结论的确定性也就完全丧失。有时候,我们也能用一次列举包括一切事物,但是,分辨不清每一事物,所以对全部事物的认识也就只是模模糊糊的。

还有些时候,应该完全列举,有时候又应该各别列举;有时候这两种都没有用处。因此,上面我们只说它应该是充足的。因为,[例如]我要是想用列举来证明:有多少存在物是有形体的,或者,它们以这样或那样的方式凑巧符合此意,我并不能肯定它们到底有多少;而且,除非我事先已经确知,我也不能肯定:我已经通过这次列举把它们统统包括了,或者,我已经把它们互相区别清楚了。但是,假若我想用同一方法指明:有理性的灵魂不是有形体的②,进行这个列举并不一定非完全不可,我只要把全部物体都归成类,使我得以证明有理性的灵魂同所有搜集的类别都不一样就行了。最后,假若我想用列举之法指明:圆面积大于一切其他同等周长的多边形面积③,我并不需要把一切多边形拿来一一过目,只要拿出其中的一些加证明,据以用归纳法得出结论而用于其他一切多边形就行了。

上面我还说过,列举应该有秩序地进行,这首先是因为,弥补上述各种缺点,最有效的办法,就是有秩序地详审一切事物;也是因为,常有这样的情况:或者是由于要研究的事物数量过大,或者由于要研究的同一事物出现过于频繁,如要一一通观有关的每一单个事物,任何人的寿命都是不够的。然而,假如我们把它们全都按照最佳秩序加以安排,使其中大部分归入一定的类别,那就只需准确察看清楚其中单独一个事物,或者[根据]④其中每一事物而获知的某些情况,或者只察看这些事物而不察看那些事物,或者至少不对任一事物徒然浪费地重复察看。这对我们是大有助益的,它可以帮助我们克服许多困难,既然我们已经以很短的时间,不怎么费劲地建立了良好秩序,尽管乍

① 列举有三种:完全列举、各别列举、充足列举。第一种目的在于把所研究的事物包括净尽;第二种在于区别各别事物。前者实际上是做不到的;后者实际上用处不大。笛卡儿主张列举只需充足 sufficiens,就是说,不可能包罗无遗,也不满足于分清一些事物,而要达到充足得使我们能够作出一般性概括性结论。下一段他以两个命题(关于灵魂和关于圆面积)为例,说得很清楚。

② 像若干其他唯心主义哲学家一样,笛卡儿把灵魂分为三种:理性灵魂、感性灵魂、生活机能性灵魂。最后一种是形而下的,第二种有些部分依附于形体器官,但是理性灵魂是没有形体的。

③ 圆的这一特点在16世纪已经广泛为人所知悉。笛卡儿这里的命题陈述大概来自克拉维乌斯一世1570年出版的 *Opera mathematica*(《数学之作用》)。

④ [根据]为法译者所加。

看起来困难是巨大的。

然而，要列举的事物的这种秩序常常可能发生变化，而且取决于每个人的选择；要想考虑得更为周到，就必须记住第五个命题中所说的[①]。世人所作种种雕虫小技中有许多玩意，发明出来，所用的办法不过是这种安排秩序，例如，如果我们想用某个名词字母搬家[②]的办法，创作最佳字谜，根本不需要从最容易的那些词一直查到最困难的那些词，也不必区别绝对项和相对项，况且，这样做也是行不通的；只需这样办就行了：制定研究字母搬家的某种秩序，使我们不必重复察看同一字母，同时把字母的数目归成若干确定的类别，使较有希望找到答案的那些类别立刻出现；这样做的话，往往不至于旷时费事，只是有些幼稚罢了。

此外，[原则五、六、七]这三道命题是不可以分割的，因为通常我们在思考中必然把它们联系起来，而且这三者对于促使方法臻于完善是起同等作用的。先教哪一道倒关系不大。至此我们已经简略阐述了一番，这篇论文其余篇页中就差不多没有什么好补充的了，我们将只把至此已经概略而言者予以具体申述。

原 则 八

如果在要寻求的事物顺序中出现一事物，是我们的悟性不能直观得足够清楚的，那我们就必须暂且停顿、多加考虑，不要继续考察下去，以免徒劳无功。

前三个原则[③]提出了秩序并作了解释。本原则，则告诉我们什么时候秩序是必不可少的，什么时候只是有用的。因为，从若干个别项引至某一绝对项的系列或相反的系列中凡构成完整一级者，都一定要先于其后续项而予以考察；但是，如果像人们常见的，若干项涉及的同一级，有秩序地统统予以通观，总还是有用的。不过，也不一定非常严格刻板遵守这种秩序不可，经常，即使我们并没有把它们全都认识得一清二楚，而只是看清楚了其中的某一

① 由于原则五和六实际上是一个命题的两个部分，看来这里指的是原则六所说。

② “字母搬家”anagramma 构成字谜，是 17 世纪初流行的一种游戏，例如，法语的 Marie（玛丽）这五个字母不变，但错动位置，就构成了另一个字：aimer（爱）。

③ 指原则五、六、七。

些、甚至一个，进一步探讨也还是可允许的。

本原则依据的论据，必然是我们用以确定原则二的那些论据；但是，不可认为，本原则就不含有任何足以使[我们的心灵]更有知识[①]的新鲜东西，虽然它似乎禁止我们仅仅过于细致地探求某些事物而不揭示任何真理。也许，对于初学者，它教给他们的只是叫他们不要浪费精力，其中原委大致如原则二所述[②]。然而，对于完全掌握了前述七个原则的人，本原则表明的是：他们可能根据什么理由在任何科学中自满，以至不想再学什么了：因为，任何人，只要是准确遵行了前述七个原则，现在本原则却叫他在某一点上停一停，他当然就会明白：无论多么奋勉努力也不能达到自己要求获得的认识，这倒不是说他缺乏才智，这里遇到的障碍全在于困难的性质本身，或者说，人的条件的限制。不过，认识到这一点，也是一种真知，并不次于那种使我们了解事物本身性质的认识[③]，而谁要是把好奇心推至极端，似乎不是健全的心智。

阐明这一切，都有必要举一两个例子。简单说吧，设有一人仅仅研究过数学，他试作一直线：屈光学上称为光折线的那种直线[④]，即，平行光线经折射后交叉于一点的那根直线，他遵行原则五和原则六，大概可以很容易就发现：该直线的确定取决于反射角和入射角的比例；但是，他没有能力继续探讨下去了，因为继续下去就超出了马特席斯的范围，而涉及物理学了[⑤]，他不得不就此却步，停留在门槛上，而无可奈何；如果他还想从哲学家所言获取进一步认识，或者从经验中获取这种认识，他实际上就会违犯原则三[⑥]。况且，这里的困难还是复杂的、相对的；然而，只有在纯粹简单的、绝对事物上，我们才能够获得确定的经验——这一点，下面在适当的场合再谈[⑦]。他要是假设上述两角之间有某种比例，即使他以为可能是最真实的，也无济于事，因为，那样他寻求的就不再是光折线了，而仅仅是按照他的假设推理而得的一直线。

假设相反有一人，不是仅仅研究过数学，而是想遵照原则一来探讨我们

---

① “使[我们的心灵]更有知识”ad eruditionem promovendam，直译为“增进[吾人的]学识”。《方法谈》中有相反的表述：“使我们自己在某种程度上更没有知识。”

② 参阅原则二开头几段。

③ 笛卡儿认为，作为方法，认识首先是对于认识的认识，甚至先于“对于事物本身性质的认识”rei ipsius naturam exhibet，所以，认识到认识的限度，也是一种真知，并不次于对于这个或那个事物(res)的认识。这种限度，产生于该事物的缺陷，或不能满足某些客观条件，而不是由于 inagenii culpa(缺乏心智)。

④ 是开普勒第一个发现可将平行光线束变为会聚束的屈光现象。

⑤ “因为继续下去就超出了马特席斯的范围，而涉及物理学了”cumnon ad Mathesim pertineat，sed ad physicam。有些法译本把这里的 Mathesim 译作 mathématique，看来是错误的。原则四中已经作出明显的区分，马特席斯实际上是笛卡儿要建立的一种真正揭示秩序和度量的普遍科学。

⑥ 指原则三的命题，还有该原则的阐述的第二段，等等。

⑦ 指原则八，也可参阅原则十二的有关段落和原则十三的有关段落。

所说的问题[①],也遇到了同样的困难,他除了上述以外还会发现:入射角和反射角之间的比例,还取决于这两个角本身依据介质不同而发生的变化,从而他也发现:这种变化取决于光线穿透整个透明体的比率,而要认识这种穿透作用,前提是也认识光作用的性质[②];他还发现:要理解光作用,就必须知道一般自然力是什么,而这在整个顺序中是最绝对项。因此,当他用心灵察看,对这个最绝对项有了清楚觉知以后,他就可以根据原则五,同样逐级回溯;要是他在第二级上还不能看清楚光作用的性质,他还可以根据原则七,列举一切其他自然力,使自己可以依据对某个其他自然力的认识——至少用比较法,这一点我们下面再谈——也理解光作用;然后,他就可以探求光线是以怎样的比率穿透整个透明体的[③];这样,他就可以依次探讨其余,终至达到对光折线本身[的理解]。尽管至今许多人探求都无结果,我却看不出会有什么障碍,使得完善运用我们的方法的人不能够对它获得明显的认识[④]。

我们要举最突出的例子。假设有一人对自己提出的问题是:研究人类理性足以认识的一切真理——我认为,凡是刻苦求知以求达到良知的人,一生之中总应该下那么一次决心去从事这种研究——如果他遵行上述各项原则,他就会发现:先于悟性而认识是绝不可能的,既然认识一切其他事物都取决于悟性,而不是相反[⑤]。然后,在认识了纯悟性之后,对一切其他最直接事物也有了觉知,他就可以在一切其他事物中,列举出认识所需的悟性以外的一切其他工具,其数仅为二,即幻想和感觉[⑥]。于是,他把自己的奋勉努力用于区别和审视这三种认识方式,他将清楚地看出:真理和谬误,就其本身而言,只能够存在于悟性之中,但是,二者的根源往往仅仅在于幻想和感觉。这样,他就会谨慎小心,竭力避免一切可能使他上当的事物,以免受骗。同时,他将准确列举人们为求真理可以遵循的一切途径,以求择一而从。这些途径实际上为数不多,运用充足列举法,是很容易统统找到的。未曾有过这种经验的

---

① 这里是说,光折线的问题不仅仅是数学的问题,不但事实上是这样,而且原则一的要点之一也在于:要我们不囿于单一技艺、单单选择某一特殊科学,即使那是非常重要的数学。

② 笛卡儿在《折光》中说:"光,在被称为发光体中,无非是某种运动,或者说,某种极其急速、极其强烈的作用,经由空气或其他透明体而达到我们的眼睛。"

③ 这时,笛卡儿已经知道惰性规律和光穿透整个透明体二者之间的同晶现象。因此,上面所说"某个其他自然力",大概是指惰性运动(真空中一孤立质点的直线均匀运动)。

④ 当时,物理学界正在争论这个问题而尚无结果。笛卡儿认为自己的方法最为完善,就提出了这一论断。而且,他自己以后在《折光》中也作出了他认为已获明显认识的解答。

⑤ 亚里士多德在《论范畴》中也有类比的说法,但说的是两项:认识和已知;笛卡儿使用的是三项:悟性、认识和事物。

⑥ 下面笛卡儿又说有三项:想象、感觉和记忆。但,据他的传记作者巴伊叶说:"他(笛卡儿)似乎怀疑记忆有别于悟性和想象。"此外,笛卡儿也常把想象和幻想混同使用。

人也许会觉得这很奇怪，不予置信，其实，只要我们对待每一对象，都区别了充斥我们记忆或仅仅装饰我们记忆的那些认识，同应该说使人更有学识的那些认识，这也是我们很容易做到的……[①]；由此，我们将认为，对于任何事物，我们都不会由于缺乏才智或技艺而无知，也绝不会有任何事物别人知道，而我们自己却没有能力认识，只要我们运用心智于该事物运用得恰当。我们往往可能会遇到许多困难，是本原则禁止我们探求解决的，虽然如此，但是我们既然清楚地看出这种探求超出人类心灵所及，我们就不会因而认为自己无知，只会发现任何别人也不可能认识我们所探求解决的困难（如果他心灵的水平同我相等），单单这个发现就足以满足我们的好奇心了。

但是，为了使我们不至于对于我们心灵所能达到的水平总是无法确断，也为了使我们不至于徒劳无功或莽撞行事，在致力于具体认识各别事物之前，我们一生中必须总有那么一次细心探讨人类理性能够达到怎样的认识。为求事半功倍起见，对于同样容易的事物，我们总是应该首先探求其中最有用的那些。

因此，可以把这种方法比做这样的一些机械工艺：它们不需要其他工艺的帮助，自己就可以产生制作本身所需工具而应有的方法。设有一人打算从事这样的一种工艺，比方说是打铁，如果他一样工具也没有，他开始的时候当然不得不拿一块硬石头或者什么粗铁块当砧子，选一块小石头当锤子，又把一些木头做成钳子，还要按照需要搜罗诸如此类的一些东西；都准备好了以后，他还是不会立即着手打制刀剑或头盔，也不会打制供别人使用的任何铁器，只会首先给他自己制作锤子、砧子、钳子以及其他必需的工具。这个例子告诉我们的是：既然这头几条原则中我们只能看到某些论据还不充足的准则规定，似乎是我们的心灵天然禀赋的、而不是凭借技艺获得的准则，那么，我们就不要急忙运用它们去试图解决哲学家们的争论，或者去解开数学家们的死结；而要首先利用它们去仔仔细细探求一切其他准则，对于研究真理可能更为必要的准则。这主要是因为没有理由认为：找到它们，其困难程度会超过解答人们在几何学、物理学或其他学科中惯常提出的问题。

这样看来，最有用的莫过于探求人类认识是什么，它的最大范围如何。因此，我们现在就在这里把这一点概括为一个问题。我们认为，依据前述各项原则，这个问题最好是首先加以研究。每一个或多或少热爱真理的人，一生中总得有那么一次下决心这样做，因为这一探求中包含着求知的真正工具

---

① 删节号是原有的。H本和A本在此删节号后都有拉丁语 Hicdeficit aliquid（“此处有缺漏”）。

和完整的方法。相反，我觉得，最不合适的莫过于硬着头皮去争论自然的秘密、天[的运动]对我们下方的影响[①]、预言未来，诸如此类。许多人却正在这样做，自告奋勇这样做，仿佛人类理性足以发现[这类事情]。我们心灵的限度，在我们内心中是感觉得到的，因此，确定这个限度理应使我们不会感到不容易或者困难，既然我们对于外界的事物、甚至非常陌生的事物，也并不怀疑自己是能够判断的。如果我们想用思维囊括宇宙万物，分辨出每一事物是怎样受到我们心灵的审视的，这一任务也并不繁重，因为没有任何事物是那样简单或多样，以至于无法运用我们所说的列举法把它们限制在特定的限度之内并且把它们分列为不多几项类别[②]。因此，为了把列举法在这个问题上作个试验，首先，我们把与这个问题相关的一切划分为两部分，事实上也就是使这个问题或者涉及有认识能力的我们，或者涉及能够被认识的事物本身。下面我们就分别研讨这两点。

固然，我们注意到，我们内心中只有悟性才有真知能力，但是，有其他三种功能可以帮助或阻碍悟性，它们是：想象、感觉和记忆[③]。所以，应该依次看一看其中的每一个可能怎样有害于我们，使我们得以避开，其中的每一个可能怎样有利于我们，使我们得以充分发挥其功效。这个第一部分，将在下一原则中运用充足列举法加以讨论。

其次要谈到事物本身，它们只应该在悟性达到的范围之内予以考虑[④]。在这个意义上，我们把事物分为性质较简单的和性质复杂或复合的。所有这些简单性质[的事物]，只能够或为精神的，或为有形体的，或者两者都涉及。至于复杂性质[的事物]，由悟性体验得知：其中的某些，即使尚未能作出任何确定的判断，也确实是复杂的；但是，悟性本身也组合其他的复杂性质[的事物]。这一切，我们将在命题十二中更为详尽地陈述，并将证明：除非是在悟性所组合的那些[复杂性质]中，不可能出现谬误。因此，我们还要把这类复杂者区别于从十分简单而自明的性质中演绎所得者，这我们将在下一部著作中论述[⑤]；还要区别出那些预示其他、而我们体验得知源出于复合事物者，这

---

① 这里是指星相学。1585年教皇席克斯图斯五世已经明令禁止星相学，并把星相学家提交宗教审判。但星相学作为伪科学的影响至笛卡儿时代，甚至以后，还很强大。

② 这里的“类别”，拉丁原文作 capita，意思不是“章节”，而是同原则七中所用的 classes 和 collectiones 一样的，统译为“类别”。

③ 这三项功能，也可以说是两项，并参阅原则十二。

④ 参阅原则六第一段以及原则十二。

⑤ 下一部著作指后来终未写完的论文《以自然光芒探求真理》。

我们将用整个第三部著作来陈述[①]。

因此,在本论文中,我们将竭力严格遵循人类为了认识真理而可以遵循的一切途径,并且竭力使得读者能够容易理解,这样的话,任何人只要已经充分学会我们的整个方法,无论心智多么低下,也能看出:这些途径,对于他也同对于别人一样,丝毫不是封闭的,而且他再也不会由于缺少才智或技艺而无知无识,而只会是:每逢他运用心灵去认识某一事物,或者他可以完全发现它;或者他可以确定无疑地觉知:它取决于某种超出自己能力的经验,这样他就不至于指责自己的心智,虽然他不得不到此止步;或者他可以证明:所求之物超过了人类心灵所及,这样他就不至于认为自己比别人无知,既然比起其他随便什么来,认识这,并不是较小的真知。

原 则 九

应该把心灵的目光全部转向十分细小而且极为容易的事物,长久加以审视,使我们最终习惯于清清楚楚、一目了然地直观事物。

前面说过,为了进入科学研究,需要运用的仅仅是直观和演绎,我们悟性的这两种运用既已阐述,在这一道和下一道命题中我们就来继续解释:依靠怎样的奋勉努力,我们能够使自己更适合于运用直观和演绎[②],同时更适合于培育发展心灵的两种主要功能,即,明见(用以清清楚楚地察看每一特殊事物)和灵巧[③](用以巧妙地从各事物中互相演绎)。

固然,我们学习运用心灵的目光[④]的时候,正是把它同眼睛加以比较的,因为,想一眼尽收多个对象的人是什么也看不清楚的,同样,谁要是习惯于用一次思维行为同时注意多个事物,其心灵也是混乱的。但是,那些以制作精细品为业的工艺家,已经习惯于使自己的目光集中注意于某些具体的点,久而久之,便获得了准确分辨任何细小精致事物的能力,同样,谁要是从不把自

---

① 第三部著作指《论世界》。

② “更适合于运用它们(直观和演绎)”aptiores ad illas exercendas:运用、练习、实行、实用、实践、运用。笛卡儿在1637年的一封信中说,他的方法“与其说是理论,不如说是实践(pratique)”,因为他在《方法谈》中说,用这种方法,我们的目的“不在于像学校里教的那种思辨哲学……而在于实际运用”。

③ “明见”perspicacitas,“灵巧”sagacitas(聪慧、巧妙、高明)。前者指认识过程第一阶段的觉知的准备性;后者指第二阶段的判断的正确性。

④ “心灵的目光”intuitus,此处不译“直观”,因为,intuitus不仅仅是一种功能(亚里士多德和康德的用法),而且是一种operatio intellectus(心智的作用),例如下面又说“我并不要把心灵[的目光]立即转向磁力……”。

己的思维分散于各个不同的对象，而总是全部用于观察某些十分简单、十分容易的事物，就可以获得一目了然的明见。

然而，世人的通病是：看起来越困难的事物就觉得越美妙[①]；在大多数人看来，如果某一事物的原因非常一目了然而简单，就会认为自己没有获知什么，反而是哲学家深入探究的至高至深的某些道理，即使论据往往是谁也没有足够觉察到的，他们也赞不绝口，当然他们也就跟疯子似的，硬说黑暗比光明还要明亮。应该注意的是相反的情况：有真知的人识别真理倒是更为容易的，对象无论简单，还是暧昧，都早已掌握了其中的道理，因为他们一旦肯定地达到真理，也就是以这样的单独一次明确行为理解了真理。不过，在他们的道路上多样性依然如故，而这条道路通往的真理如果距离最绝对起始原理越遥远，这条道路一定也就越漫长。

因此，应该人人都养成习惯：运用思维同时囊括数量少而且简单的对象，致使自己得以认为，绝不会有任何事物，他们察看之明晰程度比得上他们认识得最为明晰之物。对此，也许有不少人生来比别人合适得多，但是，凭借技艺和实践，我们的心灵也是可以大大提高合适的程度的。有一点，我觉得必须首先在此提出的，那就是，人人都应该坚决相信：不可以从庞大暧昧的事物中，只可以从最易碰见的容易事物中，演绎出最隐秘的真知本身。

因为，例如，假设我想探究：是否有某种自然力能够在同一瞬间通过整个介质而传至遥远的某一地点，我并不要把心灵[的目光]立即转向磁力、或星体的作用力、甚至光作用的速度[②]，去探求是否可能有一些这类作用发生于一瞬间，——这样做的话，事实上更难证明我们所要求的答案；我宁愿考虑物体的局部运动，因为在整个这类事物中它是最可感知的。而且，我还会注意到：一块石头是不可能在一瞬间从一地移至另一地的，因为它是一个物体；但是，类如推动石头的力量这种力，如果以赤裸裸的形态从一物传导至另一物，它就[仅仅][③]是在一瞬间直接传导的。简言之，如果我抖动任意长度的一根棍棒的一端，我很容易就可以想见，棍棒的这一部分所受之力，必定促使棍棒其他各部分都在同一瞬间颤动，因为这时该力是赤裸裸传导的，并不存在于任

---

① “看起来越困难的事物就觉得越美妙”，这种 commune vitium Mortalibus（世人的通病），在柏拉图和斯宾诺莎都有类似的说法。笛卡儿认为，对神妙事物赞不绝口是由于无知，有损于真知的获得，因此，在本论文中一再谴责这种崇拜高深而又多少有些猎奇的心理。

② 笛卡儿认为，光（作用）的速度接近于无限，既然它可以使得光线 ininstant（一瞬间）或 eodem instanti（同一瞬间）从一点移至另一点。但是，他并不把这个速度作为在此探讨的对象，因为他要求的是某种机械力。

③ [仅仅]，是法译者所加。

一其他物体之中,例如存在于一块会把它带去的石头之中[①]。

同样,假设我想知道:同一简单原因是怎么能够在同一时间产生两个相反的结果,我并不要借用医生的那些驱除某些体液而保持另一些体液的药品[②],我也不必对于月亮夸大其词,说什么它用它的光芒使人狂热,又用某种神秘物质使人冷静[③];我只需察看一架天平,放上一个砝码,在同一瞬间它就会抬起一臂,而另一臂则下垂,以及其他类似的事物[④]。

原 则 十

心灵如要获致灵巧,它就必须探求他人所已经发现者,还必须有条理地通观人类技艺的甚至最微末的一切结果,但是,主要还是考察表明以某种秩序为前提的那些结果。

我承认,我生来赋有这样的心灵:它使我一向把研究的最大乐趣不是放在倾听别人陈述道理,而是放在依靠自己的奋勉努力去发现这些道理上[⑤]。只有这,才在我还年幼时把我引向研究科学,因而每逢某本书的书名告诉我们其中肯定有新的揭示的时候,我来不及深入阅读,就连忙尝试凭借自然赋予我的某种灵巧,是否也许能够达到某种相似的成就,我小心翼翼,不愿草草读完,唯恐糟蹋我的这种天真的乐趣。我这种做法常常获得成功,以至我终于发现:像别人目前常做的那样,依靠纷乱的盲目的探求,宁愿借助于侥幸,而不是凭借技艺,我就不能比别人更多地发现事物的真理;同时我也发现:只是通过长期的经验,我才觉知了某些确定的原则,对我帮助不小,运用它们,我终于思考出若干其他原则。我的整个方法,就是这样精心培育出来的,我始终相信,从一开始,我遵循的就是一切研究方式中最有用的。

---

① 不经任何介质的赤裸裸传导,是笛卡儿想探究的理想运动。实际上,他并没有找到。棍棒的颤动当然不是这种运动。他认为,一瞬间直接传导的光作用,快速得即使行星体系一级的经验也不能确定它在时间中占据什么地位,但是,1676年物理学家罗默尔就根据实测作出了相反的论断。

② 以为致人疾病的是某些体液或某种体液搭配,是西方医学的一种古老传统谬见。笛卡儿曾列表说明人们所认为的这种致病原因以及针对之如何投药等等,指出效用适得其反。

③ 笛卡儿已经知道月亮使人发狂之类是无稽之谈。

④ 笛卡儿多次使用天平这个例子,不是说明天平的机械运用,而是借用来说明物质微粒的同时相反运动,犹如天平两臂同一瞬间一翘一垂。

⑤ 在原则一中笛卡儿说:"静观真理而获得乐趣……这可以说是人生中唯一不掺杂质的幸福。"现在这个原则中陈述不一样,但实质还是一样的。不同的只是:前者是静观现成的真理而获得乐趣,这里则强调通过自己奋勉努力去发现某个问题的答案所获得的乐趣。

但是，并不是一切人的心灵都是天然倾向于使用自己的武器去探究事物的[1]，所以，本命题教导的是：不要立即考察十分困难而艰巨的事物，而应该一开始就去弄清楚最微末、最简单的一切技艺，主要是那些最有秩序的技艺，例如，织帆布和地毯的匠人的技艺，或者绣花女的技艺，或编织经纬、使得花样变化无穷的妇女的技艺[2]，还有一切数字运算和有关算术的一切，诸如此类，确实令人惊讶，这一切是多么能够训练心智，只要我们不借用别人的创造发明，而是自己去发明创造！这样，任何事物就不会隐蔽而不为我们所见，一切事物都可适应人类认识的能力，我们就可以清清楚楚地看见无限数量的事物秩序，它们互不相同、却很有规律，人类[心智]的灵巧几乎尽在于严格遵照这些秩序。

因此，上面已经指出，必须有条理地研究这些[问题]，所谓条理，在比较不重要的问题上，通常只是指始终遵循[一定的]秩序：或者是存在于事物本身的秩序，或者是我们凭借思维巧妙[铸造][3]的秩序：比方我们要读出某篇由于使用未知文字而无人能懂的文章[4]，当然它里面毫无秩序，但是，我们将铸造出一种秩序，既可审核关于每个符号、每个字词、每个句子人们可能原来作出的一切判断[5]，又可把它们加以排列，使我们得以经由列举而获知可以从中演绎的一切。我们首先必须避免浪费时间，不凭任何技艺而胡乱猜测这类问题：因为，即使我们不凭技艺也往往能够揭示这些问题[的奥妙]，有时幸运儿甚至可能比有条理地探讨还要发现得快，但是，这样做只会磨灭心灵的光芒[6]，使我们的心灵习惯于幼稚的无聊勾当，使它今后总是满足于事物的表面，而不能更进一步深入进去。有些人仅仅把思维用于严肃的极为高尚的事物，经过成年累月的辛勤劳动，却只获得混乱的知识，尽管他们原来希望获得深刻的知识。为了不致重蹈覆辙，我们应该锻炼自己：首先是探索——但必须是有条理地探索最容易的事物，使我们总是习惯于遵循已知的敞开的道

---

① 笛卡儿在这里实际上是否定这样的人："他们有足够的理性或足够的谦逊，认为自己比起某些别人来，较少能够分辨真伪，认为别人可以教导他们，而他们自己倒不是满足于这些人的见解，不必自己去探求什么更好些的答案"（《方法谈》）。

② 前面说刺绣，这里说的是织花边。当时法国的这种女红是全欧闻名的。

③ "或者是我们凭借思维巧妙铸造的秩序"vel subtiliter excogitatus（或者巧妙地从思维中的），没有动词。"铸造"，为法译者所加。

④ 这里指的是用某种符号书写的文字。1561年在巴黎出版了一本名叫《多种书写和善世玄妙文字》的怪书，据说按照书中安排的办法，就可破译一切未知的文字。显然，笛卡儿认为这是不可靠的，需要重新审核。

⑤ 指重新审核该书中所作的种种判断。

⑥ "只会消磨心灵的光芒"hebetarent tamen ingenii lumen：只会削弱（磨损）心灵的光芒。关于凭侥幸、而不依靠确实可靠的方法去探求事物真理，还可参阅原则四第一段阐述。

路，极为灵巧地把握住事物的内在真理。这样的话，经过不知不觉的进步，在我们从不敢指望的短暂时间内，我们就可以感觉到自己能够同样容易地从明显原理中演绎出若干似乎非常困难复杂的其他命题。

不过，也许会有好些人感到惊奇，不知道我们为什么在探讨如何使自己更适合于从真理中互相演绎的时候，略去了辩证论者们认为只要规定人类理性遵照某些修辞形式，就可以统辖人类理性的那一切准则。他们的结论必然是：理性要是遵从[这种办法]，即使它在某种程度上乐意不去专心致志认真考虑[如何]推论，也可以凭借修辞形式而得出确定无疑的结论[①]。我们略去那些准则，是因为我们已经发现：真理往往不受它们的束缚，恰恰是那些运用这些准则的人自己作茧自缚；别人倒并不经常这样。我们甚至体验到：一切诡辩，哪怕是最有锋芒的，通常也欺骗不了任何运用自己的纯理性的人，而只能欺骗诡辩家自己。

因此，我们应该力戒当我们探究某一事物的真理的时候，让我们的理性随便乐意什么，与此同时，我们还要摒弃那些修辞形式，把它们当做使我们达不到目的的障碍；我们还应该寻求一切助力，使自己得以把思想保持专注状态，就像以下[各道命题][②]将表明的那样。那种修辞术对于认识真理毫无助益，为了更透彻了解这一点，应该注意：辩证论者按照修辞术规则是结构不出任何达到真理的三段论式的，如果他们没有首先掌握构造材料，即，如果他们没有事先知道自己要用三段论式演绎出什么真理的话。由此可见，他们使用那样的一种形式，是不可能发现任何新鲜东西的，因此，一般辩证论对于希望探求事物真理的人毫无用处，只能用来比较容易地向别人陈述早已知道的道理，为此，必须把它从哲学转移到修辞学中去[③]。

原 则 十 一

在察看了若干单纯命题之后，要想从中得出其他推论的话，不妨以

---

① 这里说的是三段论式的修辞形式。在笛卡儿看来，三段论式不能使人获得新的知识，只能以它自己的形式化制造困难；出于它没有效力，还是不能不求助于直观，也就是依靠 adjumenta（外物），增加了复杂性；由于无效，三段论者不得不假定他们的 materia（题材、对象）已知，这样，等于是事后来陈述一通。下一段中又说，“如果他们没有首先掌握构造材料（materia）……”就不能达到真理。

② 大概是指原则十一、十二、十四、十五、十六。这里，笛卡儿表达得不是很清楚。

③ 笛卡儿不认为原始意义上的辩证法也是哲学的一种方法，把它降低为只是论证术、雄辩术，甚至几近诡辩。这些，按古已有之的分类性，只是属于修辞学的。

连续的毫不间断的思维运动把那些命题通观一遍，考虑它们互相之间的关系，也不妨择出若干来尽可能清楚地全面加以构想：只有这样，我们的认识才可以更加确定得多，心灵的认识能力才可以大为提高。

现在是更加清楚地阐述在原则三和原则七中说过的心灵的目光的时候了。前面，我们曾在一个地方说它与演绎相反[①]，在另一个地方我们只说它与列举相反[②]，而对列举我们的定义是：根据互不关联的许多事物作出的综合推论；在同一个地方，我们还说过：单纯演绎从一事物到另一事物，是用直观作出的[③]。

我们必须这样提，因为我们要求的是用心灵来察看两个事物，也就是说，必须使人清楚而明确地理解命题，而且必须是全面一下子理解，而不是逐一理解。而演绎，如果我们按照原则三所述予以看待[④]，似乎不是全面一下子作出的，而是通过某种心灵运动，从一事物推论到另一事物。所以，我们在那个地方[⑤]说它是截然有别于直观的。但是，如果我们稍加注意，[就可以发现]演绎一旦完成，例如原则七所说的那样[⑥]，它就不再是任何运动，而是运动的终止。因此，我们假定：当演绎是简单而一目了然的时候，我们用直观就可得知，当它是繁复错综的时候则不能；后者，我们称为列举，又称归纳[⑦]，因为这时候悟性不能一下子全部把它囊括，要确证它，必须在某种程度上依靠记忆，其中必须记住对于所列举的每一部分的判断，根据所有各部分的判断就可以综合为另一个单一判断。

我们必须作出这些区别，这样才便于进一步来阐明本原则。因为，原则九仅仅论述心灵的目光，原则十仅仅论述列举，而本原则，则阐述这两种作用怎样互相支持、相辅相成，以至于它们通过某种专注地直观每一事物、进而直观其他事物的思维运动，似乎同时成长而合为单独一个作用了[⑧]。

这是具有双重效用的，即，既可以更为确定地认识我们所要达到的结论，又可以使我们的心灵更适合于发现其他结论。因为，结论包括的项如果多于

---

① 参阅原则三和原则二。

② 参阅原则七。

③ 指原则三和原则七。

④ 参阅原则三。

⑤ 同上。

⑥ 指原则七中所论述的充足列举。

⑦ “我们称为列举，又称归纳”：参阅123页注②以及原则七第四段阐述。

⑧ 笛卡儿认为演绎和直观可以在认识过程中合而为一：思维在通观事物的时候，逐渐倾向于返回直观，形成悟性的这两个根本功能（即演绎和直观）之间的一个中项。

我们仅仅一次直观所能掌握的，这一结论的确定性就取决于记忆，而记忆由于不稳定而且容易衰退，必须用这种持续不断、频繁重复的思维运动来重复和巩固。例如，如果通过若干次运算，我得知甲量和乙量之比，随后乙量与丙量之比，丙量与丁量之比，最后得知丁量与戊量之比，我还是不能知道甲量与戊量之比，从我已知之比中并不能求得这个比，除非我把这些比都记住了；因此，我有必要用一次频繁重复的思维把它们通观始终，极为迅速地从始项看至末项，几乎不留一项在记忆里，而是仿佛整个一下子察看全事物[①]。

没有人看不出：由于这个缘故，心灵[运动]之迟缓得以纠正，其能力得以增长。但是，在这方面必须注意的是：本原则的最大效用在于，对单纯命题互相依存关系进行思考，就可以渐渐习惯于迅速识别其中的或多或少相对性，看出怎样逐级把这种相对性归结为绝对。例如，假设我要通观某些连比量，我就要思考这一切[事物][②]，即，我通过容易程度相等的设想，得知甲量与乙量之比，随后，乙量与丙量之比，丙量与丁量之比，如此等等。但是，我不能够以相等的容易程度设想乙量对甲量和丙量同时依存之关系，我更难设想乙量对甲量和丁量同时依存之关系，如此等等。然后，我由此得知：如果已知仅为甲量和乙量，我为什么可以容易地求出丙量和丁量等等：这是因为我运用了几次特殊的逐个的设想。但是，如果已知仅为甲量和丙量，我就不能同等容易地得知中间量，因为如不以一次设想同时包括前几个量中的二量，就不能做到。如果已知的仅为甲量和丁量，要察看两个中量就更为困难，既然这意味着同时三次设想，因此，要根据甲量和戊量求出三个中量，就还要困难了。不过，这也是为什么可以产生不同情况的另一原因，因为，即使四次设想互相联系在一起，也仍然是可以分开进行的，既然 4 可以被另一[整]数除尽。于是，我可以根据甲量和戊量仅求丙量，然后根据甲量和丙量求乙量，照此类推。已经习惯于思考诸如此类情况的人，每逢研究一个新问题，就能立即看出产生困难的原因，以及[予以解决的][③]最简单办法。这对认识真理是极有助益的。

---

① 笛卡儿在《方法谈》中说："……需要长期锻炼，需要频繁重复的玄想，使我们习惯于这样察看一切事物"。

② [事物]，为法译者所加。

③ [予以解决的]，这个定语是法译者加的。

原则十二

最后，应该充分利用悟性、想象、感觉和记忆所提供的一切助力，或者用以清楚地直观单纯命题，或者用以恰当地比较所求事物与已认识事物，以便得知所求，或者用以发现那些应该彼此关联的事物，从而使人的奋勉努力之所及不致有所遗漏。

本原则总结前述一切，从一般方面教给我们以前曾不得不从特殊方面加以阐述[的道理][①]。有如下述：

为了认识事物，只需掌握两个[项_][②]，即，认识者：我们；和应予认识者：事物本身。在我们身上仅仅有四个功能是可以为此目的而用的，那就是，悟性、想象、感觉和记忆[③]：固然，只有悟性能够知觉真理，但是它必须得到想象、感觉和记忆的协助，才不至于使我们的奋勉努力所及者随便有所遗漏。在事物方面，只需审视三项，首先是自行呈现在我们面前者，其次是某一事物怎样根据另一事物而为我们所知，最后是哪些事物从哪些事物中演绎而得。我觉得这样的列举是完备的，人的奋勉努力所能扩及的一切皆无遗漏。

因此，在转向头一项[即我们]时，我本想在这里先说一说人的心灵是什么，人的肉体是什么，前者如何塑造后者[④]，在这整个复合体中[⑤]用以认识事物的各功能又是什么，还有每一功能的特殊作用是什么，然而，我感到这里篇幅太小，无法尽述为使人人略得窥见这些事物真理而必备的前提。因为，我一向希望：为了不对足以造成争论的事情肯定己见，我写的东西中并不事先端出使我得出结论的那些理由，自己认为也可以使别人信服的那些理由来。

但是，现在既然我没有闲工夫，尽量简略说一说以下一点也就行了：我们

---

① “……从一般方面教给我们前曾不得不从特殊方面加以阐述[的道理]”，这似乎与原则七所说“……这篇论文其余篇页中……我们将只把这里已经概略而言的东西具体予以申述”相矛盾。对此，可以这样解释：原则七和原则十二都是一般概论，而这两个原则之间从第八到第十一原则是具体申述，但还有一种理解，就是笛卡儿后一句话的意思应为“……从一般方面教给我们以后将必须从特殊方面加以阐述[的道理]。”

② [项]，为法译者所加。

③ 这四种功能完全是亚里士多德在《论灵魂》中的说法。

④ “前者如何塑造后者”中的 informare 并不完全等于法语的 informer。拉丁原文这个词还含有“形成”、“塑造”、“使认识”等等意义。这个词常常被根据法文、英文，译成“报告”、“报知”，是错误的。即使法语的 informer，一百多年之后的狄德罗也常用拉丁词源的本意。

⑤ 参阅原则六中关于绝对和相对的论述。但，还不止于此，笛卡儿在这里用“复合体”一词，也是从他的本体论出发，概括肉体和灵魂的关系。汉译者认为不能据此认为笛卡儿是二元论者。

心灵中赖以认识事物的一切,应该怎样设想才是最有利于我的意图的。除非你自己乐意,你可不要以为事情就是这样的。不过,又有什么使你不去遵守[我提出的]这些假设,如果看来它们丝毫无损于事物的真理,只会使所有这些事物更为清晰得多?正如在几何学中你可以关于量作出种种假设,也绝不会损害证明的力量,即使在物理学方面,你会对于这些假设的性质有完全不同的看法。

因此,首先应该设想,一切外在感觉,只要是属于身体的一部分,即使我们是通过某一作用,即,通过某一局部运动,把它们施及客体,哪怕是仅仅由于激情的作用,它们也还是可以感受[事物]的,根据的是与蜡从封印接受其形象同样的道理。不要以为我这样说是打比方,而要设想:有感觉的身体的外在形象确实是受到客体的作用,作用的方式绝对与蜡的表面上的形象①是受到封印的作用一样。不仅应该在我们接触某一具有形象的物体、或具有硬度或粗糙面等等的物体时承认这一点,在我们由于触觉而知觉热或冷等等时也应该承认。其他感觉也是这样,即,[我们]在眼珠里首先[碰到的]不透明体②,就是这样通过具有各种颜色的光运动而接受印入的形象的,耳膜、鼻膜、舌膜,因为不向客体开放通路,这样就从声、嗅、味获得其他形象。

这样设想这一切,是大有助益的,因为最易受到我们感觉的就是形象:我们实际触得到形象,也看得见它。这一假设比任何其他假设更不会产生谬误——这一点我们可以这样来证明:形象的设想是最为普遍、最为简单的,因而任何可感知的事物中都包含着它。简言之,你纵然可以随意把颜色假设为什么,你总不能否认它有其广延,从而它是有形象的。因此,要是我们这样做,又有什么不好呢:即,力戒冒冒失失地炮制或毫无用处地接受任何新的存在物③,也不因而就否认别人已经作出的关于颜色的判断,我们从颜色中排除任何其他[因素],只保留它的形象性质,设想白、蓝、红等等的互相差异是同下面这些形象之类的互相差异一样的:

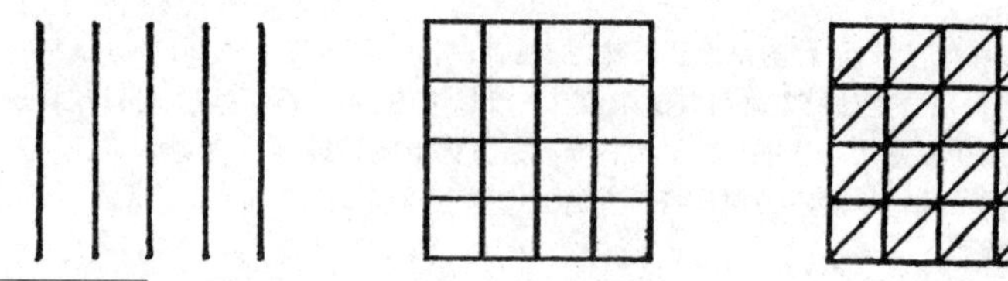

① “形象”figura,又义“花纹”、“图形”。

② “[我们]在眼珠里首先[碰到的]不透明体”,原句意思含混([我们]、[碰到的]都是法译者加的)。可以设想,笛卡儿当时已经知道眼球内部的构造,因为在阿姆斯特丹,关于眼球解剖学情况,在1629至1632年之间有了一些了解。虽然本论文写作年代下限为1628年,但笛卡儿作为自然科学家先于别人得知,也不是不可能的。

③ 笛卡儿在他的书信中用过“哲学存在物”、“实体”等等。

对一切事物都可以这样说，因为，确实无疑，图形的数量是无穷无尽的，足以表示可感知的一切事物之间的一切差别[①]。

第二，应该设想，外在感觉受到某一客体作用的时刻，它所接受的形象立即就传导至身体的某个其他部分，即所谓通感[②]的那一部分，却并没有任何实在物从一点传至另一点：这就完全像我现在正在写字，我清楚地感到：就在每个字母写在纸上的瞬间，不仅鹅毛笔的下端在动，而且每一动，即使极其轻微，也为笔的全部整个接受，动的各种差异又从笔的上端在空中摇晃中表现出来，虽然我不设想有任何实在物从一端传至另一端。又有谁会认为，人体各部分之间的联系不比鹅毛笔各部分之间的联系更为密切；要清楚地表达这一点，难道通过思维还能找到比这更为简单的例证吗？

第三，应该设想，通感还起封印的作用，就像打在蜡上一样，对幻想或想象[③]形成印象，或者说，意念，也就是，来自外在感觉的那种无形体的纯粹形象或意念[④]；这种幻想是身体的一个真实部分而且具有相当大的体积，因而它的各个部分都可以取得不少彼此不同的形象，而且通常把这些形象保持相当长的时间：这时就是人们所称的幻想。

第四，应该设想，原动力，或者说，神经本身，来源于大脑，幻想就在大脑里面，对神经起各种不同的作用，就像外在感觉作用于通感，或者，就像笔的下端作用于整个的笔。这个例子还说明：幻想是怎样成为神经的许多运动的起因的，虽然幻想本身并不包含特定意象[⑤]，而是只有若干引起神经运动的其他意象：因为，鹅毛笔并不跟着它的下端同样摇晃，相反，它的绝大部分似乎在作完全不同的相反的运动。由此可以想见，其他动物的一切运动是怎样产生的，尽管我们根本不承认它们能够认识事物，只具有纯肉体的幻想；同样，可以想见，我们自己的那些完全不用理性助力即可完成的功能运用又是怎样完成的。

---

① 把事物的种种差异用几何图形表示，这是笛卡儿感性观的重要特征。既然笛卡儿的方法是把一切事物最终归结为最简单物，那么，包括颜色在内的一切也就可以化为形象（图形）了。关于各种颜色的差异，培根也得出过类似的结论，不同的是不表达为几何图形，而是表达为物理学的物体。

② “通感”sensus communis。从亚里士多德起，许多哲学家认为，外在感觉达至人体内部，虽然通过不同的sensus，但集中并传导其作用的是一个总的sensus，那就是sensus communis。笛卡儿认为这个通感的原动力仍在大脑，而支配大脑的是所谓的“认识力”。

③ 在本论文中笛卡儿多次把幻想和想象等同为一。他在《论世界》和《论人》中也是这样。

④ 在笛卡儿看来，外在感觉对主体形成形象，也就是形成意念。

⑤ 像其他若干哲学家一样，笛卡儿把意象分为species impressa和species expressa两种。后者是前者的结果：当客体被感知时，首先形成的是species（观，貌，意象）impressa（映入的、打印的），它并不说明该事物的特质；然而才由睿智或理性，经类比后，确定为species expressa（expressa：表达出来的、特殊确定的）。

第五，应该设想，我们赖以真正认识事物的那种力量，纯是精神的，与肉体截然有别，有如血之于肉、手之于目。它是独一无二的力量，无论它同幻想一起接受[来自]通感的形象，还是运用于记忆所保存的形象，还是形成新的意念，占据想象，使得想象往往不再足以接受[来自]通感的意念，也不再足以按照纯肉体构造把这些意念传导给原动力。在所有这些情况下，这种认识力或者死滞，或者活跃，有时模仿封印，有时模仿蜡；不过，这里只可以当做比喻看待，因为有形体的事物中没有一样是绝对与它相似的。就是这个独一无二的力量，当它与想象一起运用于通感的时候，就称做视、触等等；要是单独运用于想象而保持各种形象，就称做记忆；要是也运用于想象却形成新的印象，就称做想象或构想①；最后，如果它单独作用，则称做领悟。（最后这个是怎样的，我将在恰当的场合详尽阐述②。）因此，这同一力量，依功用之不同，或称纯悟性，或称想象，或称记忆，或称感觉，但是，恰当的称呼是心灵，无论它在幻想中形成新的意念，还是用于已有的意念，都应如此。我们认为它是适宜于这几种不同的功能运用的，因此以后我们应该谨守这几个名词之间的区别。上述一切既已设想，专心的读者自然会得出结论，知道从哪种功能寻求怎样的助力，知道人的奋勉努力可以发挥到怎样的程度去弥补心灵之不足。

正如悟性可以或受作用于想象，或作用于想象，同样，想象可以把感觉运用于客体，从而通过原动力作用于感觉，或者相反，把各物体的意象映入想象，从而使感觉作用于想象。然而，至少那种有形体的、相似于动物反射记忆的记忆③，与想象毫无区别，由此必然得出这样的结论：悟性如果作用于没有形体或似乎没有形体的[事物]，它是不能从上述那些功能得到任何助力的，相反，要想使那些功能不妨碍悟性发挥作用，就必须使感觉不影响悟性，同时尽可能从想象中去除任何独特的印象。但是，假如悟性打算考察的某一事物与形体相联系，我们必须在想象中形成该事物的尽可能最独特的意念，而且要想更为方便地获得这一意念，还必须使外在感觉看见该意念所代表的该事物。其他一切都不能如此有助于悟性清晰直观各别事物。这样，为使悟性得

---

① 笛卡儿实际上还把想象和记忆也等同看待，区别只在于记忆保持了想象中形成的各种形象，如是新的形象，那就成了想象。

② 遗留下来的论文原来就是残缺的，并没有“详尽阐述”。

③ 笛卡儿经常把记忆区分为两种：睿智的和肉体的（有形体的）。例如，据巴伊叶说，除了这种依附于肉体的记忆之外，笛卡儿还承认另有一种完全睿智的记忆，仅仅依附于灵魂。笛卡儿在1640年4月1日给麦尔塞纳的信中是这样说的：“……一个弹琉特的人有一部分记忆是在双手里面，因为，他长期习惯而获得以各种方式伸缩、摆弄手指的灵活性，促使他记住他必须如此摆弄才弹奏得出来的那些段落。这你会很容易相信的，假如你愿意认为人们所称的局部记忆是在我们以外……不过，除了这种依附于肉体的记忆之外，我还承认另有一种完全睿智的记忆，仅仅依附于灵魂。”

以从若干汇集在一起的事物中演绎出某个单一事物（我们经常必须这样做），就必须把不能使我们注意力集中的一切从事物意念中排除出去，从而使得记忆可以十分容易地记住其余的一切；同样，此后就再也没有必要把同一事物原样置于外在感觉面前，只需提出各该事物的某些简略形象，就可以被我们记住，越简略（只要它们尚足以使我们还留有记忆），就越容易存在[于我们的记忆中][①]。谁要是照此办理，我看他对这一部分论述是绝不会遗漏丝毫的。

为了使我们现在也可以研讨第二部分，为了仔细区分简单事物概念与从中组合的事物的概念，为了考察这两种情况，看出两者各自可能有什么谬误，使我们得以避免，看出我们一定能够认识的是哪些，使我们得以专力攻之，这里，同上面一样，我们必须接受某些也许不是人人都接受的命题，即使人们认为它们不真实，不比天文学家惯于用来描绘天文现象的那些假想圆更真实，也没有什么关系，只要借助于这些命题，我们得以分辨任何事物之认识，怎样是真实的，怎样是谬误的，就行了。

因此，首先我们要说，应该按照事物呈现于我们认识时的那种秩序，依次逐一考察，而不是我们按照各该事物真实存在的情况去说它们时那样[②]。因为，简言之，假设我们考察某一有形象的广延物体，我们一定会承认：它从事物本身来说，是单一而简单的，因为，在这个意义上，不能够它是由形体性、广延、形象复合而成的，既然这些部分从来没有彼此分离地存在过；但是，从我们的悟性来看，我们称该物体为这三种性质的复合，因为我们先是分别领悟这三者，然后才能够判断它们共同存在于单一主体之中。为此之故，由于这里我们研究的事物只限于我们凭借悟性而觉知者[③]，所以，我们称为简单的，只是那些认识得一目了然而独特的事物，它们那样一目了然而独特以至于心灵不能把它们再分割成类如形象、广延、运动等等心灵所知最独特的若干其他物[④]；但是，我们设想，一切其他都在某种程度上是这些事物的复合。对这

---

① 参阅原则十四、十五、十六的有关部分。

② 笛卡儿认为，任何事物的被认识，首先是从它对悟性的关系中。就悟性来说，被认识的任何事物都是简单物（简单性质）的复合，而我们领悟这些性质，依照的是它们呈现于我们认识时的那种秩序，并不问它们可能是怎样的revera（真实存在状态）。所以，笛卡儿在下面又说，我们先领悟（用悟性来直观）物体中的简单性质，如形体性、广延、形象，而且是按照它们先后呈现的秩序，我们并不是一下子就通观整体的，判断这些简单性质"共同存在于单一主体之中"只是以后的事情。

③ 原则八中已经把所研究的事物划分为两部分：nos qui cognitionissumus capaces（有认识能力的我们）和res ipsæ, quæ cognsci possunt（能够被认识的事物）。在本原则开始的部分也说到这样的两个项。现在，笛卡儿说，这里只限于研究后者，其实只是从上一段开始才进入这个第二部分的研究。

④ 把事物逐级分割，以求认识其中最简单物，这是由于心灵分辨的需要；因此，这个分割过程一旦终止，并不是由于认识对象已经真实分割到了极限，而是形成复合的、认识所需的因素，已经认识得足够清楚。至于simplex（简单），笛卡儿认为，标准是明证（evidens），这在本论文中已经多次指出。

一点，我们应该就其广义来看待，才不至于把那些有时要通过简单事物的抽象化方可得到的事物视为例外：例如，假设我们说形象乃广延物之终极，这时我们认为终极一语比形象一语更为广泛，因为我们还可以有延续的终极、运动的终极等等说法。[它们不是例外，是]因为，这时纵使终极的内涵得之于形象的抽象化，也不可以就此认为其内涵比形象[的内涵]简单；不如说，既然终极的内涵也是其他事物例如延续或运动等等的极限之属性，而延续或运动等等却是与形象迥然不同的东西，因此，终极的内涵应该是得自[所有]这些事物的抽象化，从而是性质各有极大不同的若干事物复合而成的某种东西，仅仅模棱两可地适合于这些性质的某种东西。

第二，我们要说，那些从我们的悟性来看，被称为简单的事物，它们或者是纯睿智的，或者是纯物质的，或者兼而有之。纯睿智的，就是我们的悟性凭借自然赋予我们的某种光芒，无须借助于任何有形体的形象即可认识的那些：确实，此类事物是不少的，都不能够虚构任何形体意念以觉察其存在，举凡认识、怀疑、无知之类皆是，可以称为意志力的意志作用也是，还有其他一些；此类事物，我们仍然是可以认识得真切的，甚至很容易就可认识：只需借助于理性就行了。纯物质的，就是仅在形体中才可认识的那些：类如形象、广延、运动等等。最后，应该称做兼而有之的，是或者归于有形体事物、或者归于精神事物俱无差异的那些，例如存在、统一、延续，诸如此类。比附于此类的，还应该有哪些共同概念：它们有如某种纽带，把简单物互相联系起来，由于它们不言自明，而成为我们推理以得结论的根据。它们中有：等于同一第三量的两量相等；同样，凡不能与同一第三者有相同关系者则彼此差异，等等。当然，这些共同概念之得以认识，或是通过纯悟性，或是凭借纯悟性直观物质事物意象。

随后，在这些简单物中，还应该计算一下：随着我们领悟的程度，它们被剥夺、被否定的有多少：因为，我们借以直观乌有、瞬间或静止之类的认识，与我们借以领悟存在、延续或运动之类的认识，同样真实[①]。这种看法有助于我们随即指出：我们的一切其他认识都是根据这些简单物复合而成的；因此，如果我判断某一形象不动，那么我就可以说，我[这时]的思维是由形象和静止以某种方式复合而成的，其他照此类推。

---

① 笛卡儿认为这些对应项都是同样真实的。他在《论世界》中说："……他们（哲学家）认为运动是比静止确凿得多、真实得多的一种存在物，他们说静止只是运动的被剥夺。"把运动和静止这样看成对等，是笛卡儿终于提出他的惰性原理（在 *Principia Philosophia*《哲学原理》中）道路上的重要一步。

第三，我们要说，这些简单物都是不辨而知的，而且绝不含有任何谬误。这一点将很容易显示出来，只要我们把赖以直观和认识事物的悟性功能同赖以作出肯定或否定判断的悟性功能区别开来；因为完全可能，我们原以为不知道某些事物，其实却是我们认识的，这就是说，要是我们推断：在我们所直观的以外，或者，在我们思考所及的以外，存在着对我们仍然隐藏着的、却被我们的思维呈现为谬误的其他某种东西。正因为如此，如果我们竟然认为，这些简单物中有任何一个是我们不能完全认识的，那我们显然就错了。因为，只要我们的心灵触及它，哪怕只是极其微小的一部分(毫无疑义必然如此，既然我们已经假设我们对它有所判断)，仅此一端，就可以得出结论说，我们对它有完全的认识；因为，否则的话，就不能够说它是简单的，而应该说它是由我们对它所知觉者以及我们判断对它所不知者复合而成的。

第四，我们要说，这些简单事物彼此的结合，或者是必然的，或者是偶然的。必然的，是说其中之任一，由于某种不知其然的原因，被包含在对另一的设想之中。以至于如果我们把两者看成彼此隔绝，就无法清清楚楚设想其中之任一。形象结合于广延，运动结合于延续或时间，诸如此类都是如此，因为不可能设想没有任何广延的形象，或没有任何延续的运动。据此，同样，如果我说 4 加 3 等于 7，这一组合也是必然的；因为我们实际上无法清清楚楚设想 7 之数，要是其中不由于某种不知其然的原因而包含 3 之数和 4 之数。正是这样，凡涉及形象或数字所能证明者，必然同赖以肯定这一证明者相符合。这一必然性不仅存在于可感知之物中，而且存在于[这样的事实中]：苏格拉底说他怀疑一切，由此我们必然可以推见：他因而至少确实领悟他在怀疑，同时，他因而认识某一事物可以是真实的、也可以是错误的，如此等等：而这些必然是结合于怀疑的性质的。相反，偶然的，是说那些相互并无不可分关联的事物的结合，例如，我们说，某一物体有生命，某人穿了衣服，等等。但是，也有许多事物，彼此必然结合，大多数人却把它们列为偶然，并不注意它们之间的关联，例如这道命题：我在，故上帝在；同样，我领悟，故我有一个有别于身体的心灵，等等。最后，应该指出，有若干必然命题，其逆命题是偶然的，例如，虽然由我在而必然得出结论说上帝在，由上帝在却不可以肯定说我也存在[①]。

第五，我们要说，撇开这些简单物，我们就丝毫也不能领悟它们互相组合

---

① 这个“第四”下面的论述大致包括了笛卡儿的六个沉思的全部要点：怀疑与确信、我和上帝、心灵作为有别于肉体的存在、我作为先于世界的存在，等等。只是，这里没有像《沉思集》中那样，把这些组成先后相继的系列。

而成的混合物。看到若干简单物彼此结合的全貌，往往比孤立[考察]其中之一更为容易，例如，我可以认识一个三角形，即使我未曾想到对它的认识也包含着对于角、直线、3之数、形象、广延等等的认识；尽管如此，我们仍然能够说，三角形的性质是由所有这些性质组合而成的，它们甚至比三角形更为我们所认识，既然我们在三角形中领悟的是它们；不仅如此，同一三角形还包含着其他也许为数甚夥的、我们还不认识的性质，例如，三[内]角[之和]等于两直角之量，边与角之间不可胜数的关系，或者面积，等等。

第六，我们要说，我们所称复合之物得为我们所知，或者是因为我们从经验中得知他们是什么，或者是因为是我们自己把它们复合出来的。——我们从经验中得知我们通过感觉而知觉的一切，得知我们听见别人所说的一切，概括而言，就是得知或者经由其他途径、或者从对自己沉思静观出发[①]而达到我们悟性的一切。这里必须指出，悟性绝不可能为任何经验所欺，只要悟性仅仅准确地直观作为悟性对象的事物，从而或者掌握该事物本身或者其幻影，而且只要悟性不认为想象可以忠实反映感觉对象，也不认为感觉可以再现事物的真正形象，也不认为外界事物始终是它们表现的那样。在这一切方面，我们常常有错误。这就好比有人对我们讲一则神话，我们却以为它是过去时代的[真实]伟绩；又好比一个人得了黄疸病，把一切都看成黄色的，因为他的眼睛染成了黄色；也好比忧郁病患者常常由于自己的想象是病态的，就认为想象所产生的幻影中的混乱就是真实事物的再现。然而，同样的事物是骗不了智者的悟性的，因为他会这样判断：他受之于想象的一切，固然确实描绘在想象之中，但是，他绝不敢保证：从外在事物转化为感觉，从感觉转化为幻想，是完整而且不变质的，是没有任何变化的，除非他事先已经由于某种其他原因而认为这样。——每逢我们认为所领悟的事物中有某种东西，是我们的悟性未能凭借任何经验立即觉知的，这样的时候就是我们自己来组合这些事物，这就好比黄疸病人深信所见的事物是黄色的，在这一点上他的思维就是由他的幻想对他所呈现者和他得之于自身者组合而成的，亦即，[他认为]黄色的出现，不是由于眼睛的毛病，而是因为他看见的事物确实是黄色的。由此可见，我们上当受骗，只能在我们自己以某种方式组合我们所信之物的时候。

① “或者从对自己沉思静观出发”：笛卡儿在《方法谈》中说：“既然决心不再寻求其他真知，只寻求可能在我内心存在的、或者在世界这本大书中可能存在的真知，我就把我青年时代所剩岁月用于……觉察我自己……也到处进行对于呈现的事物的沉思，使我能从中获益。”在笛卡儿看来，沉思是思维的普遍性质，沉思的对象或是物质，或是观念，或是经验，其中有一个就是对我自己沉思，“沉思我所怀疑者”(《方法谈》)。

第七，我们要说，这种组合的实现可以有三种方式：通过冲动，通过推测，通过演绎。通过冲动而组合事物判断的是这样的人：他们受自己心灵的驱使而相信某一事物，事先并没有任何原因使他们相信，只是或者为某种崇高力量所左右，或者为自己的自由[抉择]所左右，或者为幻想的某种倾向所左右：第一种情况绝不会使人受骗，第二种少有使人受骗的，第三种则差不多总是使人受骗；不过，第一种情况与本书无关，因为它不属于所述技艺的范围。通过推测，比方说水，它比陆地较为远离[世界][1]中心，也是一种[比陆地]较为精致的实体，又比方说空气，它比水高，也比水稀少，由这两点我们推测出[2]：在空气上面没有其他，只有某种十分纯净的以太物，比空气精致得多[3]，如此等等。我们通过这种推理而组合的一切，当然不会引我们上当，只要我们认为它或有可能，绝不肯定其为真实无误；不过，它[也]不会使我们更有学识。

剩下的只有演绎，我们可以通过演绎组合事物，使我们能够肯定事物的真实性；不过，仍然可能有一些缺点，例如，一个充满空气的空间，我们无论用视觉或触觉或任何其他感官，都不能知觉其中有任何东西，我们就会得出结论说：它里面什么也没有，这样就错误地把真空的性质与该空间的性质混为一谈了。每逢我们认为能够从某一特殊事物或偶然事物中演绎出某种一般观念或必然观念的时候，都[有可能]发生上述情况。不过，避免这种错误还是我们力所能及的，即，只要我们绝不把任何事物彼此组合在一起，除非我们根据直观已有把握断定两事物结合是必然的，比方说，鉴于任何形象必然与广延有极为密不可分的关系，我们就可以演绎而知：非广延之物皆不能有形象，如此等等。

综上所述，可以推见一：我们已经清清楚楚地——而且我觉得，使用的是充足列举法——陈述了最初我们只能够含糊地粗略地运用雅典娜[给予我们的武器][4]加以证明的一切，即，人要确定无疑地认识真理，除了直观以达明证和进行必要的演绎之外，别无其他道路可循；同时，我们也清清楚楚地陈述了何谓简单物（第八道命题就是以此为内容的）。一目了然的还有：心灵直观所及，不仅包括认识简单物，也包括认识必然联结简单物的极为密切的联系，还

---

① [世界]，为法译者所加。

② “通过推测”是说关于水和空气的推测，由这两点又推测出：“在空气上面……如此等等。”

③ 笛卡儿在《论光》中说：“哲学家们断言，在云层上面有某种比我们这里的空气精致得多的空气，它不像地球上这种空气由蒸气组成，而是一种独立的元素。他们还说，在这种空气上面还有另一种物体，更加精致得多，他们称之为火元素。”

④ 笛卡儿使用“雅典娜”，显然不是把她仍然作为战斗女神，而是指明她的另一身份，即智慧、睿智、一切技艺的女神。[给予我们的武器]，为法译者所加。

包括悟性所经验的恰恰存在于悟性本身之中或幻想之中的一切其他事物。至于演绎，下面我们将更详尽地论述。

可以推见之二：无须花很大力气去认识这些简单物，因为它们自己就表现得相当清楚；只需尽力把它们互相区别开来，逐个以心灵的目光加以注视，以求全部直观清晰。事实上，任何人的脑子也不会这样愚钝，竟然看不出坐着就与站着的自己多少有些不同：不过，并不是人人都分得清楚姿势的性质同包含在关于姿势的思维之中的其他东西，也不是人人都能断定：除了姿势之外什么都没有改变。我们在此提醒一下并不是没有用处的，因为常有饱学之士一贯相当精明，居然有办法在道理不言自明、农夫也绝非不知道的事物上把自己搞到盲目的地步[①]。只要他们尝试陈述什么由于更为明显的事物而不言而喻的事物，他们每次都要这样干，因为他们要么尽说些不相干的话，要么什么也说不清楚。事实上，有谁看不出：只要我们改变地点，无论如何总会有些变化；又有谁听见别人对他说“地点，即是游动体之面积[②]”的时候，会也抱[亚里士多德的]这种看法呢？其实，这一面积是可能改变的，却无须我作任何运动或改变地点；或者相反，它可以随我而动，因而它虽然环绕着我，而我却不在原来的地点了。尽人皆知的事情——“运动”，有人确定其定义为“具有能量的存在物的尽其能量之大小的行为”[③]，然而，难道听起来不像玄妙真言一般，其含义也暧昧，非人类心灵之所及？达一妙语又有谁理解呢？何谓运动，谁还不知道么？这岂不是等于要在藤杆上找结节[④]么？所以，必须指出，绝不应当用这类定义解释事物，否则，我们就掌握不了简单事物，只能去理解其复合物，而每个人按照心灵光芒[的指引]悉心直观的，却只应当是那些已从一切其他事物孤立出来的事物。

可以推见之三：人的一切真知，只在于清晰地看出：这些简单物是怎样互相协力而复合为其他事物的。注意这一点是极为有用的，因为每逢人们提出要考察一个困难事物的时候，往往谁都连门槛也没有跨进去，还没有拿定主意他们的心灵究竟遵循哪种思维为好，就竟然打算探求一种他们前此还不认识的新奇存在物。比方说，有人询问磁石的性质，他们便以这事艰巨而困难

---

① 笛卡儿常把“饱学之士”、“哲学家”用于讽刺的意味。他在1629年11月20日的一封信中说：“以语言为手段，农夫对于事物真理的判断，也可能超过现在哲学家们的判断。”他在《论光》中说：“为了使哲学家，毋宁说诡辩家，在这里不致有机会施行其表面上的精明……”

② 均为亚里士多德的名言，见他的《物理学》。

③ 均为亚里士多德的名言，见他的《物理学》。

④ “在藤杆上找结节”，犹言“画蛇添足”，因为藤杆是光溜溜的，一个疙瘩（或结巴）也是找不到的。

为理由，慌慌张张使自己的心灵回避一切彰明昭著的事物，而去探究最困难的事物，瞎闯一阵，指望穿过重重因果关系之荒漠空间漫游，也许最终可以发现什么新玩意。然而，只要考虑到：磁石中所得而知者，无一不是不言而喻的简单物，确切懂得该做的是什么，那就首先要细心搜集有关这种石头可能已有的一切试验，然后努力从中演绎，弄清楚简单物之必然混合是什么才能够产生我们已经感到存在于磁石中的一切效应；一旦发现，我们就可以毫不犹豫地肯定自己尽已有试验所能发现的限度，弄清楚了磁石的性质。

最后，综上所述，可以推见之四：不应该认为，在某些认识中有些事物比另一些暧昧，既然这些事物的性质都是一样的，只是不言而喻的事物复合而成的。这一点，差不多没有人注意到；有些狂妄自大的人却抱着相反的成见，竟然肆无忌惮地把自己的推测说成真正的证明，他们甚至对于自己全然无知的事物，也预言能够透彻知晓往往如隔九里迷雾、极为暧昧不明的真理。他们提将出来，倒也神色自若，听任自己的设想为他们惯常用于夸夸其谈、废话连篇的某些辞藻所支配，其实他们自己和听众谁也不懂是何云哉。但是，比较谦虚的人，仅仅因为自认力所不逮，就往往竭力不去研究为数甚夥的困难事物，尽管对于日常生活会有极大方便而且至为必需；他们却认为，这些事物是比自己更有心智的人才有能力知觉的，于是，他们便赞同那些由于有权威而比较为他们所信服的人的见解。

第八，我们要说，能够演绎的只是：从词句到事物，或者从结果到原因，或者从原因到结果，或者从相类物到相类物，或者从部分到部分或到整体……[①]。

此外，为了使任何人都不至于认识不到我们这些准则的相互关联，我们才把一切可得认识的事物区分为简单命题和问题。关于简单命题，我们没有提出其他准则，已提无非是使认识力有所准备，以便极为清楚地直观、极为敏锐地审视随便什么对象，既然一切对象理应自行呈现，无须我们去寻求。我们在头十二条准则中所概述的正是这样；我们认为，这十二条已经足以使人懂得：我们以为应该怎样才能够或多或少比较容易地运用理性。但是，在那些问题中有一些是我们完全领悟的，虽然我们不知道它们的答案；这类问题我们将只在紧接在本原则后面的十二条原则中去论述；还有一些问题是我们

---

① 这一段显然没有完，相似的陈述在下一原则中再次出现（原则十三的阐述第三段）。

并不完全领悟的,我们把它们留待最后十二条原则[去研讨][①]。我们是有意作出这一区分的:这样做既是为了不至于不得不说出只有先知道了后面的论述才能搞清楚的东西,也是为了先教那些我们觉得要培育心智就必须一开始就研究的[事物]。必须注意,在我们完全领悟的问题中,我们列入的只是我们看得出其中包含三个[询问]的那一类,这三个[询问]就是:我们所寻求的事物一旦呈现,我们可以依据怎样的标志去识别它们;我们应据以演绎者究竟是什么;怎样证明这二者互相依存,无论根据什么理由都不能改变其一,而其二不随之而变。因此,我们自己应该掌握一切前提,而教给人的无非是找到结论的办法,当然,这并不是说从某一简单事物中演绎出一个单一项:我们已经说过,这无须任何准则也可以做到;而是说,以巧妙技艺推演出一个依附混杂在一起的其他项的一个单一项,而所需的心智能力运用绝不超过作出最简单的推论。大多为抽象的这类问题,几乎全部出现在算术和几何中,对于不精通算术和几何的人似乎没有什么用处,我却要说,凡希望透彻掌握下一部分方法(下面我们论述的将是其他一切事物),都应该已经长久努力学习掌握这一技艺并已加以实践。

原则十三

> 我们要透彻领悟一个问题,就必须把它从任何多余的观念中抽象出来,把它归结为一个十分简单的问题,并且把它分割为尽可能最细小的部分,同时却不忽略把这些部分一一列举。

我们效法辩证论者的只是:正如他们为了教人以三段论式的形式,先要假定已知各项或已知题材,我们也事先要求人们已经透彻领悟所提问题。虽然如此,我们并不像他们那样区分首尾两项与中项,而是用下面的方式全面考察事物:首先,任何问题中都必定有某一点是我们不知道的,否则的话,寻求岂不无谓?其次,那一点一定是多少已被指示了的,否则的话,我们就不会下决心去发现它,而不去寻找任何其他;再次,用以指示它的只能是另一已知点。凡此种种也存在于不完全问题中,比方说,我们寻求磁石的性质,对于磁石和性质这两项是什么意思,我们的理解是已知的,惟其如此,我们下决心去

① 笛卡儿原拟写三个部分,即三个十二条。这里说到的“本原则后面的十二条”和“最后十二条”指第十三条至第二十四条,原定的第二十五条至第三十六条。遗稿只剩二十一条,可能是他自己没有写完。

发现的是此，而不是任何彼，诸如此类。但是，此外，为使问题完全，我们要求它必须是这样明确的：使我们不至于寻求任何其他，而只寻求从已知中可以演绎出来的[事物]，比方说，有人问我：根据吉尔伯特[①]自称做过的实验，关于磁石的性质，究竟应该作出什么推论，无论他的实验是正确的、还是错误的[②]；又如，假如有人问我仅仅根据以下前提，我对声音的性质作何看法：设A、B、C三根弦发出同样的声音[③]，其中B比A粗一倍，但不比A长，又，B以两倍的重量紧绷着；而C丝毫不比A粗，只是比A长一倍，却以四倍的重量紧绷着，等等。由此可见，一切不完全问题都可以归纳为完全问题，这一点将在恰当的地方更详尽陈述。还可以看出，可以怎样根据本原则，把一个充分理解了的困难从任何多余观念中抽象出来，把它归结成这样：使我们不再认为自己受这个或那个[具体]主体的约束，而只是一般地把某些量加以比较，因为，简言之，在我们下决心仅仅考察了某种或某种磁石实验之后，要使我们的思维脱离其他一切磁石实验，就不存在任何困难了。还要指出，应该把困难归结为一个十分简单的问题，即，按照原则五和原则六加以归结，并且把它按照原则七加以分割，比方说，我要依据若干实验研究磁石，我就一一分别通观这些实验；又如，关于声音，如上所述，我就分别比较A弦和B弦，然后比较A弦和C弦，等等，然后运用完全列举法概括它们全部。纯悟性应该尊重的，只是涉及某一命题各项的那三点，然后才力求最后解决这一命题，如果我们觉得有必要运用以下十一条原则的话[④]。为什么必须这样做呢，从本论文第三部分[⑤]中可以十分明显地看出。此外，我们所说问题一词，指的是其中存在着对或错的一切；必须列举问题的不同种类，才能够确定关于每个问题我们做得到的是什么。

前面已经说过[⑥]，对于无论简单事物或复合事物仅仅察看一次是不可能有谬误的；因此，我们不把这种情况称做问题；但是，一旦我们思考要对它们作出某种确定的判断，这时就叫做问题了。因为，我们不仅仅把别人向我们提出的询问列为问题，而且关于无知本身，说得确切些，关于苏格拉底的怀

---

① 英国物理学家(1544—1603)，对于磁有杰出研究。

② 1600年发表《论磁》，依据他所做过的若干实验。笛卡儿认为实验还不能算做无可驳斥的证明，只能是应予进一步解释的若干结果。

③ 笛卡儿在1630年4月15日和11月25日给麦尔塞纳的信中都说到琉特琴弦。这里说到的A、B、C三根弦，事实上正是麦尔塞纳在实验中所涉及的。

④ 指第十四至第二十四原则，但A本和H本都只有二十一条原则。

⑤ 前已说过，这个第三部分(原则二十五至三十六)并没有写出来。

⑥ 参阅第157—158页。

疑，只要他转向自己，开始询问：他是否确实怀疑一切，即使他肯定确定是怀疑一切，那也就成为一个问题[①]。

而我们的寻求，或者是从词句到事物，或者是从结果到原因，或者是从原因到结果，或者是从整体到部分，或者是从其他部分[到这些部分]，或者是从整个这些事物[②]。

我们所说从词句寻求事物，是指每逢困难在于言辞暧昧的时候；归入此类的不仅有一切谜语，例如斯芬克斯所询：最初有四只脚，后来两只脚，最后三只脚，这是什么动物；还有关于渔夫的那个谜语：他们站在岸边，手执鱼钩和钓索在钓鱼，说道，捉到的没有了，相反，没有捉到的倒有了，等等。不过，不仅这些，饱学之士争论的事情上大部分问题几乎总是在于名词。并不需要把这些大智之士看得这样无聊，就可以判断：每逢他们解释事物而用词不当的时候，他们对事物的看法也总是不恰当的，例如，他们称"游动体之面积"为"地点"时，他们的看法倒不是有什么真正谬误之处，而只是滥用了地点一词，按照一般的用法，这个词意指我们据以声称某物在这里或那里的那种不言而喻的简单物，它完全是指我们所说在某地的事物对于外在空间各部分的某种关系，而某些人鉴于"地点"一词曾被用于"游动面积"，便不恰当地称这为"内在场所"[③]，诸如此类。这种名词之争频繁发生，以至于如果哲学家在名词含义上总能一致的话，他们之间的争执差不多全部可以消除。

原因要从结果中寻求之时，就是每逢我们从一事物探求该事物是否存在、或它是什么……[④]。

此外，因为当人们向我们提出一个要解决的问题的时候，我们往往不能够立即看出它的存在属于什么性质，也看不出是需要从词句去寻找事物呢，还是需要从结果去寻找原因，等等，所以，我觉得，关于这些特殊点再予赘述是绝对徒劳无益的。事实上，要解决任何困难，如果全面有秩序地进行，那就比较少费时间，也比较方便。因此，对于任何给予的问题，我们应该首先努力清楚理解所寻求的是什么。

---

① 原则十二中说："苏格拉底说他怀疑一切，由此我们必然可以推见：他因而至少确实领悟他在怀疑，同时，他因而认识某一事物可以是真实的、也可以是错误的，如此等等。"由此可见，他到底是不是怀疑一切，并不是没有问题的。

② 这一段和原则十二中类似的那一段，都没有充分阐述。

③ "内在场所"ubi intrinsecum，是经院哲学家习用的名词，源于他们对亚里士多德关于"游动体之面积即为地点"这一命题的理解。显然，笛卡儿对这种用语以及后人所作经院哲学阐述是不赞成的。

④ 删节号是原有的。看来，笛卡儿原想在这里阐述一下"而我们的寻求，或者是从词句到事物"以后的那些（从结果到原因，从原因到结果……等等）。以上三段，正如上注所说，没有充分阐述。但在阿尔诺引用于《波罗亚尔的逻辑》的段落中笛卡儿是有所发挥的。

事实上，经常有不少人慌慌忙忙探求人家所提的问题，甚至来不及注意：所探求的事物万一呈现，要根据怎样的标记才可以把它们识别出来，就以昏乱的心智着手去解决；在这一点上，他们的愚蠢不亚于这样的小厮：他的主人打发他去什么地方，他连忙遵命，慌慌忙忙跑去，甚至来不及听完吩咐，也不知道命令他到哪里去。

其实，在任何问题上，尽管总有点什么是我们不知道的，否则，寻求就是无谓的了，然而，应该说，即使这，也是被某些确定的条件指示了的，这样我们才得以确实下决心去寻求某一，而不是任何其他。这些条件具有的性质使我们说，必须从一开始就致力于研究它们，就是说，把心灵的目光转向这些条件，清清楚楚逐一直观，细心探求每一条件怎样限制着我们所寻求的那个未知项，因为，人的心灵在这方面通常有两种错误：或者超过了为确定问题而已知的规定，或者相反有所遗漏。

应该好好注意，前提不要规定得过多、过死。这主要是指谜语和其他为了难倒智士而巧妙设计出来的询问；不过也指其他问题，只要我们觉得，人们为了获得解答而规定了某种大致上确定的前提，哪怕是我们相信这种前提不是由于某种确定的理由，而只是由于一种习俗定见。例如斯芬克斯的谜语，我们不要认为，“脚”这个名词仅仅指动物真正的脚而言，还应该看看它有无可能涉及其他事物，比方说，幼儿的手和老人的拐杖，因为他们使用手和拐杖，大体上跟使用脚一样，用来行走。同样，对于渔夫的谜语，应该不要让鱼这个观念盘踞我们的头脑，使我们不去认识那种动物，即，穷人尽管不情愿也只好带在身上，他们捉住之后就扔掉的那种动物[①]。还有，要是有人问怎样制造一种瓶子，就是我们有时见过的那种[②]，里面立一根柱子，柱顶是唐塔路斯喝水的姿态，把水注入瓶中，只要水没有升到进入坦塔罗斯嘴里的高度，瓶中的水就完全盛得住，但是，水只要一涨到这不幸人的唇边，就忽然一下子跑光了[③]，乍看起来，全部奥妙很像是如何塑造那个坦塔罗斯形象，其实这丝毫也不解决问题，只是随着问题而存在罢了，因为困难全在于：设法把瓶子造成这样，使得水一达到某种高度就漏掉，而在此以前却涓滴不漏。最后，要是有人

① 这个谜语是古希腊哲学家赫拉克利特提出的，谜底是“虱子”。

② “……怎样制造一种瓶子，就是我们有时见过的那种”：当时这一类的机关装置很为流行，笛卡儿不仅见过一些，而且自己也想制作几种。他在《论人》中说：“就像你们可能见过的，在御花园里的山洞和喷泉里，水从泉眼里喷出的力量就足以驱动各种器械，甚至操纵某些工具，或者会说话，都是用引水管的种种安排获得的。”他在1629年9月的一封信中还提到他自己的一些设想。

③ 坦塔罗斯是宙斯的儿子，被宙斯罚站于水中，水到唇边就消逝，因而永受口渴之苦。

问我们，根据我们关于星体的观测，对于它们的运动可以肯定些什么，那我们就不应该同意这样一种没有道理的见解，即，地不动而且位于世界的中心，如古人所说的那样，因为我们从小就觉得仿佛正是这样；我们应该对此置疑，留待以后去研究，看看对此我们可以作出什么确切的判断[①]。诸如此类。

不过，我们犯错误，往往是由于疏忽：在确定问题所必需的条件明显存在，或者理应以某种方式不言而喻的时候，我们却不予考虑，比方说，要是有人问到永动机是否可能：不是例如星体或泉水那样自然永动，而是人工制造的永动，要是有人像以往不少人相信的那样，以为这是可能实现的，既然大地以它的轴为中心永无终结地做圆周运动，而磁石保有大地的一切属性，因而认为自己即将发现永动，只要他把一块磁石安排得使它成圆周运动，或者至少使它把它的运动和其他特点传导给铁；然而，即使发生这种情况，他也不能用工艺方法制造出永动，只是利用了自然的永动，完全有如把一个轮盘安置在河川中，使它永远旋转，这样做的人其实是忽略了确定问题所必需的一个条件，如此等等[②]。

在充分理解了问题之后，应该看一看困难究竟在哪里，以便把它从一切其他中抽象出来，求得较容易的解决。

仅仅领悟问题，并不总是足以认识其中困难之所在，还必须加以思考，弄清楚其中所需的每一事物，使我们可以在某些较易发现者呈现时把它们略去，从所提问题中取消掉，使得剩下的只是我们所不知道的事物。例如前述的那个瓶子，当然我很容易发现该怎样制作这种瓶子：得在瓶子中间竖一根柱子，上面画一只鸟[③]，等等。把那些对解决问题毫无用处的事物一旦撇开，那就只剩下光秃秃的这样一个困难了：原来装在瓶子里的水在达到某种高度之后必须全部漏光，这就是问题的所在，就是我们应该寻求的。

因此，我们在这里要说，值得花力气的只是：有秩序地通观所提问题中已

---

① 哥白尼1543年死前数日发表了《天体运行论》，第一个提出太阳中心说；1610年伽利略进一步加以证实和发挥。但在笛卡儿的时代，地球中心说仍占优势。笛卡儿在这里只是对“地不动而且位于世界中心”的说法表示不同意，即，不应该认为这一说法是 aliquid certi[“什么确切的判断(或东西)”]。但是，笛卡儿并没有明确主张太阳中心说代替地球中心说。笛卡儿在其他著作中根据当时已有的天文发现，提出“旋涡说”，以调和日中说与地中说。不过，他深信地球不是不动的，而是运动的，这一点却是毫无疑问的。至于究竟哪一个是中心，他认为材料还不足，应该“留待以后去研究”。

② 创制永动机是一个长期的妄想。英国物理学家斯蒂文早在1586年就已从科学上证明这是不可能实现的。但在笛卡儿的时代以及以后，还是有不少人绞尽脑汁谋求其实现。笛卡儿在这里明确认为人工制造永动机是不可能的，但他实质上认为利用自然永动而创制永动机仍有可能。所以，他自己就设想过两个办法：一是利用两块磁石的作用制造自动人，二是借用月球的作用产生永动。

③ 前面说到这个瓶子的时候并没有提出画一只鸟。这里可能是笛卡儿有一些想法，例如画一只鸟等等，在鸟形掩盖下安排一种虹吸装置就可以解决问题了。

知一切[因素],去掉我们明显看出对问题的解决毫无关系的,保留必需的,对尚有疑问的更细心地加以研究。

原则十四

还应该把这个[问题][1]转至物体的真正广延[上去考虑],并把它通盘提供给想象借助于单纯形象[2][去观察],因为,这样一来,悟性才可以更加清楚得多地知觉它。

要借助于想象,必须注意的是:每逢我们从某个原来已知项中演绎出一个未知项的时候,并不是因而就发现了某种新的存在物,只是把整个有关的认识扩展了,使我们得以看出所寻求的事物总是以这种或那种方式涉及命题中已知事物的性质的。例如,设有一人生而盲目,我们就不应该指望依靠任何说理的办法,使他知觉真正的颜色意念,恰如我们从感觉中获知的那样。但是,假如另有一人至少有时见过基本色,虽然从来没有见过中间色和混合色。那么他就有可能自己设想中间色和混合色是什么样子,尽管他没有见过,却可以使用某种演绎,按照与其他色的相似去设想。同样,假如在磁石中有某种存在物,我们的悟性并未见过相似者,我们就不应该希望多少有点可能通过推理去认识该物;因为,要能这样,我们必须或者具备某种新的感官,或者禀赋着一种神圣心灵[3];然而,人类心灵在此问题上所能做到的一切,我们会认为自己是能够做到的,既然产生与这种磁石相同效应的混合物或已知物的混合,已为我们十分清楚地觉知。

诸如广延、形象、运动这类已知存在物,这里不及一一列举[4]。凡此种种虽存在于不同主体中,它们之被获知却都是通过同一意念:一顶王冠,无论是银子做的,还是金子做的,我们想象其形象都不会不同,这种共同意念从一主体转移至另一主体,不会以其他方式,只会通过单纯比较,我们就是用这种比

---

① [问题],为法译者所加。

② “单纯形象”或曰光秃秃的形象,照笛卡儿的用法,是说这种形象并不呈现意象,只是以作为 intellectus(睿智)的辅助物想象,记述于想象的广延中;也不构成数学存在物,因为这种形象也是脱离物质的;而是构成一种抽象模式,使问题易于解决。

③ 笛卡儿反对有新的感官,即第六官的存在,实际上也不承认人禀赋着一种“神圣心灵”,即亚里士多德在《论灵魂》中所说“得自于上天的某种超凡助力、超乎人类的助力”。

④ 广延 extensio,形象 figura,运动 motus,笛卡儿在原则十二已经说过(参阅“因此,首先我们要说……”那一段和“第二,我们要说……”那一段),三者是“复合一切其他”的最简单物;他认为,这一类事物是不可能列举完尽的。

较来肯定所询问的事物与某一既定项构成什么关系：相似、或对应、或相等的关系。因此，在任何推理中我们准确辨认真理只是通过比较。例如这一推理：凡A皆为B，凡B皆为C，因而凡A皆为C，我们就是把所求和既定，即A和C，按照二者皆为B的关系来加以比较的，等等。但是，前面已多次提醒，三段论各种形式对于知觉事物真理毫无助益，既然如此，读者最好是把它们统统抛弃，然后设想：绝对而言，凡不能凭借对单一事物的单纯直观而获得的认识，都是通过两个或多个项互相比较而获得的。当然，人类理性的奋勉努力几乎全在于为进行这一比较作准备，因为只要这种比较是公开的、完全单纯的，就不需要人工技巧的任何协助，只需借助于天然光芒，就可以直观这一光芒所获知的真理。

必须注意，所谓简单而公开的比较只指这样的场合：所求和已知共具某一性质；至于其他一切比较，则不需要任何准备，除非是由于这种共性并不同样存在于所求和已知之中，而是始终以隐蔽的形式存在于某些其他对比关系或比例之中；人的奋勉努力主要不是用于别处，只是用于归结这些比例，使我们得以清清楚楚看出所求和某种已知是相等的。

最后还要注意，归结为这种相等关系的只能是：可以容纳最大和最小可能的事物，我们把一切这类事物用量这个词来概括，因此，在按照前一条原则从任何问题中把困难各项抽象出来以后，我们就不要考虑其他，而应该仅仅以一般量为考察对象。

不过，为使我们在这样的时刻还想象某个某个事物，而且不是运用纯悟性，而是运用幻想中描绘的形象所协助的那种悟性，还要注意的是：一般量，要是不特别与任何一种形象相关联，就谈不上什么一般量。

由此可见，如果把我们所理解堪称一般量的事物，转化为可以在我们想象中最容易最清晰加以描绘的那种量，我们将获益匪浅。那就是物体的真正广延，它是存在为形象的，除形象外抽象掉了其他一切。从原则十二中引申出来的结论正是如此，既然在那一原则中我们设想：幻想本身连同其中存在的意念，无非是真正有广延的、存在为形象的真实物体[①]。这一点也是不言而喻的，既然以任何其他主体都不能使人更清楚地看出各种比例之间的一切区别，因为，虽然可以说一事物比另一事物白或不白，这个声音比那个声音尖或

---

① 原则十二中说："……这种幻想是身体的一个真实部分而且具有相当大的体积，因而它的各个部分都可以取得不少彼此不同的形象，而且通常把这些形象保持相当长的时间；这时就是人们所称的幻想"；这里说的还只是幻想 phantasia 本身是 veram partern corporis；现在原则十四则进一步说"幻想本身连同其中存在的意念，无非是真正有广延的、存在为形象的真实物体"了。

不尖，等等，我们却无法确定两者究竟是相差一倍、两倍……，除非与存在为形象的物体之广延有某种相似之处。因此，完全确定的问题几乎不包含任何其他困难，只有一个困难，就是，如何把比例发展为相等关系；凡是恰恰存在这种困难的事物，都可以而且应该容易地同任何其他主体相区别，然后把它转移为广延和形象。为此，直至原则二十五[①]之前，我们将仅仅论述广延和形象，而略去其他一切考虑。

我们愿意希望有哪位读者喜欢研究算术和几何，虽然我宁愿他还没有涉猎过此道，不要像一般人那样所谓已经精通，因为，运用我在这里将叙述的各条原则，就完全足以学会这两门学科，比学习任何其他问题要容易得多，这种运用用处极大，可以使我们达到高度的智慧，因此，我可以放心大胆地指出：前人从未借助于数学问题［的研究］而发现我们的方法的这一部分，然而，我要说，现在的人学习数学几乎正是应该为了发扬这部分方法[②]。对这两门学科，我要假定的不是别的，也许只不过是某些不言而喻的、大家有目共睹的［因素］[③]；然而，一般人对于这些因素的认识，即使没有被任何错误公然败坏，却由于若干不太正确的、构想不妥当的原则而模糊含混，下面我们尽力逐步予以纠正。

我们所说的广延，指的是具有长、宽、深的一切，不问它是实在物体，还只是一个空间；也似乎无须作更多的解释，既然我们的想象所能觉察的最容易莫过于此。然而，正因为饱学之士往往剖微析缕，以至自发的［理性］光芒消散，甚至在农民也绝不是不懂的事物中也发现了晦暗模糊之处[④]，我们必须提醒他们：这里所说的广延，并不是指任何有别于、孤立于其主体的什么东西，一般说来，我们并不知道有任何这类哲学存在物[⑤]不属于想象所及的范围。因为，即使曾经有人相信，例如，自然界中具有广延性的一切都可归结为乌有，他也不可能排斥广延本身是确实存在的，尽管这样，他还是不会使用具有形体的意念来构想广延的，而只会使用会作出错误判断的悟性。这是他自己也会承认的，如果他仔细思考他那时将竭力在幻想中构造的那种广延形象本身：事实上，他将注意到：他对它的知觉并不脱离任何主体，他对它的想象却

① 现存手稿仅二十一条。

② 看起来，笛卡儿使用“这部分方法”或“方法的这一部分”是指数学方法，其实，前面他已经论述过马特席斯作为普遍的方法是与其特殊形式即数学不同的。

③ ［因素］，为法译者所加。指以下所列举的那些，当然，笛卡儿还是不认为已经列举完尽。

④ 参阅原则十二。

⑤ 笛卡儿认为“广延”等等因素都是真实存在的，虽然必须从具体物抽象出来；他否定的是那种并非从真实中演绎出来的，或者说，纯粹为哲学家凭空捏造之物。

不同于他的判断;因此,无论悟性对于事物真理如何设想,这些抽象物在幻想中的形成绝不会脱离它们的主体。

但是,今后我们的论述将无一不依靠想象的协助,既然如此,值得我们慎重区别应该通过怎样怎样的意念来向悟性提出这样或那样的词义。因此,我们提请考虑以下三种说法:广延占据空间,物体有广延,广延不是物体。

第一种说法表明:人们以为广延就是有广延性之物。因为,如果我说广延占据空间,这同我说有广延性者占据空间,心目中的想法是完全一样的。然而,如要避免模棱两可,使用有广延性的说法并不更好,因为它没有足够明确地表示出我们心目中的想法,即,某一主体由于有广延性而占据某一空间;会有人把有广延者即是占据某一空间的主体,仅仅理解为我说的是有生命者占据某一空间。这个理由就说明了为什么我们说:下面论述的是广延,而不是有广延性者,虽然我们认为对广延的想法应该同有广延性者一样。

现在来谈这句话:物体有广延。这里我们的意思是:广延意味着物体之外的东西;尽管如此,在我们的幻想中我们并不形成两个彼此有别的意念:一个是物体意念,另一个是广延意念,只是形成一个单一意念:有广延性的物体;如果我说物体有广延,更确切些说,有广延性者有广延,从事物方面而言,说的并不是任何其他①。仅仅存在于另一物中、脱离主体就绝对不可设想的这类存在物的特点正是这样②。而那些真正有别于它们的主体的存在物则是另一种情况,例如我说彼埃尔有财富,彼埃尔意念是与财富意念截然不同的;同样,如果我说保罗富有,我所想象的与如果我说富人富有完全是两码事。有些人不区别这一不同,错误地以为广延中包含着某种有别于有广延性的东西,犹如保罗的财富不等于保罗。

最后,如果我们说广延不是物体,这时,广延一词被赋予的含义是与以前完全不同的。这种含义下的广延一词,在幻想中并没有任何特殊意念与它对应,但是,这一说法完全是由纯悟性提出来的,而纯悟性的唯一功能只是把这类抽象物[从主体]分离出来。这样,好些人就可能犯错误了,因为他们不懂得:要是这样看待广延,想象是无法理解它的,于是,他们就以实在的意念来设想它;既然这种意念必然掩盖着物体概念,如果他们说这样设想的广延不是物体,他们就不慎自相矛盾了,即,同一事物既是、又不是物体。非常重要

① 与上一个注中所说相联系,笛卡儿只承认"一个单一意念:有广延性的物体",不承认"任何其他"。这个单一意念,既是物体意念,又是广延意念,因为广延意念虽然存在于物体之外,但脱离任何主体的话,它就绝对不可设想。

② 由上面两点,笛卡儿的推论正是这样。而"仅仅存在于另一物中、脱离主体就绝对不可设想的这类存在物",是从亚里士多德在《论范畴》中相似的论断中引申出来的。

的是区别这样的一些说法：例如，广延或形象不是物体，数不是被数之物，面积是物体的终极，线是面积的终极，点是线的终极，单位不是数量，等等；在这些说法中，广延、形象、数、面积、线、点、单位等等，含义十分狭窄，以至于这些名词排斥了它们其实无从摆脱的某种东西。所有这些命题以及其他一些类似命题都应该完全同想象无干，虽然它们是真实的。因此，下面我们将不予论述。

还必须认真注意，在一切其他命题中，这些名词虽然保持着同样的含义，虽然我们同样说它们是从其主体抽象出来的，它们却并不排斥或否定任何并无真正区别使之脱离主体的东西。在这样的命题中，我们可以而且应该运用想象的协助，因为，这时，即使悟性仅仅集中注意于词义所示，想象却必须构造出事物的实在意念，同一悟性才能够转向用语所没有表达的其他条件，——如果习俗要求如此，如果悟性不轻率地断用语中已经排除了这些条件。比方说，关于数，有这样一个问题：我们想象某一主体可以用若干单位来度量，这时悟性尽可以仅仅思考该主体的多数，但我们仍应当心，不要使悟性随后得出结论，以为已从我们的概念中排除了被数之物——就像这种人一样：他们赋予数以种种惊人神秘、纯粹愚蠢的妙处，这种种美妙，如果他们不设想数独立于被数物，他们自己肯定也不会相信的。同样，在研究形象时，我们要这样想：研究的是有广延的主体，对它的设想根据的只是它存在为形象，如是物体，我们就这样想：研究的是同一主体，但作为长、宽、深来研究；如是面积，设想同一主体，但作为长和宽而略去深，但也不否认主体可能有深度；如是线，只作为长；最后，如是点，设想同样，但略去一切，只除了它是一个存在物。

尽管我在这里详尽作出这种种演绎，世人的思想却一向成见很深，所以我还是担心：会有极少数人对于这一部分[方法]自信极有把握，不会有犯错的危险，他们会觉得在这样一大篇论文中我的见解解释得太简略，因为，即使算术和几何这两种技艺，虽然是一切技艺中最可靠的，在这里还是会使人上当受骗的：有哪个计算家不认为，不仅仅需要运用悟性把他的数字从任何主体抽象出来，还需要运用想象把数与主体实际上区别开来呢？有哪个几何学家不由于自相矛盾的原则，把原本明确的研究对象搞得混乱，例如，他一方面认为线是没有宽度的，面是没有深度的，另一方面却用线来组合面，以为线的移动就产生面，却没有注意到线就是一个实在物体，而没有宽度的线只是物体的一种方式，等等。但是，为了避免尽述这些错误而徒事耽搁，为求简略起见，我们应该陈述的是：我们认为应该如何设想我们研究的对象，才可以关于该对象，尽可能简单明了地证明与算术和几何相关的全部真理。

因此，我们在此考察任一有广延的对象时，丝毫也不考虑它的除广延本身以外的其他，同时通过奋勉努力避免使用数量一词，因为某些哲学家过于细致，把数量也同广延区别开来①。然而，我们认为一切问题都可以归结到这样的程度，只要求认识某种广延，不必询及其他；这样，就可以把这一广延同某个已知广延相比较。因为，事实上，我们在这里并不指望认识任何新的存在物，我们只是想把无论多么错综复杂的命题都归结到这种程度：找出同某个已知相等的未知；肯定无疑，比例与比例之间的差异，即使存在于其他主体，也可以在两个或多个广延之间发现；因此，为达到我们的目的，只需在广延本身中考虑有助于陈述比例差异的一切，而比例差异仅仅有三，即，维、单位和形象。

所谓维，指的不是别的，而是我们认为某一主体之所以可度量的方式和原因，因此，不仅长、宽、深是物体的维，主体赖以有重量的重力也是维，速度是运动的维，诸如此类以至无穷②。因为，或真实分割、或仅仅在心灵里分割为若干等份，这种分割本身就是我们对事物进行计数所根据的维；造成数的这一方式，就被相应地称做维品，虽然这一用语的含义还有某些分歧。假如我们依照各部分对比整体的秩序来考虑各部分，那就可以说我们是在计数；相反，假如依照整体之分布于各部分来考虑整体，则是在度量整体：例如，我们以年、日、时、刻来度量世纪；但是，假如我们对刻、时、日、年进行计数，我们最终将达到世纪。

由此可见，同一主体可以有无穷无尽的各种不同的维，它们对被度量物并不增添什么；然而，各种不同的维，即使在主体本身中有真实依据，我们对它们的领悟，仍然相同于我们经心灵选择、通过思维把它们构造而成。因为，物体的重力，或运动的速度，或一世纪划分为年和日，都是某种真实物，而且

① “……同时通过奋勉努力避免使用数量一词，因为某些哲学家过于细致，把数量也同广延区别开来”：对于哲学家们的这一批评，可以参阅笛卡儿在《论光》中所说：“但是，既然哲学家们那样细致，以至于能够在人们看来极其明晰的事物中找出困难，既然他们知道相当难于构想的原始材料[原始物质]的回忆，会使他们认识不了我[在这里]所说的原始材料[原始物质]，那么，我必须在此告诉他们：要是我没有错的话，他们在他们的原始物质那里感到的困难，只是由于他们想把它从它自己的数量和它的外在广延区别开来，也就是说，从它占据空间这一属性区别开来……不过，他们也不应该觉得奇怪：如果我设想：我描述的物质的数量，同它的实质并无区别，正如数与被数物并无区别一样，如果我把它的广延或它占据空间这一属性，不是设想为偶然，而是设想为它的真正形式和它的本质。”

② “所谓维，指的不是别的，而是我们认为某一主体之所以可度量的方式和原因……诸如此类以至无穷”：在笛卡儿看来，维表示看待任一项、使其成为可度量的那种方式（又说是原因）。从这个意义上说，不仅空间的三维是维，其他参数，例如重力、速度、时间等等，也都是维。把时间也列入维，固然是天才的猜想，但还不是以我们现代的天文学、物理学等等成就为现实的基础的。他还谈到任一方程式的“第五或第六维”，这当然与空间无涉，只是指明方程式的次。据此，他所谓的维只是一般维的特殊态。

划分为时和刻则不是[①]。尽管如此，这一切，假如像我们在这里必须做的和在数学各分科中必须做的那样，仅仅依据它们的维予以考虑，它们的表现则是一样的；研究它们的根据是否真实，这事实上更多的是物理学家的事情。

我这段议论对于几何学有重大启发作用，因为差不多所有的人都错误地以为几何学中有三种量：线、面、体。因为上面已经说过，线和面作为概念并不是真正独立于物体的，也不是两者互不相涉的，因为如果把它们单纯看做悟性所抽象之物，它们并不是种类不同的实质。顺带必须指出，物体的三维：长、宽、深，互相之区别只在于名词，因为，在任何前提下，没有什么禁止我们选择任意广延为长度，选择另一广延为宽度，等等。尽管这三者在单纯被视为广延的任何广延物中有真实依据，我们在此也并不比无数其他事物予以更多的考虑，无论它们是由悟性构造而成的，还是在事物中有其他依据：例如对于三角形，我们要完善地加以度量的话，就必须知道该事物的三项，即，或者三边，或者两边加一角，或两角和面积，等等；在任意四边形中，必须知道五项，四面体中，必须知道六项，等等；即，一切可称为维之物。但是，为了在这里选择对于我们的想象最有助益的事物，我们注意所及绝不会超过一两个，把这一两个同时在我们的幻想中加以描绘，即使我们知道这个命题中存在着任意数量的其他事物：因为，我们的这一技艺[的一个效果][②]，是尽可能多地区分事物，从而使我们同时考察的事物数量极少，而是逐一统统加以考察。

单位，就是前面所说一切互相比较之物应该同样具有的那种共性[③]。除非所涉及的问题中有已经确定了的单位，否则我们可以把已知量中的任一量，或者其他量，当做单位，用它来作为一切其他量的共同尺度；该单位中的维数与我们必须比较的首尾两项中的维数相等，而我们对该单位的设想，或者是单纯作为从其他任何物抽象出来的某种广延物，那么它将与几何学家用点的移动来构成线的那种点一样；或者是作为某一线；或者作为一个正方形。

至于形象，前面已经说过，仅仅是凭借它们才得以构成一切事物的意

---

① 笛卡儿认为，世纪划分为年和日是真实度量的结果，而日划分为时、分、秒则是约定俗成的，是我们思维的产物。

1582年，教皇葛里戈利十三世进行了太阳历改革；1612年克拉维乌斯在他的著作 *Romani Calendarii Explicatio*（《罗马历通释》）中确定赤道年为365日5小时48分49秒，证实了葛里戈利历关于千位数字的年份每四年取消三个闰年（均为结尾为00的年份，即，1700，1800，1900；2100，2200，2300等不闰）的规定。笛卡儿可能考虑了这些，也注意到了开普勒1627年发表的《鲁道夫星表》（*Tables Rudolphilnes*）。

② ［的一个效果］，为法译者所加。

③ “单位，就是……那种共性”：参阅原则十二所说的“共同概念”；在原则六中，笛卡儿又说：“我所称的绝对，是指自身含有所需纯粹而简单性质的一切，例如，被认为独立、原因、普通、单一、相等、相似、正直等等的事物……”

念[1],在此只需提醒一下:在不可胜数的各种形象之中,我们将只运用两种,能够最容易表现对比之间或比例之间一切差异的两种。只有两种事物是可以互相比较的,即,多少和大小[2];因而我们也有两类形象用以呈现多少和大小于我们的概念,简言之,用来指示一个三角数的点∴,或说明某人出身的世系㸚,等等,就是表示多少的形象;而连续的未分割的形象,例如△和□,就是表示大小的。

现在,为使我们得以陈述在这一切形象中我们在此将利用哪些,人们必须知道:可以在同一类两事物之间存在的一切对比关系,必定涉及两个类别,即秩序和度量。

此外,还必须知道,如要通过思维建立一种秩序,需要的奋勉努力不会是极小的,从我们的方法中自始至终这一点均可清楚地看出,因为我们的方法所教导的大抵只是这个[道理]。相反,找到了这个秩序之后,要认识它就不困难了,我们遵循原则七就可以很容易地逐一通观心灵有秩序地安排的各个部分,因为在这类对比关系中各事物自己互相关联,无须像度量中那样以一个第三项为中介,因此我们在此将仅仅阐述度量,例如,我认识得出 A 和 B 之间有何秩序,是并不需要考虑其他的,只要考虑首尾两项就行了,但是,我认识不到 2 和 3 之间量的比例,如果不考虑第三项,即单位,它是两者的共同尺度[3]。

也应该知道,以一个借用单位为中介[4]的连续量[大小],有时可以统统地——永远可以至少部分地——归结为数[多少];而单位的多少也可以随之安排成这样的秩序:使得认识度量方面的困难,归根到底,仅仅取决于对秩序本身的观察,我们这一技艺的最大优点正在于促成这一进展。

最后,还应该知道,连续量的各维之中,构想起来最清晰的莫过于长和宽;在同一形象中要是想比较两维,那就不要一下子注意多个维,因为我们的技艺要求的是:如果我们必须比较二以上的多维,我们就依次通观,一下子只注意两个维。

综上所述,不难得出结论:从几何学家所研究的形象——如果问题涉及

---

① 参阅本原则的开始部分和原则十二头三段。

② 笛卡儿在 1619 年的一封信中曾经说,他设计的一般科学,对象为数量,而数量分为两类:连续量和非连续量,分别为几何和算术所研究。在此,他又指出这二者有一共性,就是可以建立比较。

③ 笛卡儿把对比关系划分为两类:秩序和度量。前者实际上指他所说的"大小",又叫"连续量";后者指"多少",又叫非连续量。两非连续量之比,必须有一个第三项或若干中项。

④ "以一个借用单位为中介"beneficio unitatis assumptitia。按,动词 assumo(借用,取来,外来)的分词应为 assumptus(未变格),此处笛卡儿独创了他自己的拼写。

它们——中抽象出命题来，这应该不亚于从任何其他题材中抽象出命题来；为此需要运用的无非是直线所构成的面，直线图形和长方图形，因为如前所述，通过它们我们可以想象任一真正广延的主体，并不亚于通过面去想象；最后，通过这些形象，应该或者表现某种连续量，或者表明多少（即数）。要表明一切比例差异，人类奋勉努力所能发现最简单的莫过于此。

原则十五

描绘这些形象，把它们对我们的外在感觉显示出来，使我们能较为容易地集中思维，这在大部分时间也是有用的[①]。

应该怎样描绘，才能够使这些形象呈现于我们眼底时，其种类更清晰地形成于我们的想象之中呢？这是不言而喻的[②]。首先，我们可以有三种方式描绘单位：用一个□，如果我们把它当做有长和宽的广延来对待；或者用一根直线——，如果我们仅仅从长度予以考虑；或者用一个点·，如果我们只把它当做组成多少者来看待。不过，无论人们怎样描述和设想，我们总是认为，它在任何情况下都是一个有广延的、能够有无数维的主体。任一命题的各项也是这样。假如必须一下子注意各项的两个不同量，我们就用一个长方形来表现，长方形两边即为所设两量，如下所示▭，假如该二量是用单位所不可度量的[③]；或者用⊞，或者用∷∶，假如它们是可度量的。如果不涉及多个单位，答案也就尽在这里了。如果我们只注意各项的一个量，我们将用两种形式描绘直线：或者用一个▭，它的一边即为所设该量，另一边为单位，即这样的形式▭，每逢必须把同一线与某一面比较时都是这样；或者只用长度，像这样——，假如只把它当做不可度量的长度来看待，或者像这样……，假如是多个[单位]。

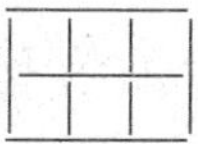

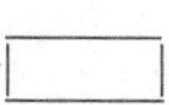

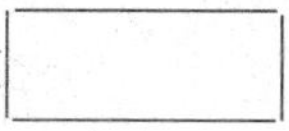

---

① 笛卡儿反复强调：凭借形象才得以构成一切事物的意念（参阅原则十二和原则十四的有关部分）；又指出应该特别研讨形象中的两类：秩序和度量，而度量又可安排为秩序。这样，实际上就是要我们用几何形象（他认为最清晰的莫过于长和宽）来呈现一切事物之间的数量关系。

② “这是不言而喻的”，因为原则十二提出那个独一无二的力量，即认识力，认为以它直观一切事物的时候，最易观察到的就是形象。

③ 笛卡儿只有两处提到“不可度量的”：这里和本原则最后一句中。但他在上一原则中明确指出总是有可能实现某种度量的，至少是近似的度量。何以留下这样的一个漏洞，应该如何解决这个自相矛盾，他没有提供任何线索。

原则十六

至于心灵观察时无须加以注意的事物，即使为作结论所需，与其使用完整形象，不如使用十分简略的符号来标志[①]，因为，这样的话，就不会由于记忆不好而失误，另一方面，当思维致力于演绎出其他事物时，也不至于分散注意去记住这些[②]。

此外，我们已经说过，我们用幻想可能描述的维是无数的，因此，无论是用眼睛，还是用心灵，都不应该一次观察两个以上的不同维，我们必须记住一切其他维，使得每逢由于使用而有需要时就可以容易地予以呈现：自然创造记忆，似乎正是为了这个目的。但是，既然记忆时常会出差错，为了不至于当我们致力于其他思维的时候，被迫分散一些注意力去保持记忆新鲜，人工技艺极为恰当地发现了使用书写符号；书写符号给我们的帮助是有保证的，所以我们不必把额外负担交付给记忆，只需把幻想自由地完整地委之于呈现的意念，同时在纸上把一切必须记住的东西描述下来；这就必须使用十分简略的符号，这样，在按照原则九清清楚楚地考察了每一事物之后，才可以遵循原则十一[③]以一次迅速的思维运动统统予以通观，一次尽可能多地察看之。

凡为解决一个困难而必须看做一的，我们都用慎重制定的一个单一符号来表示。但是，为求更方便起见，我们用字母 a b c 等等表示已知量，用 ABC 等等表示未知量[④]。在它们前面往往标上数字 2,3,4 等等以示其乘积[⑤]，还可

---

① "使用十分简略的符号来标志"per brevissimas notas designare：按照笛卡儿在《几何》和其他著作中的用法，notas 指"文字"、"数字"、"符号"，但鉴于以后笛卡儿更倾向于使用代数方法，译为"符号"较妥，对下文也较合适。

② "这些"指"心灵观察时无须加以注意的事物"。

③ "按照原则九"，指原则九的命题以及该命题的阐述第一、二段；"遵循原则十一"，指该原则阐述的第四段。

④ 这里和以下的阐述表明笛卡儿在数学符号记述方面创制了一套办法。固然 Regulæ 流传下来的是抄本，完全可能在笛卡儿逝世后抄本接受了以后的记述方式的影响，但是笛卡儿使用过的仍有可称道之处：

第一，使用大写和小写字母区别未知量和已知量。而前此，例如维埃特使用的，只有大写字母，分不出已知和未知。这大概是笛卡儿首创的，而不是抄写者窜改的，因为现代的记述方式把大写和小写字母所示颠倒了过来。还有幂的记述，在 Regulæ 同时代作家中是没有的，只是在笛卡儿《几何》1637 年问世以后才流行开来。

第二，根号原作√，是 1551 年从日耳曼来源传至法国的，笛卡儿沿用直至 1640 年。但在《几何》中他已改变了书写，作 $\sqrt{\ }$。Regulæ 的抄写者时而作√，时而作 $\sqrt{\ }$，时而作 r。法译者从《几何》一律作 $\sqrt{\ }$，汉译沿袭之。

第三，对"普通代数学用若干维来表示……"进行了批判，不同意用"根"表示一次方等等。不过，笛卡儿虽然说"这些名词曾经长期使我上当受骗"，认为有必要进行改革，但他自己以后还是继续沿用，也许这是为了使当时的人便于理解吧。

⑤ "……以示其乘积"中的"乘积"multiplicatio，也就是上一原则中论述过的"多少"。

以加上数字表示应该知道的积分数，例如我写 $2a^3$，就是说，字母 a 三乘方所示量的两倍。通过这样的奋勉努力，我们不仅仅压缩了许多言辞，而且主要的是：我们还把各困难项显示得一清二楚，毫不略去任何有用的东西，其中却绝对没有多余的东西，在思维正应当一下子概括许多事物的时候，徒然耗费心灵的能力。

为了更清楚地理解这一切，首先应该注意，计算家的习惯是：或者用若干单位，或者用某个数字表示每一个量，但是，在这种场合，我们是把数字本身抽象化，正如前面我们把几何形象抽象化，或把随便什么别的事物抽象化一样[①]。我们这样做，既是为了避免由于冗长多余的计算而厌烦，也是——主要是为了使涉及困难的性质的主体各部分始终显示得清清楚楚，而不必用不必要的数字去徒增累赘。比方说，直角三角形已知两边为 9 和 12，求其底，计算家会说，底为$\sqrt{225}$，即 15；至于我们，则不说 9 和 12，而是写上 a 和 b，然后发现底为$\sqrt{a^2+b^2}$，a^2 和 b^2 这两部分始终显示得清清楚楚，而在数中却是模糊的。

还必须注意，所谓乘方数，指的是连续系列中前后相继的比例，有些人曾经在普通代数学中用若干维来表示，他们称第一次乘方为根，第二次为□，第三次为立方，第四次为再立方，等等。我承认，这些名词曾经长期使我上当受骗，因为，我当时觉得，自直线和方形以下，最能清晰地呈现于我的想象的，莫过于立方形和其他诸如此类的图形。固然，在它们的帮助下我也曾在相当程度上解决了一些困难，但是，屡经试验之后，我终于理解到，以这种构想方式，我从没有发现任何东西是我不用这种方法就无法甚至更容易更清楚地认识的；我还理解到，当初就应该完全抛弃这些名词，免得它们扰乱[我们的]概念，因为，同一量，无论称为立方也好，再立方也好，绝对不会以其他形式，必定会依据前一原则以线或面的形式，呈现于想象。因此，尤其应该注意，根、平方、立方等等，无非是一些成连比的量，其前，我们假定始终缀有前面说过的取来的那个单位[②]：对此一单位，第一比数以单一积方直接对比；但是，第二比数，则通过第一比数，从而以二积方对比；第三比数，通过第一和第二，以三

① “正如前面我们把几何形象抽象化，或把随便什么别的事物抽象化一样”：参阅原则十四最后一段。在笛卡儿看来，既可从几何图形中抽象出命题来，也可从任何其他题材中抽象出命题来，因为他要建立的是 Mathesis Universails，并不是普通数学。

② “取来的那个单位”unitas ilia assumptitia。

积方,如此等等。代数上称为根的那个量,今后我将称之为第一比数①;称为□的,则称之为第二比数,照此类推。

最后,还必须注意,即使我们在这里把困难各项从某些数字抽象出来,以便研究困难的性质,还是经常会碰到这样的情况:对于既定数,可以采取比把它抽象出来的办法更为简单的办法解决其中的困难。所以会有这样的情况,是由于前面已经谈到的那类数字有双重用途,即,同一数字有时表示秩序,有时表示度量②。惟其如此,在竭力用一般项表达困难之所在以后,还应该把困难的性质还原为既定数,看看它们是否也许会给我带来更为简单的解决办法:简言之,在看出直角三角形一边为 a,另一边为 b,其底则为$\sqrt{a^2+b^2}$之后,应该写上 81 代替 a^2,144 代替 b^2,其和为 225,它的根,或者说单位和 225 之间的比例中项为 15;由此可以看出,底 15 对于边 9 和 12 是可以通约的,但并不是泛泛而言由于它是边与边之比为 3 比 4 的一个□角△形的底。无论我们区别什么事物,要求的都是明显清晰地认识事物,而不是像计算家那样,满足于得出所求数,即使他们丝毫不注意该数如何取决于既定项,而真知恰恰是仅在于此。

不过,一般还要注意这样一点:无须持续注意的事物,只要我们能够记录在纸上,就绝不要委之于记忆,这就是说,免得不必要地记住一些东西而分散我们的注意力,以至不去集中心智认识眼前的对象。应该制定一个表,把问题的各项,照它们初次提出的样子写录在内,然后载明它们是怎样抽象出来的以及用什么符号代表它们,以便在符号本身中找到解答以后,我们可以不依靠记忆,也同样容易地用之于当前问题所涉及的特殊主体。事实上,绝对没有任何事物不是从一个不那么泛泛的项中抽象出来的。因此,我将这样写:求□角△形 ABC 的底 AC,我把困难抽象出来,以便一般地从两边之量求底,然后,我写下 a 代表 AB(AB 为 9),写下 b 代表 BC(BC 为 12),如此这般。

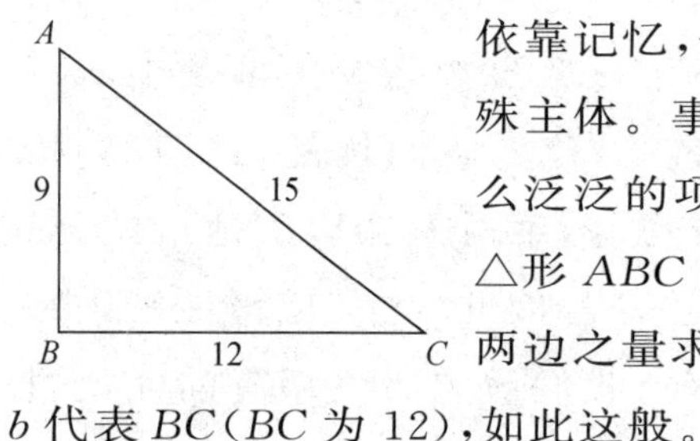

还要注意:我们在本论文第三部分中还要运用这四条原则③,将比这里的

---

① 用根表示一次方,笛卡儿原已注意到含混不妥,这里又提出了改称“第一比数”或“比例中项”。以后在《几何》中采用了新称呼,但 Regulæ 中有时还游移不定。

② 参阅原则四和原则十四。数的双重用途是笛卡儿极为重视的,他把“秩序和度量”用作他的马特席斯的基础。

③ “这四条原则”指原则十三、十四、十五、十六。

说明论述得更详尽些，在适当的地方再说吧[①]。

原则十七

应该直接通观所提困难，撇开有些项已知、有些项未知而不管，用若干次真正通观[②]去察看它们[③]是怎样互相依存的[④]。

上述的四条原则已经教导：必须怎样从每一主体把某些充分领悟的确定困难抽象出来，把它们加以归结，使人们以后不必再寻求其他，只需竭力认识某些同其他已知量有这样或那样比例关系的量[⑤]。现在，在以下五条原则[⑥]中，我们将陈述：必须怎样归结这些困难，才使得未知量无论在某一命题中有多少，统统可以彼此从属，而且使得第一量对单位之比，也就是第二量对第一量之比，第三量对第二量之比，第四量对第三量之比，这样连比下去，无论这些量有多少个，它们都构成一个总数，相等于某一已知量。这样做的时候，必须使用确定无疑的方法，使我们能够绝对有把握，保证奋勉努力所能归结为最简单项的莫过于此。

不过，至于本原则，必须注意，对于任何要用演绎解决的问题，都存在着无阻拦的直接途径，遵循之即可比其他途径更易于从某些项达到其他项，而一切其他途径都更为艰难而且间接。为了好好领悟这一点，我们应该记住：原则十一陈述了各命题如果每一个都同最近命题相关联，彼此的联系会是怎样的情况[⑦]，由此显而易见，最初的命题与最后的命题有怎样的关联，反过来说也是这样，即使我们不能同样容易地从中间各项演绎出首尾两项。因此，如果我们在直观各命题依据怎样的从不间断的秩序互相依存时，能够推论出

① 由于本论文未完成原来设想的计划，“第三部分”并没有写出来，因此永远也没有他所说的那个“适当的地方”。

② “真正通观”veros discursus，参阅原则七的第五段阐述和129页注⑤。

③ “它们”，指已知项和未知项。

④ “……察看它们是怎样互相依存的”：笛卡儿在《几何》中有相似的说法：“然后，不必考虑这些已知线和未知线之间的差别，我们应该按照最自然地显示它们是怎样互相依存的那种秩序通观困难。”

⑤ “上述的四条原则已经教导……竭力认识某些同其他已知量有这样或那样比例关系的量”：笛卡儿把原则十三、十四、十五、十六，实际上归结为告诉人们如何建立方程式，但是，他同时也排斥所谓计算家的那些做法，因为笛卡儿尽管用广延和符号把问题（困难）归结为量，但他认为必须撇开任何主体，把所需运用之量放在形而上学领域内去推演。这是他的独特之处。

⑥ “以下五条原则”：现在只剩下四条，即，第二十二条不存在了。

⑦ 参阅原则十一（阐述第四段至该原则完）和原则六（阐述第七段至该原则完）。

最后命题是怎样取决于最初命题的，那么我们就是直接通观了困难之所在；但是，相反，如果我们已经认识最初命题和最后命题互相以怎样的方式密切联系，想从中演绎出联结它们的各中项是什么，那么我们依据的是某种完全间接的相反秩序。然而，因为我们在这里研究的只是隐蔽的问题，即，必须依据某种混乱的秩序，从已知首尾两项去认识某些中间项，所以这里的全部技巧只在于：假定未知事物为已知事物，使我们能够准备一条容易而直接的道路，即使困难是极其错综复杂的。这一点是永远成立的，既然我们从这一部分一开始[①]就已假定：我们承认任一问题中仍然未知者对于已知者有某种依赖关系，以至于仍然未知者为已知所决定；因此，如果当我们发现这种决定关系的时候，我们思考首先呈现的那些事物，只要我们把其中的未知当做已知，从中逐级用若干次真正的通观，演绎出即使已知的其他，仿佛它们是未知者[②]，那么就是实现了本原则的规定。这方面的例子留待以后再说，正如我们以后在原则二十四中将要谈到的某些事物那样，留到那里去说更为方便[③]。

原则十八

为此，仅仅要求四则演算：加、减、乘、除[④]。后两项在此不会经常提到，这既是为了避免不慎造成混乱，也是因为以后完成可能更容易些[⑤]。

原则繁多是由于博学鸿儒的无知。可以归结为一个单一的一般准则的各项，要是被分割为若干特殊项，就不那么一目了然了。因此，我们把用于通观问题的，就是说，从某些量推演出其他量的一切演算，仅仅归纳为四则。为什么这就够了，从各该说明中可以得知。

有如下述：如果我们要从各组成部分得知一个唯一量，那就要用加法；如果我要从整体中识别一个部分，以及整体对这一部分的剩余，那就要用减法：以任何其他方式，任一量都不能从以某种方式包含该量的某些其他绝对量中推演出来。但是，如果要从不以任何方式包含某一量的、与该量绝对不同的

---

① “从这一部分一开始”，指的是原则十三开始部分所说“任何问题中都必定有某一点是我们不知道的……用以指示它的只能是另一已知点”；还可以参阅原则十四中所说“要想助于想象……已知事物的性质的”。

② 笛卡儿这种已知和未知相互演化的关系，在《几何》中也有类似的表述。

③ 我们已经知道，从原则二十二直至原则三十六在现存稿中并不存在，所以这里的许诺未见实现。

④ “四则演算：加、减、乘、除”：参阅《几何》中所说“组成整个算术的只是四则或五则演算：加、减、乘、除和求根，而求根可以看做除法的一种”。

⑤ 前已知道，存稿只到第二十一条为止，这里所说的“以后完成”只是一句许诺。

其他量出发找出该量，那就一定要使该量同它们按照一定比率发生关系：这种对比关系的进行如果必须是直接的[①]，那就得用乘法；如果是间接的[②]，就用除法。

为了清楚地陈述后二者，必须知道，我们已经谈过的单位，在此是一切对比关系的基础和根据，它在成连比的量中占第一次[③]，既定各量被包含在第二次中，所求各量在第三次、第四次等等之中，如果比例是直接的；如果比例是间接的，所求量被包含在第二次和中间各次中，既定量在最后次中。

因为，假定我们说，单位之于 a（即已知 5），正如 b（既已知 7）之于所求 ab（即 35），那么，a 和 b 属第二次，其积 ab 属第三次。同样，假定我们又说，单位之于 c（即 9），正如 ab（即 35）之于所求 abc（即 315），那么，abc 属第四次，它产生于属第二次的 ab 与 c 两乘，照此类推。同样，单位之于 a(5)，正如 a(5)之于 a^2(25)；从而单位之于 a(5)，正如 a^2(25)之于 a^3(125)；最后，单位之于 a(5)，正如 a^3(125)之于 a^4(625)，等等：乘法之进行无非是：同一量被同一量导引，或者任一量被任一完全不同量导引。

但是，现在假定这样说，单位之于 a（即已知除数 5），正如所求 B（即 7）之于 ab（即已知被除数 35），那么秩序就被扰乱了，[成了]间接的：因此，所求 B 之得出，只能够用已知 a 除也是已知的 ab。同样，假定我们说，单位之于 A（即所求 5），正如 A（即所求 5）之于 a^2（即已知 25）；或者，单位之于 A（即所求 5），正如 A^2（即所求 25）之于 a^2（即已知 125），如此等等[④]。我们以除法这个名词包括的一切事物，虽然必须注意这类事物[⑤]的最后一些所包含的困难大于最初一些[⑥]，因为其中常有因而掩盖着若干比例关系的所求量[⑦]。因为，上述各例的含义等于是说：求 a^2（即 25）的平方根，或 a^3（即 125）的立方根，如此等等[⑧]。而这正是计算家流行的说话习惯。不过，要是用几何术语来说，那就等于是说：求所取量[⑨]（即称为单位的那个量）和 a^2 所示之量之间的那个比例中项，或求单位和 a^3 之间两个比例中项，照此类推。

---

① “直接的”即正比。

② “间接的”即反比。

③ 参阅 176 页注①。

④ “如此等等”，意即“也成了间接的”。

⑤ “这类”hujus species；“这类事物”：《几何》中说到“除法一类的事物”。

⑥ 笛卡儿把除法看做倒过来的连比，“最初一些”就是连比各项中的开始几项，“最后一项”就是其中的末尾几项。

⑦ “我们以除法……所求量”，这一整句原文不完整。

⑧ 此句正说明笛卡儿把“求根……看做除法的一种”。

⑨ “所取量”即“借来量”、“取来量”。

由此容易得出结论：这两种演算是怎样足以找出按照一定比例关系从某些其他量推演出来的任何量。既然如此，接下去，我们就要陈述必须怎样把这些演算重新交由想象去检验，必须怎样使它们让眼睛看得见，从而使我们最终得以阐述它们的运用或 praxis[①]。

如果必须做一次加法或减法，我们可以把对象设想为线，或者设想为只考虑长度的广延：如要加线 a 于线 b，我们就这样相加 a b，得 c；如要从较大者减去较小者，即从 a 减去 b，可以这样使两者重合 a b，这样就得到较大者盖不住较小者的那一部分，即 c……。在乘法中，我们也把量设想为线，但我们想象各线构成一个□，因为，如果我们乘 a 以 b，我们就这样使一线与另一线接合为直角 b a，这就构成矩形 b a；再如，我们要乘 b a 以 c，就要把 ab 设想为一条直线，即 ab，这样，abc 就是 ab c；最后，在除法中，如除数已知，我们就想象，被除数为一矩形，其一边为除数，另一边为商，例如，矩形 b a 被 a 除，我们就把高 a 去掉，剩下的 b 就是商；或者相反，如要用 b 除，就去掉宽 b，商就是 a。

但是，假如除法中，除数并非已知，只是用某种比例关系表示的，比方说求平方根或立方根等等，那么必须注意，应该把被除数和一切其他项设想为存在于一系列连比之中的线，其中第一道线为单位，最后为被除数。[至于][②]如何也求得被除数和单位之间任意数量的比例中项，我们将在适当的时候谈到。现在只要指出以下一点就够了：我们假定在这里还没有解决这类演算，

① Praxis(拉丁语)：实践，运用，练习。"运用或 praxis" usum sive praxim，其实是相似语的修辞性重复，虽然可以说 praxis 比前者范围广泛。

② [至于]，为法译者所加。

因为这是必须运用间接的深思熟虑的想象才能够做到的。现在论述的只是应该直接通观的若干问题。

涉及其他演算时，这种问题固然很容易用我们已经说过应该如何予以设想的方式加以解决，但是，仍然必须说明应该如何准备各个项，因为，即使当我们开始研究某个困难的时候，可以随意设想各项为线或为□形，正如原则十四所说，无须归之于其他图形，但是，常有这样的情况：一个矩形，在两直线相乘得出之后，很快就不得不设想为另一直线来进行另一演算；或者，同一□形，或由某一加法或减法所得一直线，很快就不得不设想为另一□形，即，用作为除数的已知直线构造而成的另一□形。

因此，值得在此陈述，任何矩形怎样可以转化为一直线，相反，一直线、甚至一□形又是怎样转化为一边已知的另一□形。对于几何学家，这是十分容易的，只要他们注意：每逢我们像这里这样把直线同某一□形相比时，对所说直线的设想总是□形，其一边被我们当做单位的长度。这样一来，整个的事情就归结为这样一种命题了：设有一□形，求构造另一□形，与它相等，一边为已知。

虽然学几何的儿童也懂得，我还是要阐述一番，以免显得忽略了什么。

原则十九

应该运用这种推理方法，寻求在同一数中表现为两种不同方式的量，使我们假定未知项为已知，以便直接通观困难：这样的话，我们就可以在两个相等项之间进行同等数量的比较了。[①]

原则二十

方程式一旦找到，就应该把原来略去的演算完成，每逢需要用除法时，绝对不要用除法。[②]

① 原文只有命题，没有阐述。

② 同上。

原则二十一

这类方程式如有几个，就必须把它们统统归结为单一的另一个方程式，即，各项在必须据以安排成秩序的连比的量系列中占据最小次的那种方程式。[1]

① 原文只有命题，没有阐述。

附录 Ⅲ

笛卡儿的方法论和 Regulæ

管震湖

· *Appendix* Ⅲ ·

我可以大胆地说，我真有很大的幸福，自我幼年以来，我已寻到几条道路，领我到学问与公理的研究，由此我形成一种方法，借这种方法的帮助，渐渐增加我的知识，日积月累，此种知识竟达到最高点，几为我孱弱的能力与短短的生命所难于达到。

RENATI

DES-CARTES,

MEDITATIONES

DE PRIMA

PHILOSOPHIA

IN QVA DEI EXISTENTIA

ET ANIMÆ IMMORTALITAS

DEMONSTRATVR.

PARISIIS,

Apud MICHAELEM SOLY, viâ Iacobeâ, ſub ſigno Phœnicis.

M. DC. XLI.

Cum Priuilegio, & Approbatione Doctorum.

任何方法都是为体系服务的，虽然屡见不鲜：体系是荒谬的，方法却是卓越的或颇有可取之处。这就是说，方法既依存于体系而又有其独立性。

"Naturæ mysteria componens cum legibus Matheseos, utriusque arcana eadem clavi reperari posse aussus est sperare"（"他比较了自然奥秘和数学法则，大胆希望两者的秘密可以用同一把钥匙解开"）——《笛卡儿墓志铭》。既是哲学家，又是自然科学家、数学家，笛卡儿力求以他的体系把自然科学和数学这两个互相依存而又互相有别的领域结合起来，用玄学思辨把二者统一为一个模式。这是一把钥匙，他的方法论探求的就是怎样才能掌握这把钥匙，意图教给世人的也是如何运用他所认为的这把万能钥匙。事实上，假如我们识破了并且把握住这个特异之处，也就是掌握了笛卡儿方法论的奥秘。

笛卡儿坚持人类知识统一性的观点，在《哲学原理》[①]的序言[②]中指出："亚里士多德派经院学者认为，数学来源于其纯形式的确定性，在以具体广延为依据的[其他]学科中是不可达到的，所以每一学科的方法必须适应该学科所研究的题材之不同而且随之变化"，而他反对这种看法，于是提出了他对知识谱系的见解："整个哲学好比一棵树，树根是形而上学，树干是形而下学，树干上长出的树枝可分三大类，即，医学、力学和伦理学——我说的是最高级最完美的伦理学，它以充分掌握其他科学为前提，构成最高智慧。"他解释说，这种普遍的科学一致性将显示出来，那就是，"把单一的同一方法不断运用于种种不同的学科，因为这种共同适用的可能性和实践性，意指：整体的科学无非是人的理性本身的统一性"。这个理性，既不言而喻地支配着他比做树根的形而上学，也理所当然地支配着由这个树根上生长出来的树干——形而下学；这个思维着的实质、这个独一无二的认识力、主宰着人这个复合体的心灵，就是笛卡儿体系的依据和实质内容，因而也是笛卡儿方法服务的对象。

但是，方法一经确立，它自身的发展——只要它不是胡拼乱凑，欺世盗名，只要它确实遵循严谨的确定的逻辑推演系列，堪称一种方法论而无愧，那么，往往不一定始终准确依据体系为它规定的轨道，它甚至可以与它原来的出发点背道而驰。雅典娜一旦从她父亲宙斯头脑中全副武装蹦了出来，她的

◀1641 年出版的笛卡儿《第一哲学沉思集》的扉页

① 这是一部专为女弟子波希米亚王室伊丽莎白公主撰写的教科书（讲义），1644 年出版于海牙。

② 从拉丁原文第一个译为法文的是皮科神甫，笛卡儿的《作者致译者信》就是该著作的序言。

生命归她自己所有，证实她的力量的是她自己的行为。

唯心主义体系需要的方法，理应适合保卫体系的根本要义，即，精神、思想、观念是第一性的。但是，正如恩格斯在体系和方法的关系问题上，关于辩证法大师黑格尔所说的："在这里问题决不在保卫黑格尔的出发点：精神、思想、观念是本原的东西，而现实世界只是观念的摹写"(《自然辩证法》,《马恩选集》第三卷第469页)。为什么呢？恩格斯解释说："不论在自然科学或历史科学的领域中，都必须从既有的事实出发，因而在自然科学中必须从物质的各种实在形式和运动形式出发，因此，在理论自然科学中也不能虚构一些联系，而是要从事实中发现这些联系，并且在发现了之后，要尽可能地用经验去证明"(同上，第469—470页)。

伟大的自然科学家、数学家笛卡儿在他的形而下学领域和他所认为的普遍科学——数学，更确切说，马特席斯领域内，正是从既有的事实出发，根据当时已有的条件，按照"存在于事物本身的秩序"，或者按照"我们凭借思维巧妙铸造的秩序"[①]，通过奋勉努力，探求得知某些真理，取得了出色的成就。作为严肃的思辨家、深刻的思想家，笛卡儿也尝试在哲学领域内以同样的方式，作出同样的努力，探求不仅仅是个别真理，而是达到真正符合上述两种秩序的普遍真理。但是，我们看见，他是如何削足适履，强要自然万物秩序顺从他作为玄学家的专断安排，不仅在体系上造成无法弥补的缺陷，而且在方法上不时陷入形而上学(不是他所使用的那个意义)的泥淖。

尽管如此，笛卡儿仍然不失为近代哲学中(就是说，在许多方面继承了古代哲学思想的中世纪以后西方哲学中)"辩证法的卓越代表"(《反杜林论》,《马恩选集》第三卷第59页)。这样说，当然不单单指他在自然科学领域内不可避免地使用了辩证法而且卓有成效。

笛卡儿和培根从不同的角度出发，一致宣布：我们自己就是古人！他们与当时的以及以后的一切哲学革新家一样，要求砸烂已经陈腐的使人窒息的法则桎梏，使我们的睿智从任何成见定规中解放出来，只依从理性光芒的指引，去探求事物的真理。理性的现实光芒不是指向早已作古的先哲，而是指向现时的权威，首先指向那些发展古人遗训中反动方面并且使之成为僵死教条、甚至成为可以使人肉体消灭的刑律的经院哲学。是从十六、七世纪开始显露光芒的理性主义敲响了僧侣思想体系的丧钟！再以后，经过十八世纪狄

① 原则十。后者是指凭借笛卡儿所提供的正确方法推演而知的秩序，说的是事物秩序本身不能自行呈现的时候。

德罗等伟大唯物主义者的努力，终于埋葬了这种“枯燥的、干瘪的、软弱无力的传教士的思维方式”（恩格斯）。

就我们涉及的范围而言，我们特别要注意他在认识论和方法论[①]方面辩证法运用的实例。

那么，笛卡儿这两方面的特征是什么呢？它们在哪些地方表明：笛卡儿无论自觉与否，也出色地运用了辩证法？又在什么地方表明：他在哲学体系上坚持的反科学立场和观点阻碍着他的方法，使其终于不能形成完善的科学方法？

一、笛卡儿在晚年的一封信中，回顾他二十三、四岁学习和研究人生时说：“几何学家达到最困难证明时使用那些简单容易的推理系列，当时已使我想象：人类认识的一切对象都是这样互相依存的（《方法谈》中重复了这儿句，此处作‘互相联系’），只要我们力求避免作出错误的推断（作：‘只要我们拒绝接受任何不真实物为真实’），遵守一事物至另一事物前后相继的秩序（作：‘坚持由一真理至另一真理演绎所需的秩序’），那就没有什么东西远不可及，也没有什么东西隐而不露不为我们发现”。他在其他地方还提出，是人的 bona mentis（良知）在一切科学之间确立完美交流的；又说是，各门科学好似同一物的各个多变的面貌，彼此却相似，因为它们都首先依存于单一人类心灵。

Connexio scientiarum（科学之间密切联系），是笛卡儿一贯的思想。笛卡儿幼年和少年时期在耶稣会神甫督导下广泛涉猎各门人文科学和自然科学，其中尤其是逻辑、哲学和数学的研究，以及以后他深入“研读世界”和展开自然科学众多学科的研究，使他不断发现这些学科之间的联系，得出了科学之间密切联系的结论。为求他哲学体系的完整，他进一步认为，人类认识的一切领域构成的一个整体，统统受唯一认识力（vis cognoscens）即理性的支配。

开宗明义，他在 Regulæ 中首先指明：“研究的目的，应该是指导我们的心灵，使它得以对于[世上]呈现的一切事物，形成确凿的、真实的判断”（原则一的命题全文）。根据他在下文中对这个头道命题的阐述，这就是说，不可以把我们考察的对象，包括自然科学各门对象，割裂开来逐一研究，而应该看到一切科学彼此密切联系，“把它们统统完整地学到手，比把它们互相割裂开来，更为方便得多”。“因此，谁要是决心认真探求事物真理，他就必

① 对笛卡儿本体论的剖析在这一长篇论文的前一部分，从略。

须不选择某一特殊科学：因为事物都是互相联系、彼此依存的”。正是如此！只要我们不为形而上学的“迷人障碍所困扰”，我们在科学研究中，在对一切事物观察和认识中，“从了解部分到了解整体、到普遍联系的道路”就不会堵塞[①]。

笛卡儿从直观察知：一切事物自有一种安排，他称之为秩序或度量。据他在《方法谈》中解释，这种 ordo naturalis（天然秩序）就是一切客体彼此之间自然互相联结的秩序；探求事物真理，也就是按照这种秩序，揭示事物的内在规律性。这说得多么好呀！

然而，为维护他的唯心主义体系，这个天然秩序变成了他那个上帝安排的结果。无论他怎样对他的上帝给予理性的解释，他心中构想的世界仍然是本末倒置的世界。他从神学词汇中借来的 ordo vel mensura（秩序或度量），恰恰适用于他的体系：事物的天然秩序成了先验的观念，这个观念反过来又产生万物秩序。辩证法的光辉锋芒就此消钝，形而上学倒显示出它禁锢人的力量。

卓越的自然科学家笛卡儿不能不察知：“我们面对着的整个自然界形成一个体系，即各种物体相互联系的总体”（借用恩格斯在《自然辩证法》中的说法），但是，由于当时自然科学尚处于不发达状态，也由于笛卡儿自己的形而上学推演和列举（即归纳），他接受了自从古希腊以来科学家和哲学家（这两者往往是一身而兼之，与我们现代不同）的一种错误的见解，即，存在着一种科学之科学，“某种普遍科学，可以解释关于秩序和度量所想知道的一切”，它不是研究某一学科的专门对象，而是“凡其他科学涉及的范围，它都涉及了，而且只有过之”（原则四）；我们知道：笛卡儿这里所说的“其他科学”不单单是当时几乎无所不包的数学项下各学科，而且实质上就是心灵探求的一切对象。这个东西，就是既为普遍科学、又为普遍方法的 Vera Mathesis（真正马特席斯）或名 Mathesis Universalis（普遍马特席斯）。然而，这种科学之科学是不存在的；在笛卡儿而言，它被构想出来，只是为了使他在本论文开宗明义提出的探求一切事物真理成为确凿有据的体系。

是的，必须看到“事物都是互相联系、彼此依存的”（原则一），也必须从这个普遍的相互作用出发，去认识各事物之间真实发现的秩序、或者我们依据正确判断而获知的秩序，从而尽可能全面地从整体上掌握事物的普遍内在规律。但是，无比丰富的客观辩证法绝不是任何马特席斯所能概括的。即使仅

---

① 恩格斯《自然辩证法》

就一般和特殊的关系而言，哪怕我们承认马特席斯具有普遍指导原则的总和的价值，它也不能代替对于特殊事物的具体研究。笛卡儿也意识到了这一点，因此，他在原则八中假设有一人仅仅研究数学，此人“试作一直线：屈光学上称为光折线的直线……”，他会发现“该直线的确定取决于反射角和入射角的比例；但是，他没有能力继续探讨下去了，因为继续下去就超出了马特席斯的范围，而涉及物理学了，他不得不就此却步，停留在门槛上，而无可奈何……”原来，马特席斯甚至不能适用于也存在着秩序或度量的物理学。于是，笛卡儿只好回过头去，重新提出作为认识过程的起始的悟性，重申“只有悟性才有真知能力”，“先于悟性而认识是绝不可能的”（原则八）。那么，结论是什么呢？仍然是维护他的体系，指出问题在于“我们心灵的限度”，告诉我们说：在充分掌握了他的整个方法之后，“运用心灵去认识某一事物的时候”，会遇到两种情况：或者是我们认识了它，或者是我们还是不能认识它，而后一种情况或是由于尚未有必需的经验，那就不是自己心灵的过错，或是由于“所求之物超过了人类心灵所及”（原则八），那也不是人类心灵的过错。这样，笛卡儿也就否认了他自己实际上主张过的我们的认识不断加深，在无限时间系列中不断接近绝对真理的可能性。

笛卡儿自己举出的这个例子还说明普遍与个别、一般和特殊之间另一个辩证关系。那就是恩格斯在《自然辩证法》中明白指出的：“只有从这个普遍的相互作用出发，我们才能了解现实的因果关系。为了了解单个的现实，我们就必须把它们从普遍联系中抽出来孤立地考察它们，而且在这里不断更替的运动就显现出来，一个为原因，另一个为结果”（《马恩选集》第三卷第 552 页）。这就是说，第一，原因和结果这一对对应项之相互作用是一个普遍的一般的概念，我们据以了解现实中呈现的一切因果关系：平行光线经折射（因），交叉于一点而为光折线（果），正是应该从普遍的相互作用（联系）出发去考察，所以，笛卡儿发现：入射角和反射角之间的比例还取决于其他若干因素，进而他认为：“必须知道一般自然力是什么”；第二，要了解单个现象中的原因和结果，虽然要放在普遍联系中去考察，但确切地解决问题（笛卡儿称之为“困难”），仍须“把它们从普遍联系中抽出来，孤立地考察它们”：笛卡儿对该比例，进入其特殊领域即物理学中去考察，正是这样做的；因此，第三，我们的认识既是从个别和特殊归纳为普遍和一般，又是从普遍和一般演绎到个别和特殊，这里也是不断更替、交互作用的；原因和结果上是如此，其他事物（或者使用笛卡儿所称的“项”这个词）也是如此。那就不能如笛卡儿那样，虽然认为原因和结果是对应项，也说“它们的性质确实是相对的”，却从只承认原因在二者中是绝对项出发，进而否认它在普遍联系、相互作用之中也是其他原因的结果；也不能像他那样，虽然把他所说的列举，即归纳，提出作为演绎的对应项，作为与演绎同等重要使真理臻于完善的方法，实际上却告诉我们：二者相较，绝对的是演绎，相对的是归纳，根本的手段是演绎，归纳只是辅助的手段[①]。由此可见，笛卡儿所说原因、独立、简单、普遍、单一、相等、相似、正直等诸如此类之物作为他所谓的绝对项，结果、依附、复合、特殊、繁多、不等、不相似、歪斜等诸如此类之物作为他所谓的相对项[②]，不是现实的生动的辩证法的概念，而是虚幻的死滞的形而上学的概念；而演绎和归纳被排除在他的互相联系、相互作用之处，也就丧失了它们在即使笛卡儿体系中也可以起到的"使真知臻于完善"的作用，尽管它们分别地孤立地运用——他主要还是运用演绎——可以发现某些片面的真理。归根到底，这是因为笛卡儿念念不忘他的体系中的最绝对项，即某种或某些从真实逻辑系列中脱离（他又称之为"抽象"）出来的先验观念，恰恰扔掉了或者说忘掉了他探求的宗旨：依据事物的实在秩序去找到事物真理。

就他的自然科学研究而言，情况也是这样。这里面既有笛卡儿本人坚持体系、因而蓄意为之的原因，也有当时整个水平使然的原因。恩格斯在《自然辩证法》中关于古希腊人的辩证思维发表的一段评论是颇有意义的。他说："在这里辩证的思维还以天然的淳朴的形式出现……在希腊人那里——正因为他们还没有进到对自然界的解剖、分析——自然界还被当做一个整体而从总的方面来观察。自然现象的总联系没有在细节方面得到证明，这种联系对希腊人来说是直接的直观的结果"（《马恩选集》第三卷第468页）。在笛卡儿，他的天然淳朴形式（固然比他的前辈古人还要高级一些的形式）的辩证思维，更多的是一个严谨自然科学家不得不然的思维，而且时常受到形而上学的困扰以至破坏，同时，他也没有进步到足以深入自然界细节的程度，即使在他所擅长的几门学科中限于当时一般水平，他也没有达到足够解剖、分析的程度，只能从总的联系上去予以理解，于是总的联系也就难免笼统含糊，甚至脱离了考察对象的实际而成为仅仅产生于哲学家头脑中的玄学思辨的概括。

二、笛卡儿说，在一个"完满的宇宙"（Universum plenus，意即为理性所支配的宇宙）中，运动可以无须通过星体的物质移动而直接扩散直至我们，犹如在一根盲人拐杖之中；光，是从构成太阳和恒星的初质（elementum primus）发

---

① 参阅原则五、六、七关于列举，以及头几个原则中关于演绎的论述。

② 原则六。

射的运动,更恰当地说,是发射的"运动倾向"(《折光》);这种"火质",世上最精致、最活跃、最有穿透力的质,同天和地的区别(天和地是第二质和第三质)只在于"运动、厚度、形象以及'火质'各部分的排列"(《论世界》);火质,由于"自身运动的不可阻挡性",可以辐射至一切地点,沐浴一切物体(同上);它的作用(actio)以一种无限的、瞬间的、直线的运动,透过天的物质"一阵又一阵地"传导(同上);它的射线可以合、分、交、阻、屈、缩、增、减;这些射线触及物体,其运动就机械地迟缓或加速,屈曲或收缩,就像玩球的人扔掷的球一样(同上以及《折光》);它们到达我们的眼球时,就在我们的身体器官中延续为一种神经网运动。

这大致上就是笛卡儿精细缜密观察自然现象为人们感知这一过程而获致的结论,也是他从他所重视的实验以及经验中形成的宇宙观的一个方面的简单陈述。这里涉及的是我们认为存在于我们心外、他认为物归于心[①]的客观世界。那么,这个客观世界是怎样作用于我们的主观世界呢?

原则七的命题是:"要完成真知(又义:要使真知臻于完善——引者),必须以毫无间断的连续的思维运动,逐一全部审视我们要探求的一切事物,把它们包括在有秩序的充足列举之中"。这种"连续的思维运动"(他又称之为"频繁重复的思维运动")之所以必要,笛卡儿在该原则和原则十一中解释说,是为了把所研究的对象通观始终,极为迅速地从始项看到末项,几乎不留任何一项在记忆里,而是仿佛整个一下子察看全事物。

笛卡儿确实不是把我们的认识过程看做一次完成的、固定不变的静止现象,而是看做连续不断、反复加深的运动过程。在本论文中未及充分阐述,但在其他著作中多有涉及,尤其在研究人的生理心理活动的各专著中更有详尽的描述。这些无疑也是卓越的思想和运用。

我们知道,笛卡儿正确地认为人的认识过程开始于感觉。他尤其重视其中的视觉(他表述为"直观"的感觉起点,直观与视觉的关系,可以参阅《附录一:关于直观》)。这是因为他所理解的物质运动只是亚里士多德所说的 φορά(局部运动,即位移)。唯有一种运动不受此限,那就是光的运动。这当然是超出了当时的自然科学水平,是一种卓越的猜想;但是,如果我们说他把物质运动实质上等同于光的运动,那也不为过分。这就无怪乎他那样重视视觉在认识过程中的作用了。

---

① 译者认为笛卡儿不是二元论者,而是唯心主义一元论者,他的唯心主义而且是彻底的,这个见解已经口头表达和文字发表,这里不再赘述。

他在《论人》、《折光》、《激情论》中是这样说的：光的运动作用于我们的眼球之后，引起视肌肉的活动，使眼球按照景象的距离、亮度、方向等等自动调节；物体发出的光线从瞳孔进入，穿透三种透明的体液，集结于视网膜，机械地作用于视觉神经；物体各不同点发出不同光线以不同方式作用于不同神经，就形成视网膜上的"画"，按照反射光的方式不同的颜色；最后达至大脑，使我们的灵魂得以构成种种不同的视概念。他着重指出，视像就是[客观]世界对于"思维着的实质"连续不断的"袭击"，造成扩散的震撼，在我们的心灵中"显示出宇宙机械运用，促请我们的心灵作出反应"。

笛卡儿认为，其他感觉不如视觉有用，也不及它那样为我们所知悉，但是，它们同样也是由于物体以不同方式作用于不同神经，在大脑内部由灵魂表达为感性认识。

经过这种种外在感觉，我们的肉体产生饥、渴、痛、痒等等，我们的灵魂产生喜、怒、哀、乐、爱等等，这些统统是由心灵的运动促成、维持和加强的。最后，他得出结论说，在变易不已的世界中，"种种运动就这样通过神经达至我们的灵魂，与之结合而成为一体的大脑的某个地点，使这个地点产生种种不同的思维，皆随各该思维的不同而异；就是通过大脑神经刺激而成的运动所直接产生的我们灵魂这种种不同的思维，我们恰当地称之为我们的感性认识，或者说，我们感官的认识"(《原理》四)。

正是如此，运动是"包括宇宙中发生的一切变化和过程，从单纯的位移起直到思维"的(恩格斯：《自然辩证法》，《马恩选集》第三卷第491页)。不仅如此，笛卡儿还十分先进，甚至先于任何人(虽然不是以完善的形式)表达了宇宙中运动量守恒的见解(笛卡儿原理)。但是，第一，我们认为运动仅仅依附于物质，不是他所认为的依附于广延；运动是物质存在的方式、物质的固有属性，不是他所认为的广延的方式、而从广延中却不能演绎出运动；没有运动就没有物质，没有物质也就没有运动(包括思维运动在内)，也不是他所认为的没有广延就没有运动、而广延却是一个先验的绝对项。第二，宇宙万物的运动形式千变万化，虽然都与某种位移相联系，但是不能归结为简单位移，位移绝不能把有关的运动的性质和形式囊括无遗。第三，关于一切运动中最高级最复杂的思维运动，既然思维被他认为是一种没有广延的存在，那么，思维的运动与他认为的物质固有属性广延也就并无逻辑必然的联系(connexio)。那么，他所认为的实质即广延，要与他认为的方式即运动(这里是指他所描绘的思维运动)之间有什么联系的话，实际上也就是要谈什么思维运动的话，就只有乞灵于上帝了，因为尘世间的任何联系都是不可能的。笛卡儿正是这样做的，用《原理》中的话来说，这个“上帝就是一切运动的初因(causa prima)”，“他”(上帝)不仅像牛顿所祭起的“第一次冲动”那样启动了客观世界，而且成为我们主观世界中一切运动(包括上述客观反映于主观的过程：作为切实探究人的生理心理过程的自然科学家，对这个过程笛卡儿无疑是相当正确地描述了的)的根本动力。

从辩证思辨最后总是归至玄学思辨，说明的是唯心主义体系的流产。恩格斯在《社会主义从空想到科学的发展》中说：“黑格尔的体系作为体系来说，是一次巨大的流产，也是这类流产中的最后一次”(《马恩选集》第三卷第421页)。我们可以说，早在黑格尔以前，另一大系即笛卡儿体系就已经流产了，无论他也曾像黑格尔一样“如何正确地和天才地把握了一些个别的联系”(同上)，甚至在体系运用于自然科学方面做了更多的事情。

星移斗转，岁月流逝，三百多年后的今天，我们免除了当时出自蒙昧和迷信的私利纷争，更重要的是有了“极其彻底而且严整”(列宁)的马克思的观点，即辩证唯物主义为锐利武器，可以恰如其分地评价笛卡儿的体系和方法了。

笛卡儿仍然是伟大的思想家，尽管他的体系是彻底唯心主义的，他的方法每每最终陷入形而上学。他留下的相当完整的学说，构成人类知识、精神文明、心智成就的宝库的一部分，而且是特殊重要的一部分，固然我们必须从中剔除其糟粕，尤其要把他那个本末倒置的世界再颠倒过来。

勒内·笛卡儿差不多与弗兰西斯·培根同时，奋力挣脱仍然束缚着人们心灵的中世纪愚昧桎梏，他高举起理性主义大纛，向神学和宗教统治发出了严重挑战。虽然小心翼翼，向经院哲学和前此一切权威宣战的吼声仍然清晰可闻。他们既是第二代文艺复兴巨人，又是开创了远非古希腊罗马一切成就可以比拟的崭新时代的先锋战士。

Cogito，ergo sum！那就是说，不思，人则丧失其存在价值。如果是格言，这个格言要求的是：把一切拿来放在理性光芒的照耀下，重新审视、推敲、明辨并作出判决。即使在今天，在许多场合，理性反省和裁决仍然不失其现实意义。

勒内·笛卡儿像其他若干卓越自然科学家和严谨思辨家一样，在认识和总结客观世界运动及其主观反映的过程中，势所必然在这里或那里运用了唯一科学的方法，即辩证法，留下的大量个别范例今日看来仍然是光辉的。

一代宗师笛卡儿在哲学上的不朽贡献，不仅在于主要由他起始的理性主义敲响了黑暗统治的丧钟，而且由于历史辩证的发展，违反他的意愿，也违反他的哲学要义，源出了整整一派的法国唯物主义，仅就自然科学而言，也“成为真正的法国自然科学的财富”，“在机械的自然科学方面获得了卓越的成就”（马克思：《神圣家族》，《马恩全集》第二卷第160、161页）。

笛卡儿在自然科学若干领域达到的成就在很大程度上超越了时代的限制；他关于血液循环的学说，人体生理心理的研究，以及差不多在伽利略同时大胆倡言地动说，都不是可以用任何理由加以忽视的；尤其应该提到他比康德还要早数十年蔑视创世说权威，勇敢地提出了关于宇宙形成的旋涡说。

笛卡儿尤其是极其出色的数学家。也可以说，正是他在几何学和算术方面有出众的造诣，他才与众不同地设想以数学方式解释和构想世界。固然这样做也是方法论上的一种流产，但数学大师的光辉仍不稍掩，例如，正是他把代数引入几何，进而“主要由笛卡儿制定解析几何”（恩格斯）。

顺带，我们要特别谈一谈笛卡儿作为数学家的贡献。

《方法谈》所附第三篇科学论文《几何》极有独创见地。他首先给予算术四则和求开方号为今日代数所大体上沿用。在该论文中他广泛使用了解析方法，用语虽然不像今天这样准确，但为公元1800年以后人们所称解析几何奠定了基础。

也是在那篇论文中，笛卡儿以代数方法解决了著名的帕普斯问题。他所使用的符号为今日代数大体上沿用。

笛卡儿创制了后世所称的笛卡儿坐标轴。

他关于他所称的几何曲线（今称代数曲线）的推断之准确，迟至1876年才由英国数学家阿尔弗雷德·B·坎普予以确证。

他巧妙地解决了他的一个学生提出的问题：“求一曲线含其正切某一属性”。这个问题属于积分而且导致一个对数。

他正确地区分了代数数和超越数，而且大致上看出不可能以根号解决大部分代数方程式。

作为数学家，笛卡儿的影响不仅及于当时，对于后世的莱布尼茨和牛顿也有重大影响。

我们不能不说，他在数学领域达到的空前成就表明：他把 Regalæ 以及《方法谈》等等中倡导的“技艺”运用到了极为“灵巧”（sagacitas）的程度。

此外，他在美学、诗学、语言学方面也有独到的见解，在他身后产生了深远影响。这些也都与他的方法论有关。

Regulæ 是笛卡儿方法论三大著作之一：其他两部是《方法谈》和《凭借自然光芒探求真理》。他的传记作者巴伊叶认为，Regulæ 比《方法谈》阐述笛卡儿方法更为充分、更为详尽,而后者只是方法论主要原则的概述;又说是笛卡儿自己就多次谈过这一点。不过,也有人认为主要由于 Regulæ 遗稿不全,比起《方法谈》来就较为逊色。笛卡儿的学生、好友克莱尔色列就不太重视 Regulæ,甚至不愿把自己手中保管的手书遗稿拿去出版。无论如何,我们可以肯定,上述三部著作合在一起,再加上散见于他书信中有关方法论的议论,大致上可以得识笛卡儿生前关于他的方法所作文字表述的概貌。

Regulæ 写作时间大约在笛卡儿离开法国最终前往荷兰[①]之前,一般把下限定为 1628 年,非常可能就是在那一年的冬季。其酝酿当在他 1619 年发生精神危机的时候。

据他后来在《方法谈》中说:"我花了几年时间研读世界这本大书(与学者的书相对照),这样获取一些经验,在这以后,有一天,我决定也要研究我自己,尽我心智的全力选择我应该遵循的道路,在这条道路上,我想,我取得的成就是超过了假如我不离开故国、丢下书本的。这时我正在德国打仗……"

他经过苦思冥想,发现无论作为社会法则或者科学法则,单独一个思想家总比许多思想家构造出来的人类思想体系更好、更有系统,因此,从别人的书中构造真知不是最好的方法(这里我们不妨参阅 Regulæ 中相似的话)。这个独立创造者后来在一篇拉丁论文中说:"就像那些住在旧房子里的人,非至已经形成建造新房子去代替旧房子的计划的时候,是不会拆掉旧房子的,我也像这样首先考虑怎样才能够找到什么确定无疑的东西,于是花了很多时间寻找有什么真正方法达到我的心灵所能达到的一切事物的真理。"他回顾年轻时学过的学科,认为只有逻辑、数学以及几何学分析稍稍有用,然而,逻辑只能传导,不能发现真理,而且其中真伪杂陈、有用与可疑混淆,至于古人的几何分析和今人的代数,"姑且不谈它们只能用于似乎没有什么用处的抽象题材,前者过于局限于考察图形,后者受到某些规则和图形的奴役,变成了一种混乱而暧昧的技艺,只能困惑心灵,不成其为培育心灵的科学。所以,我想我们必须找出来某种其他方法,包括三者的长处,没有它们的缺点。"我们看见,在 Regulæ 中这个东西第一次被提出来,定名为"马特席斯"。

于是,他选择了四条逻辑原则(也就是所谓的 Regulæ):第一,只承认完全明晰清楚、不容怀疑的[事物]为真实;第二,把一切困难都分割为若干因素

---

① 1621 年冬笛卡儿浪游至荷兰海牙,对以后他将长期寓居的低地之国有了良好的印象。1629 年春他又由法国北部抵达阿姆斯特丹,从此以后,除了短暂离开以外,在那里寄寓至 1637 年,以后选定了更为幽静的乡村——荷兰北部的比嫩的埃格蒙德为退隐归居之地。逝世前数月应瑞典女王之请前往斯德哥尔摩向她讲授哲学,1650 年在那里病故。

（或若干组成部分）；第三，从较容易的推至（或叫演绎）较困难的；第四，进行列举，寻求中项，同时考察困难问题各因素，以至任何东西都不遗漏。这些，我们看见，在 Regulæ 中做了进一步发挥。

这位探求真理者（或者说，探求达到真理的方法者）构造了许多原则，当时就加以运用，获得圆满结果，日后又把它们阐述在关于方法论的著作中。他特别满意的是：他觉得他的方法的原则不仅适用于数学，而且适用于一切事物。这时笛卡儿才二十三岁，但是，他以后学识增长，尤其是哲学思辨日趋成熟，研读世界所获经验更加广泛而深入，使他终于有资格提出了他的独特的方法论。正如他的密友夏努为他身后写的墓志铭中所说："就是在那个休假的冬天，他比较了自然奥秘和数学法则，大胆希望两者的秘密可以用同一把钥匙解开。"他在方法论方面，决定今后尽毕生之力，努力掌握并教人掌握这把钥匙。1619 年的精神危机是有积极成果的。

从 1625 年开始，笛卡儿在巴黎居住了三年[①]。与他交往的大多是科学家和数学家，他们之间的交谈和争论，对于"而立"之年的笛卡儿既是学习的机会，也促使他进一步发展自己的思想，同时进一步坚定了信心：确信自己即将创立的方法是唯一正确的。

在与巴黎学术界人士的交往中，有一次，他驳斥了一个物理学家兼炼金术士提出的所谓理论体系，他当即说明还不能仅仅否定，而应该提供区分真理与谬误的标准，而且他还提出他自己就可以运用当时流行的论证方法证实任何谬误的任何真理。在场的人都大为赞赏，一致敦促他把这样敏锐观察、渊博学识的推理向公众贡献出来。这次的成功以及以后不断在交往圈子里获得的成功鼓舞了他，使他决心实现久已考虑的使用自己的方法建立一个新的哲学体系，积极的成果之一就是遗稿 Regulæ。实际上，他想做的就是用积极的建树（而不是单单否定）去代替经院哲学。弗兰西斯·培根这个名字，对于笛卡儿而言，仍然只是意指否定，只是表明旧有的体系已经土崩瓦解，必须有某个新体系建立起来代替它。笛卡儿还认为，培根的实证主义实验过于松弛，也过于含糊，也就是说没有绳之以数学方法。培根的逝世中断了深入一步研究的工作。这个未竟任务必须由笛卡儿自己去完成，当然是以不同于培根的方法，也就是以见诸 Regulæ 和其他著作的方法。

他受到学术界朋友的怂恿，把种种想法写成一条条的 Regulæ 的同时，还在构思另一部著作（是论证上帝的存在的，大概是一种自然神学理论），而且

① 其间，他第二次去当志愿兵。

忙于准备迁居国外,也许集中精力不够,致使本论文中留下了一些不很完善的地方,例如原则和原则之间繁简不一,或不够衔接,也有互相矛盾的,还有些陈述失之含混,有时又显得重复,有些文句表达不确切,留下费解的难点,原文为拉丁文,有人说有些拉丁词句语法不通,等等。不过,这些似乎都是可以原谅的,因为作者想说的意思还是看得清楚的,况且,作者自己在原则四末尾也告诉了我们:"这本小册子"原本不是准备出版的,只是为了他自己日后备忘的,同时也是为了记录下来之后便于自己"转入其他题材的研究"。

Regulæ 第一次出版是 1701 年,已在作者逝世半个世纪又一年之后。遗稿原在克莱尔色列手中,巴伊叶写《传记》时还查看过,以后却遗失了。幸亏,存下了两份抄本:一份原为莱布尼茨所有,现存汉诺威图书馆,世称汉稿或汉本(H);另一份在 1701 年曾被《遗著》编者使用为印行所据的蓝本,由于《遗著》出版于阿姆斯特丹,世称阿稿或阿本(A)。阿本比汉本完善得多。1897—1909 年 Adam 和 Tannery 所编《笛卡儿著作》十一卷,采用的就是 A 本,被称为 AT 本。1977 年法国学者 Marion 据 AT 本,参照以往几种法译本和荷兰译本,重新译为法文,这就是我们汉译文的依据。在汉译的过程中有些不明白的地方,对照过 AT 本拉丁原文;如有必要,日后当按照拉丁原文整个核校一遍。

AT 本和法译本都只有二十一条原则,但莱布尼茨看过克莱尔色列手中保存的原稿之后说看了"二十二条有解释、有阐述的原则"。而笛卡儿本来的打算是写三部分,每部分各有十二条,那么合计为三十六条原则。大概是作者没有完成写作计划,现在我们见到的只有二十一条,而且最后三条只有命题而没有阐述。

原来计划的三十六条分为三部分,各占一册。第一部分从原则一至原则十二,要旨是准备我们的心智,训练我们的理性,使之可以进而研究简单命题;第二部分从原则十三至原则二十四,研究的是所谓完全问题,即各项已充分知悉、只是答案尚未揭晓的问题;第三部分从原则二十五至原则三十六,探讨不完全问题,并研究如何归结为完全问题。

笛卡儿写作这些原则本不是为了出版,所以并没有加上任何篇名或题目。是巴伊叶在他写的《传记》中使用了《指导心灵探求真理的原则》。A 本作 Regulæ ad directionem ingenii,H 本作 Regulæ de inguirenda veritate。法译者加上"有用的"、"清晰的"两个形容词,根据的是笛卡儿逝世后在斯德哥尔摩进行遗物登记中使用的名称,这个名称用的是法语。我们的汉译本为求书名的汉语、拉丁语、法语一致起见,合并了 A 本和 H 本的拉丁语,加上了两个形容词 utiles 和 clari ;法语书名书写当然是 Marion 给予的全称。这些称呼都很啰唆,也不符合现代人的习惯,同时鉴于笛卡儿自己并没有给原稿定个名字,所有名目均为后人所加(除上述四种书名以外,还可以举出十来种),所以汉译者斗胆予以简化,在封面上仅称《探求真理的指导原则》——这似乎还有一个优点,就是,有点像巴伊叶初定的书名。至于简称,有时称 Regulæ,有时称本论文,两者均从其他研究者的习惯。

附录 Ⅳ

笛卡儿生平大事年表

1596—1650

管震湖

· *Appendix* Ⅳ ·

别人的职业如何我不愿多嘴，我想我只能说我自己所从事的一种，我用我完全一生培养我的理性，尽我的能力依照我以上所述的方法增进我对于真理的知识。

RENATI DES-CARTES PRINCIPIA PHILOSOPHIÆ.

AMSTELODAMI,

APUD LUDOVICUM ELZEVIRIUM,

ANNO CIↃ IↃC XLIV.

Cum Privilegiis.

1596年·诞生

△ 3月31日：勒内·笛卡儿(René Descartes，或 Des Quartes，Des Quartis；拉丁名：Renatus Descartes)* 诞生于法国图赖讷地区的莱依镇(Touraine，La Haye)** 资产阶级化的贵族家庭。

他的家庭是穿袍贵族(noblesse de robe)，祖上从南边的普瓦提埃(Póitiers)迁移来，到莱依镇置块田庄(Les Cartes)。他的母亲让娜·布罗沙尔(Jeanne Brochard)在普瓦提埃有块小庄园(seigneurie)。他的父亲约阿希姆·笛卡儿(Joachim Descartes)任布列塔尼省雷恩市(Britagne，Rennes)法官(1586)***。

他是这个家庭(1589)的第三个孩子，上有兄比埃尔·笛卡儿(Pierre Descartes)、姊安娜·笛卡儿(Anne Descartes)。生就孱弱，深得教父、舅父 René Brochard 和 Michel Ferraud 钟爱，由奶妈照抚于普瓦提埃他外祖父家。得到大家精心护理活了下来，大概因此得名 René (再生)，家人自幼叫他佩隆(M. du Perron)，佩隆地方有他母亲留给他的产业。他母亲生下他几天就死于肺病+，父亲于半年后续弦，又得一子一女，小约亚金·笛卡儿(M. de Chavagne)和小安娜·笛卡儿。

▲ 意大利唯物论哲学家特勒肖(Bernardino Telesio，1509—1588)刚去世，英国唯物论哲学家弗兰西斯·培根(1561—1626)正当盛年，开始发表《散文集》(1597)，霍布斯和法国唯物论哲学家伽桑狄追随他们之后，准备迎战“在法国以笛卡儿为主要代表的17世纪的形而上学”(见《神圣家族》。《马克思恩格斯全集》2:161)

▲ 意大利音乐理论家、作曲家扎利诺，法国怀疑论思想家、散文家蒙田，政治思想家博丹先后去世(1590，1592，1596)。

● 法国波旁王朝(1589—1795)亨利四世(Henri VI，1553—1601)在位。

● 九十年代(1593—1595)法国“穷人党”起义，席卷许多省份，余波未平。

* 又译：㊀代伽德，见[清]黄仲骏《畴人传》(1898)；㊁笛楷尔，见钱钟书《管锥篇》2:514，中华书局，1979；㊂戴斯卡尔特，见《六国著名大学》91，人民

◀1644年出版的笛卡儿《哲学原理》书影

教育出版社,1979。

常见的异译,在姓氏上的分歧多集中到末字,即儿尔;在名字上却非常混乱,有㊀勒奈,见《马克思恩格斯全集人名索引》215;㊁若内,见罗素《西方哲学史》下 79;㊂雷勒,见方书春译《笛卡儿》,三联书店,1956;㊃李内,见刘春雄等译《世界文明史[二三]理性的考验》320。

* 旧建制,今属安德尔-卢瓦尔(Indre-et-Loire)省,莱依在省会图尔(Tours)之南,靠近省界。自从这位乡贤名扬西欧,镇名遂称:La Haye-Descartes(笛卡儿莱依镇,普通小地图上不标明全名),他出生的小屋受到保护,巴黎第五大学称笛卡儿大学。

** 又译:议员(councillor),见罗素《西方哲学史》下 80;辩护士,见《数学史概论》336;参议员(conseiller),见庞景仁:笛卡儿生平及其主要著作。顾问(coBeTHИK),见敦尼克《哲学史》1:417;李难等译《生命科学史》191;法律顾问,见梅森《自然科学史》153;〔议会〕顾问,见《简明不列颠百科全书》3:102,中国大百科全书出版社,1985 年。

+ 笛卡儿给伊丽莎白公主的信写道:我生下几天,我娘就死了,她生于忧患,得了痨病。英译者肯尼(Anthony Kenny)注道:笛母故于笛生后 13 个月,即 1597.5.13.(见《笛卡儿哲学信札》[Descartes,Philosophical Letters,牛津,1970,哲学所图书室藏],全书收信 101 封)。

1598 年 · 2 岁

● 亨利四世到南部雨格诺派(Huguenots)宗教势力依然十分强大的南特市* 颁布宗教宽容敕令,史称南特敕令(édit de Nantes),允许雨格诺派保留多种自由权利,可以担任公职、婚姻受保护,直到保有军队,这样稍稍和缓基督教和天主教、新教和旧教的矛盾,保持国内南北政治统一局面。

亨利本是雨格诺派首领纳瓦拉王亨利(Henri de Navarre)。1593 年登基后改宗,但终究未能消弭矛盾。

* 南特,位于西南部,靠近卢瓦尔河口的圣纳泽尔(Saint Naxaire),今属卢瓦尔省(Loiret),在下卢瓦尔(Loire-inférieure)一带。

又:对于建制,有的不称省而称州,见《数学百科辞典》1353。

1600 年 · 4 岁　　· 布鲁诺死 ·

▲ 意大利无神论思想家乔尔丹诺 · 布鲁诺(生于 1548 年)在天主教教皇国罗马花卉广场火刑场上壮烈牺牲。

1603 年 · 7 岁　　· 维埃特死 ·

▲ 法国数学家维埃特(François Viète,生于 1540 年)* 去世。他在《美妙

的代数》中以字母表示系数，推进了符号代数问题的讨论。他的著作集迟至1646年才由荷兰数学家小凡·斯古顿（Franciscus Van Schooten，1615—1660）整理出版，笛卡儿却前此就熟悉他的贡献。

* 又译：维特，见《自然科学史》156；韦达，见《数学史概论》334。

1604年·8岁

△ 春季：进安茹省拉弗莱什*学院（Anjou / La Flèche）就读。笛卡儿体质瘦弱，得到校长特许，可免参加晨课。

这是王府旧址，亨利四世太后（Jeanne d'Albret）于1552—1553年住过，亨利和教皇招回于1594年为巴黎议会流放的耶稣会士，于1603年借这地方办学，培养贵族子弟，最初学生仅100名。1606年教师33位，1607年学生激增至1500名，500名为première noblesse。

全校有九个班：文法班四，人文学科一班，修辞学一班，哲学二班，伦理神学一班。

教师笛内神甫（Père Dinet）后任耶稣会法国教区大主教，法王忏悔神甫。校长沙勒神甫（le Père Étrenne Charlet，1570—1652）本年上任，凡六年。**

△ 麦尔塞纳（Marin Mersenne，生于1588年）*** 先一年入学，这时已在高年级学习，修哲学课程。

● 法国人开始移民到加拿大。

* 旧建制，今属萨尔特省（Sarthe），拉弗莱什市在省会勒芒（Le Mans）之南，南距曼恩-卢瓦尔省（Maine-et-Loire）省会翁热不远。

** 当时，许多修会（the Ursulines，the Oratoriens，the Congrégation de Saint Mawr，the Filles de Charité）纷纷办教育。耶稣会较有规模，1599年颁布授课规则（Ratio Studiorum），有意充实教学内容，迎合社会需要，增加人文科学内容，这个学校较有成绩，莫怪笛卡儿说：我进的是欧洲最有名的学校（见《方法谈》第一章）。同时，1853年，克莱里（Jules Clère）的校史（Histoire de l'Ecode de la Flèche）也特别提到校友笛卡儿。

*** 又译：麦尔欣，见《费尔巴哈哲学史著作选》1：346，商务印书馆，1978年；默赛尼，见《生命科学史》198。

1605年·9岁

培根的主要哲学著作出版：《新工具》，1602年；《学术的进步》，1605年。“培根……认为生产形式的改变和人对自然的实际统治，是思维方法改变的结果”（见马克思《资本论》，《马克思恩格斯全集》23：428）。

1609・13岁

△ 在校期间，前一阶段学人文学科，掌握拉丁文、希腊文、法文、学习语法，学习宗教教义。后一阶段学逻辑、伦理学(亚里士多德《伦理学》)、天文学和神学。

科学方面的学科主要以亚里士多德著作的注释为课本，神学方面的学科主要以耶稣会士所注释阿奎那著作等为课本。

荷兰逐出西班牙势力，建立联合省共和国。

1610年・14岁

△ 六月：参加亨利四世心脏埋葬典礼，学校共选派24名学生参加。笛卡儿于盛典后，从哲学班转入伦理班，仍学习物理学和哲学，最后一年学数学。

● 亨利四世遭哈布斯王室刺客暗杀，人们按其遗愿，将心脏埋于拉弗莱什教堂内。

● 亨利四世的儿子路易十三世(Louis XIII，1601—1643)冲龄践阼，母后玛丽亚・美奇第(Marie de Medicis，1573—1642)摄政。

法国王权不振，雨格诺派和天主教封建显贵的斗争再趋激烈，南北之间多乱。

1612年・16岁

△ 毕业(八月)后，前往他父亲定居的雷恩市。

△ 进骑士学校，准备服军役。

△ 写《击剑术》。

1613年・17岁

△ 前往巴黎，初住市区，后避居郊外圣日耳曼(Saint Germain-en-Lage)。

△ 与麦尔塞纳(二十五岁)重见，结识数学家米多热(Claude Mydorge，生于1585年)，共同研究数学。

米是法官家庭出身，新婚，任议员。*

* 麦已加入最小兄弟会(Minime)。笛米结识，也许迟至1622年，参看司各特(J. F. Scott)《笛卡儿的科学工作》(*The scientific work of René Descartes*，伦敦，1952，科学院图书馆藏)204。

米，又译：迈多治，见〔美〕伊夫斯著、欧阳绛译、张理京校《数学史概论》345，山西人民出版社，1986年。

1614年・18岁

▲ 麦尔塞纳神甫受委派去里维尔(Revers)，在教团中教哲学、神学，直至1619年。

△ 笛卡儿由仆人陪伴，离开一帮贵族子弟索居，沉浸于音乐学习中。*

*笛卡儿这一时期避车马喧，寻耳根清净，争取个人研究环境安静，流传许多轶闻，材料主要见于巴伊叶《笛卡儿先生传》，不少是后来散佚以对证的。他后来以数学成就震动文坛，神童逸闻之类更多，据说普斯托皮(D. Lipstorpi)笔下记录不少，见其 Specimina Philosophiae Cartesianae，1653 年。

1615 年 · 19 岁

△ 遵父命，进普瓦提埃大学学法律。*

他的哥哥已从这学校毕业。后来继承父业，到布列塔尼任法官(1618 年)，家人叫他 M. de Bretailolier，因为 B. 地方的产业传给他。

笛卡儿和他这位哥哥，和他的姐姐，以及和父亲，关系都比较疏远。** 他没参加他兄姐[嫁于克雷维(M. du Crevis，Pierre Rogier)]的婚礼，也没奔父丧，此是后话。

* 富耶《笛卡儿，法国伟人》(Alfred Fouill)

1616 年 · 20 岁

△ 十一月：得到法学学位(Baccalauréat)。对于科学的兴趣并未稍减。

▲ 意大利天文学家、物理学家伽利略支持哥白尼学说，受到宗教裁判所传讯，从佛罗伦萨前往罗马受审。不得不具结，表示不再宣传所谓“邪说”。

1617————————〔二〕

·‖军旅｜生涯·‖

————————————1621

· 前往荷兰 ·

1617 年 · 21 岁

△ 五月：到荷兰南部布雷达(Breda)，投于荷兰和西兰(Zealand)，乌特勒支的执政(Stadtholder，1585—1625)，拿骚的摩里斯(Maurice de Nassau，1567—1625，奥伦治的威廉之子)军队总部当侍从军官*。

摩是军事家，又是学者，身边有一批有学识的人。

● 玛丽亚·美奇第的宠臣昂克尔元帅(Maréchal d' Ancre，Concini)遭暗杀。

● 荷兰陷于统一派和地方派、戈马尔派(Gomarists)和阿尔明尼派(Arminians)的政治宗教纷争中**。

* 法国是天主教占上风的国家，在荷兰，基督教势力较强大，宗教上彼此有矛盾。但是，自从荷兰驱赶了西班牙势力，法荷关系密切，法喜见西在荷的

势力受挫,法贵族子弟到荷服役者不少。

人名又译:摩利斯·拿萨乌斯基(Мориш Нассауский),见《论十六世纪末十八世纪初西欧哲学》91,三联书店,1961 年。

** 这两派得名于各自的首领、神学家:François Gomar,1563—1641;Jacques Hamensen Arminius,1560—1609。

1618 年·22 岁　　·结识外国数学家·

△ 十一月:在布雷达街头,看到荷兰文数学难题征答招贴。他向人请教,结识米德尔堡人(Middelbury)数学家、医师贝克曼(Isaaac Beecdman,1588—1637),晤谈很投机*。

贝在附近多德雷赫特(Dordrect)教书,常到布雷达拜访服务于军队的工程师,如阿莱奥(Jacque Aleaume,维埃特的学生)、斯蒂文(Simon Stevin,1548—1620)。笛从贝的谈话、热心介绍中了解到当代数学上的一些成就,包括维埃特的贡献,斯蒂文关于无限小的研究。

△ 以拉丁文《音乐简论》(*Musicae compendium* / Abrégé de musique,收于《全集》10:89—141)**《论代数学》(*Essay on Algebre*)向贝克曼请教。

据说,贝把笛稿誊抄后才退笛。

前者 1650 年 出版于乌特勒支。不久,普瓦松神甫(Père Poisson)译为法文并注,1668 年出版于巴黎;英文本稍后于 1656 年出版。

▲ 英国哲学家、自然神论者爱德华·赫伯特(Edward Herbert,后为第一代彻伯里[Cherbury]的赫伯特勋爵,1583—1648)任驻法大使。

● 二月:拿骚的摩里斯成为奥伦治的摩里斯亲王(Prince Maurice of Orange)。

● 奥地利哈布斯王室妄图建立天主教大一统帝国,利用 1601 年组织起来的天主教联盟军发动战争,首先进攻波希米亚(捷克),揭开三十年战争(1618—1648)的序幕。

* 笛贝关系颇好,分别后还常通信联系,但最后疏远了。笛怀疑贝窃取自己的研究成果,笛于 1629 年向麦尔塞纳提到有人(指贝)自居十年前是他的老师。

他们的来往信札,1619 年部分收于《全集》10:151—169。笛署 Du Perron,贝称之为 Monsieur René Du Perron(勒内·迪佩隆先生)。贝的《日记,1604—1634》(Journal tenu par Isaac Beeckman de 1604 à 1634,三卷)于本世纪初发现后由瓦尔(C. de Waard)撰序、注,出版于莱依。

他们的结识偶然又有趣,当时荷兰大兴土木,贸易频繁,又因卷入西欧战争导致人才缺乏，问题迭出，于是公开招工，设法寻求人才，招贴是一种手段。

人名又译：毕克，见宋孚信等译《科学的历史》90，求实出版社，1983年。

＊＊ 又译：……提要，见《辞海·理科分册》上4；……概要，见《古今数学思想》2:4。英文本：*Compendium of Music*，罗伯特（W. Robert）译，1961年。

本书是受到意大利音乐理论家扎利诺（Gioseffo Zarlino，1517—1590）影响撰写的。参看塞迪编《新格罗弗音乐、音乐家辞典》（*Stanley Sadie，The New Grove Dictionary of Music and Masicians*，20卷，伦敦，1980年，北京图书馆藏）5:387。

1619年·23岁　　·服役于奥地利·

△ 离开摩里斯的军部，游丹麦、波兰、德国。

△ 七月：投入巴伐利亚公爵马克西米连一世（Maxinilian Ier，du de Bavière，死于1651年）所领导的天主教联盟军，反对新教同盟。

△ 冬季：驻扎于慕尼黑之北，多瑙河边的诺伊堡（Neubury），附近是乌尔姆（Ulm）。

△ 在乌尔姆，结识数学家福尔哈贝尔（Faulhaber），这位数学家刚出版一部书，论算术、代数。福热情接待了笛。

▲ 斯瓦比神学家安德烈（Valentin Andreae，1586—1654）搞起来的虚虚实实的玫瑰十字秘密会社（Rosa＋Crux，Rosicrucians）在社会混乱中以神秘主义、迷信方术混杂上化学、数学、医学知识为自己开路。笛卡儿据说一度受到影响。

● 五月：荷兰省长奥登巴恩维尔（Oldenbarneveld）被处死刑，格劳秀斯则越狱得以幸免；统一派、阿尔明尼派对地方派、戈马尔派从此占上风。

● 捷克国王马特亚斯（Matthias）死（三月），斯提尔的斐迪南（Ferdinand）得到哈布斯堡王朝的支持，于八月在法兰克福当选为皇帝；另一方面，巴拉丁选侯、普法尔兹的腓特烈五世（Frederich V，1595—1632）则在捷克新教徒贵族的拥戴下登基，于是爆发了王位争夺战，构成三十年战争的一部分，结果，后者失败，史称之为：一冬国王（the Winter King）。

1620年·24岁

△ 军旅生活，辗转各地。偶尔记录思考情况，例如：1619年冬笛卡儿得三梦等。这类材料仅见于莱布尼茨的1675—1676年抄本，莱称之为C. P.，抄自Clirselier。据说已佚，这个拉丁文笔记一般名曰：奥林匹亚（Olympia，《全集》10:179—188）*。

△ 冬季：参加奥地利元帅梯利（Joh. Tserclares von Tilly，1559—1632）指

挥下在布拉格附近白山（Weisser Berg）一战。

△ 在布拉格，了解到第谷·布拉赫（Tycho Brahe，1546－1601）等人的天文学研究工作情况。

▲ 荷兰物理学家斯涅耳（Willebrord Snell，1580－1626）确定光的折射定律公式$\frac{\sin i}{\sin r}=\frac{v_1\text{（光在第一介质中的速度）}}{v_2\text{（光在第二介质中的速度）}}$，可惜他未公布。不出二十年，笛卡儿独立确定这定律，只是所给出的证明是错误的，费马（Pierre de Fermat，1601—1665）注意到笛在《折光》以及《几何》中的一些错误，进行攻击，引起两人长达十年的争论**。

* 参看福歇（Foucher de Carell）《笛卡儿未刊著作》（Œuvres inédites de Descartes，巴黎，1859）。英文摘译见阿斯康贝等《哲学著作集》3—4（Cogitationes privatae // Pensées/Private Thoughts）项下。福是从汉诺威图书馆整理出来的。

** 笛结识古尔之后才知道斯的研究，因此这里说他独立给出折射定律。

笛费两人是相识的，也彼此互通信札，涉及一些数学上的争论。莫怪《几何》的 1938 年俄文本译附费的有关文字和两人的信札。

1621 年·25 岁　　·东欧战地·

△ 春季：随布克沃伊伯爵（Karl Bonaventura de Longueval，*Graf* von boucquoi，1571—1621）在匈牙利服役。

△ 七月：伯爵死后笛卡儿离开军队，由仆人陪伴，坐马车到摩拉维亚，回荷兰（秋季），路线是：梅克伦堡（Mecklenburg，今属德国）、荷尔斯泰因（Holstein，德国），然后只身从埃姆登（Emden，德国）走水路到西弗里斯兰（West Friesland）*。

* 参看戈戴（J. P. Gordy）译《笛卡儿及其学派》［*Descartes and his School*，摘译自古诺·费舍尔（Kuno Fischer）《现代哲学史》（*Geschichte der-neuern Philosophie* 第一卷，海德堡，第三版）］197，伦敦，1887 年，哲学所图书室藏。本书对笛的活动，包括社会历史背景交代颇详尽。

1622——————〔三〕

·‖天主｜家园｜和｜学术·‖

——————1628

1622 年·26 岁　　·回国·

△ 二月：离开荷兰，经比利时，回雷恩。

在布鲁塞尔，谒西班牙尼德兰的统治者阿尔伯特（Archduke Albert）的寡后、圣克拉尔隐修院(Order of St. Clare)女修士伊莎贝拉(Infanta Isabella? —1632)。她滞留于此,支持反对尼德兰的国策。

△ 三月:回家一行,看看 Perron,Grand-Maison, Le Marchais 各处祖传古屋产业、耕地,这些产业每年可收入六七千法郎,和哥哥商谈家庭财务后就离开。

● 罗马教廷设立圣道传信部,统一领导各地(包括海外殖民地侵略地区)活动,积极开展与基督教的斗争。

● 法国克尔西省农民起义,起义军包围卡奥尔城(Cahors)*,后遭政府军残酷镇压。

● 十月:蒙彼利埃和约签字,雨格诺派受到重大挫折。

* 今南部洛特省(Lot)省会,位于加龙河支流。

1623 年 · 27 岁　　· 意大利还愿 ·

△ 春季:回巴黎两三月。

△ 把产业出售,包括他母亲遗传给他在佩隆的那份。

△ 九月:到意大利朝圣。路线是:巴塞尔、格里松斯、瑞士、蒂罗尔(Tyrol,今属奥地利)、因斯布鲁克(Innsbruck,奥地利)、威尼斯、洛勒托(Lorett,圣地)。圣诞节前夕抵罗马。

▲ 伽利略三上罗马受审。教皇乌尔班八世(Urbanus Ⅷ,1568—1644.7.29)本年上任,一改 1616 年本意,按教廷原审续讯,扼杀科学新见解。

▲ 哲学家伽桑狄神甫在艾克斯(Aix)大学讲授哲学,批评亚里士多德的观点,遭到耶稣会士反对,不得不离职。

1624 年 · 28 岁　　· 读世界这部大书 ·

△ 在罗马,结识巴格诺(Guidi di Bagno,? —1641),时任帕特雷依(Patrais)大主教;参观罗马盛大的耶稣升天节(Ascension Day)。

△ 在夏特罗,人们劝他在军部买官入幕,他以备款不足婉谢。

△ 归程路线是:佛罗伦萨、皮埃蒙特(Piemonte)、都灵、苏萨(Susa)。在佛罗伦萨访问斐迪南一世公爵,而未拜访伽利略*。

▲ 伽桑狄《反对亚里士多德的似是而非理论练习》(*Exercitationes Paradoxicae adversus Aristoteleos*)发表,冬季到巴黎。

● 法国首席大臣黎塞留红衣主教(C^al de Richelieu,1585—1642)执政。

* 笛于 1638 年给麦尔塞纳的信提到自己此行未访伽利略。

1625 年 · 29 岁　　· 观察自然现象 ·

△ 春季:取道桑尼山(Mont-Cenis)段越过阿尔卑斯山回国。

在这一带观测山，观察雷电现象，研究其夏多于冬之因，观察雪崩、旋风、高山云层的作用。这一切后来成为气象学写作时的资料。

△ 六月：在巴黎见到老朋友麦尔塞纳、米多热，还结识些新朋友：

笛沙格(Gaspard Desargues，1593—1662)，军事工程师、数学家，由他引见介绍给黎塞留；

巴沙扎克(Jean Louis Guez de Balzac，1597—1654)，语言学家；

哈尔迪(Claude Hardy，1605—1678)，数学家，语言学家；

莫兰(Jean Baptiste Morn，1591—1656)，巴黎数学教授；

德博纳(Florimond Debeaune / De Beaume，1601—1652)，天文学家，外省议员，欧几里得几何学拉丁文本译者，删节本编订者；

维尔布雷西厄(Etienne de Villcbressieu)，格勒诺布的医生，工程师；

吉比夫(Guilliaume Gibieuf，1591—1605)，索邦神学博士；

德桑西(de Saucy)

伽桑狄 *

新朋旧友欢聚一堂，而他的父亲已先期离京，没见到。

△ 到枫丹白露(Fontainebleau)晋见教皇使节(papal legate)。

* 司各特认为笛伽结识于伽游荷兰时；海尔登(Elizabeth S. Haldane，Descartes，his life and times，398 页，伦敦，1905 年，北京大学图书馆藏)则特别注明伽的荷兰之行未访笛，见第 97 页。

伽于 1655 年故世，著作集六卷，1658 年出版于里昂，1727 年出版于佛罗伦萨，附索比埃(Sorbière)所撰生平。

1626 年 · 30 岁

△ 接近巴黎天主教通俗说教修会(congrégation de l'Oratoire)* 人士，接受奥古斯丁学说。

△ 和麦尔塞纳、米多热、莫兰共同研究光学，得到工程师、镜片磨匠费里埃(Jean Ferrier)的协作。

△ 和皮可神甫(Abbé Picot)过从趋密。

▲ 四月九日(复活节，星期日)：英国唯物论哲学家培根病逝。

* 这个修会由腓立(Philippe de Nére，1515—1595)创立于罗马，1564 年。贝律尔于 1611 年在巴黎建立支会。

1627 年 · 31 岁

△ 参加教皇使节(Papal Nuncio)巴格诺主教举行的讨论会，听炼金术士尚多尤(Sieur de Chandoux)介绍所谓他发现的新哲学。

笛卡儿在会上持异议，受到红衣主教贝律尔(le cardinal Pierre de Bérulle，1575—1629)的赏识，后者鼓励笛著书立说。

△ 在巴黎期间，先是寓于友人勒瓦瑟(Le Vasseur d'Etioles)家，后移居郊外圣日耳曼。这样城内城郊搬动几次，有一次竟至长期隐匿，直至友人发现劝回才返城与友人重叙。

● 雨格诺派得到英国方面从海上给予的支援[白金汉将军(Buckingham)出面]，举事不成。

1628 年 · 32 岁　　· 南游 ·

△ 八月*：前去西南部，参观天主教封建显贵指挥的政府军对雨格诺派主要城堡拉罗歇尔(La Rochelle)发动的围攻战(十月)。

得到笛沙格等友人引导，参观桥梁、军械、要塞、堤岸、海防炮台、舰艇，了解到工程技术与军事国防的结合、作用和演进。

△ 冬季：写拉丁文著作《指导心灵探求真理的有用而清晰的原则》(*Regulae ad Directionem Ingenii*，《全集》10：359—469)**。

本稿应为 36 则，每 12 则一组，可惜未写完，如今只有 21 则。原稿遗存克莱尔色列手中，阿诺尔、尼古尔均曾过目而援引于《思维术》第二版(1664 年)，后佚。荷兰有抄本，莱布尼茨于 1670 年也发现抄本(非作者手迹)。前者为 1701 年阿姆斯特丹《遗著集》所采用，后者今存汉诺威图书馆，亚当编全集时据以校勘。

▲ 哈维发现血液循环理论。

● 黎塞留集中权力，完成南北统一。

* 据说，贝克曼《日记》记载笛卡儿于 1628.10.8 在多德雷赫特。巴依叶《笛卡儿先生传》(A. Baillet，*La Vie de M. Descartes*，巴黎，1691 年)则说笛于 1629 年三月才去荷兰。再说，笛于 1628 年冬返布列塔尼一行；1 月 22 日，他哥哥的儿子领洗，他还做教父呢(见海尔登 105)。

笛参加这场围攻战，载博雷尔《笛卡儿简历》(Pierre Borel，Cartesii Vitae Compendium，1656 年；英译本 A Summary or Compendium of the Life of the most famous Philosopher，Renatus Descartes，伦敦，1670 年)4。参看司各特 3。

** 又译：思维的法则，见刘景麟等译《数学的发现》(波利亚诺著，内蒙古人民出版社，1980 年)1：39；思想的指导法则，见《古今数学思想》2：4；指导心智的规则。

英文本：① *Rules for the Guidance of our Mental Powers*，斯密

(N. K. Smith)译，收于《笛卡儿哲学著作集》(317 页，3—117)，伦敦，1952 年，北京图书馆藏；② *Rules for the Direction of the Understanding*，吉伯生(W. R. Boyce Gibson)译；③ RulesK... of the Mind，阿斯康贝等摘译(E. Anscombe and P. Th. Geach)《笛卡儿哲学著作集》(*Descartes: Philosophical Writings*，303 页，爱丁堡，1954 年，北京图书馆藏)153—180。

德文本：比赫瑙(Artur Buchenau)译，莱比锡，1907 年。

日文本：精神指导の规则(165 页，正文 7—143)野田又夫识，岩波书店，1950 / 75，北京图书馆藏。

俄文本：Правид для рукводствд умд，收于《笛卡儿著作选集》77—169，哲学所图书室藏。

1629————————〔四〕

·‖避居｜荷兰‖·

————————1649

1629 年·33 岁　　·开写《论世界》·

△ 三月：告别巴黎，流亡荷兰。巴黎方面的事务、财务委托皮可神甫照管，学术交流、友朋联系请麦尔塞纳协助。

△ 到荷兰并不定居一地。20 年里搬迁 24 次，住过 13 个地方。第一阶段大概按顺序到下列几处：

阿姆斯特丹、弗兰内卡(Franeker)、德文特(Deventer)、乌特勒支、弗里斯兰的吕伐登(Leeuwarden / Friesland)、弗兰内卡。

△ 从此写信成为生活中要紧事，既勤又认真，每周总拨一天专门写，赶邮期投寄。巴黎有麦尔塞约代转，荷兰各地也托付有人：

多德雷赫特—贝克曼　　哈勒姆—布勒马特 (Bloemaërt)

阿姆斯特丹—赖尼尔(Reynier)

莱顿—胡格兰德(Hooghland)

《全集》前头五卷即来往书信(Correspondanco，约收五百封)，后来更为完备的八卷本《书信》(1936—1963 年版)，约收 720 封。

△ 开始写《论世界》(Le Monde)，两部分：《论光》(Traité de la Lumière)和《论人》(Traité de L'Homme)*，未终篇。第一部分 1664 年出版于巴黎，题为 *Le monde de Descartes, ou le traité de la lumière*. 克莱尔色列见到后，发现文字有误，予以订正，亲自出版于 1677 年。第二部分，莱顿大学哲学教授斯古尔(Florentius Schuyl)出版拉丁文译本 Renatus Descartes de homine, Lygduni, Batav., 1662—1664 年。不久，1664 年，克莱尔色列主持出版。

▲ 费马发现坐标几何的基本原理，可惜著作直到 1679 年他去世后才问世，见《平面及空间位置理论的导言》。

* 英文本：Treatise on Man，霍尔（Thomas Steele Hall）译注，法英对照，美国康布利奇，1972 年；Descartes' World or Treatise on Light，威切斯勒（A. Wechsler）译，1931 年。

书名又译：世界体系，见《古今数学思想》4；上流社会，见丘言曦译《西方哲学史》（罗素著）627，台湾中华书局。

俄文本：Трактат о свете，收于《笛卡儿著作选集》171—255 页，哲学所图书室藏。

1630 年 · 34 岁

△ 可能短期访英。

△ 五月：写信给麦尔塞纳，感谢他介绍伽桑狄的天文观测工作。

笛信以给麦者数最多，涉及的方面也最广，光学、声学、美学、语言学、天文学，这些双方都感兴趣的学科，他们讨论法国学术的进展、政治状况、欧洲文化的前景。

▲ 夏季：麦尔塞纳来访，特别注意考察荷兰国内宗教关系。

△ 秋季：跟贝克曼开始龃龉，笛怀疑贝要剽窃自己的音乐研究成果为己有。《音乐简论》原是献给贝的，笛一直未与人道，此后即取回再未提起。

△ 冬季：在阿姆斯特丹学解剖学，经常出入屠户。

和维尔-布鲁西厄结伴去丹麦、德国北部、东弗里斯兰。分手后，前往多德雷赫特探望贝克曼，贝在病中。

1631 年 · 35 岁

△ 夏季：写信给维尔-布鲁西厄，介绍撰写《原则》的背景，即在教皇使节主持的讨论会上受到尚多尤的启发，得到贝律尔的鼓励等等。

▲ 十一月：伽桑狄首次观察到水星凌日现象。

1632 年 · 36 岁　　· 潜心研究数学 ·

△ 结识莱顿大学数学教授古尔（Jacob Gool，拉丁名 Jacobus Golius，1596—1667）*，熟悉数学史上公元三世纪亚历山大城的帕普斯（Παπποζ/Pappus）所提出的问题。

△ 在古尔家中，结识荷兰诗人、政治家惠更斯（Constantijn Huygens，Seigneur de Zuylichem，1596—1687），时任奥伦治亲王的秘书（1625 年），枢密院成员（Privy Council，1630 年），他的儿子就是著名的物理学家惠更斯（Ch. Huygens，1629—1695）**。

在海牙,他们过从颇密。

△ 四月:赶写《论世界》,译为拉丁文,未完成。

△ 五月:去德文特,访雷南(Renen),仆人吉洛 (Jean Gillot)随伴。

△ 回答麦尔塞纳所提出与抛物线 $y^n = px$ 有关的圆形的面积、体积和重心等一系列问题。

▲ 年底:伽利略终因《潮汐对话》(后取名《托勒密和哥白尼世界体系的对话》)而受到迫害,于下年元月二十三日囚禁于宗教裁判所。

* 古尔本教东方语言(1624 年)。斯涅耳去世后,他教数学(1629 年)。1653 年,出版《阿拉伯语拉丁语字典》(Lexicon. Arabico-Latinum,莱顿)。

** 小惠更斯发现笛卡儿《哲学原理》第二篇论述的碰撞问题,七种中有六种结论是错误的。他于 1669 年前后弄清了这种情况,发表《因碰撞引起的物体运动》一书纠正了笛卡儿的错误。参看吴以义:经典物理学的经典,见《科学》1987 年第 3 期,又见《新华文摘》1987 年 11:168。

1633 年 · 37 岁　　· 续写《论世界》·

△ 忙于撰写《论世界》。

△ 六月:在德文特。

▲ 六月:伽利略被迫放弃太阳中心说。

△ 九月:笛卡儿在比利时列日 (Liége)看到教会判决伽利略为异端的告示。

△ 从贝克曼处借到伽利略著作来读。

△ 十一月:决定不发表《论世界》*。

* 笛卡儿在这期间有信给麦尔塞纳(メルセソヌ),谈到得知伽利略受判决后想到自己的观点和伽利略学说有唇齿关系。宋孚信等译《科学的历史》(大治正则著,232 页,求实出版社,1983 年)95 作:梅鲁让斯神甫。

1634 年 · 38 岁　　· 和海伦同居 ·

△ 写信给麦尔塞纳,告知原拟将《论世界》全稿或部分寄奉为"新年赠礼"一事作罢论,并告知传闻伽利略著作在罗马遭焚毁。

正是在《论世界》中,笛提出著名的宇宙旋涡理论,说明行星绕日转动不息。这一次,慑于教会的淫威,他退缩了。后来,巧妙地写进《哲学原理》。不幸,曲述固异于直书,狂热的教会神学家仍然饶不了他,这是后话。

△ 赴丹麦途中,在哈勒姆(Haarlem)结识卢万的医学教授普勒姆(Vopiscus Fortunatus Plempius,1601—1661)*;去海牙,访问法国大使夏尔纳(Baron de Charnasse)。

△ 秋季：写信给贝克曼，提到伽利略关于光的理论和他自己的哲学关系很密切。

△ 冬季：和荷兰新教徒海伦（Hélène）同居，他们是在阿姆斯特丹相识的。

▲ 霍布斯身为导师，领家馆的学生到欧洲大陆游历、参观、学习，在巴黎会见伽桑狄、麦尔塞纳。

● 法兰西学院建立。

* 司各特认为笛普结识于1637年。普在解剖学上坚持过时的理论，因此反对笛，但接受血液循环论新观点。他的卒年，司各特系于1671年。

1635年·39岁　　·写《方法谈》·

△ 寄《折光》稿给惠更斯，并写信讨论稿中问题以及磨研光学镜片问题。

在《折光》中，笛卡儿描述眼的动作，讨论折射现象，设计望远镜、显微镜和眼镜的聚焦透镜，卵形光学透镜*。

笛惠来往书信总共141封，后来由罗特（L. Roth）整理编译为《笛卡儿和惠更斯书信，1635—1647》（*Correspondance of Descartes and Constantyn Huygens*，1635—1647，牛津，1926年）出版。

△ 七月：在德文特，得一女，取名法兰辛·笛卡儿（Francine Descartes）。

△ 冬季：在吕伐登，开始写《方法谈》。

● 法国参加三十年战争。

* 参看〔美〕克莱因著《古今数学思想》2：16，上海科学技术出版社，1979年；《科学年鉴》1977年第156页，马利奥文，科学出版社〔北京〕1978年。

书名又译：《折射光学》，见《科学的历史》91。

◀ 方法谈 ▶

35·36·37·44

1636年·40岁　　·科技兴趣广泛·

△ 在莱顿，与出版商埃尔策非（Elzevirs）一家友善。

△ 把拉丁文《机械学札记》寄给惠更斯。后来，通俗说教修会教士普瓦松把《札记》和《音乐简论》译为法文：Traité de la mécanique composé par M. Descartes, de plus l'abrégé de la musique du même auteur，1668年出版于巴黎。

△ 与《札记》性质相近，有一篇法文《论起重机》（Explicatio des engins /on lifting-machines）。马约（Danie / Mayor）发现后，译为拉丁文，于1672年出版。

△《方法谈》一稿出版过程中，麦尔塞纳建议把《论物理学》(Treatise on Physics)也附上，未采纳。

● 乌特勒支大学开办。

1637 年 · 41 岁　　· 影响荷兰思想界 ·

△ 六月：法文《谈关于正确指导理性和在科学中寻找真理的方法，附折光、气象、几何》(*Discours / De La Méthode / Pour bien conduire sa raison, et chercher / la verité dans les sciences*, 3—78 页 / *Plus La Dioptriqve*，附录：1—153 页 / Les Météores, 155—294 页 / et / La Géométrie, 295—413 页 / qui sont des Essais de cette Méthode,《全集》6:1—78, 79—228, 231—366, 369—485；巴黎，1973 年，北京图书馆藏)* 交约翰 · 马雷(Jan Mario)匿名出版于莱顿。

△ 在正文第四部分，作者提出他的著名公式：Cogito ergo sum / Je pense, donc je suis(我思想，所以我存在 / 我有思想，故我存在〔拉丁语汉语词典，591 页，1988 年〕)** 。

△ 在附录《几何》*** 中，作者制定解析几何，把变量引进数学，使"辩证法进入了数学，有了变数，微分和积分也就立刻成为必要了"(恩格斯：《自然辩证法》。《马恩全集》20:602)。

△ 以本书呈法王、黎塞留、奥伦治亲王，以及母校拉弗莱什耶稣会士教师。

△ 在莱顿，争取参加尸体解剖；和老教授瓦尔切(Valche)友善。

△ 在荷兰的第二阶段，大概在下列这些地方居住：

埃格蒙德(Egmond)、盖尔德斯 (Guelders)的哈德威克(Harderwijk)、阿麦斯福特 (Amersfoort)、阿姆斯特丹、莱顿、莱顿附近的恩德吉斯特(Endergeest)。

▲ 乌特勒支大学哲学教授瑞纳里[Henricrs Reneri / Regnier，于伊(Huy，比利时)1593—1639]向学生介绍笛卡儿观点，并跟笛卡儿取得联系。

* 书名又译：更好地指导推理和寻求科学真理的方法，见《数学史概论》331.

关于书名，笛于二月致函麦尔塞纳这样解释：我不理解你怎么要反对这书名；要知道，我不题《方法论》(*Treatise on Method*)而题《方法谈》(*Discourse on Method*)，这表示是"序言"(Preface)或"札记"(Notice)，我并不想教导人以方法，只想描述而已(见《哲学书信》〔肯尼编译〕30)。

中译本:《方法论》,彭基相,商务印书馆,1934 年;《笛卡儿方法论》,关琪桐,商务印书馆,1935 年;《方法导论》(选译 110—201),钱志纯,收于《我思故我在》(212 页),台北志文出版社,1974 年,北京图书馆藏。

法文本:巴若内(Marcelle Barjonet)注释,107 页,巴黎,1950 年;吉尔松(Étienne Gilson)注释,巴黎,1930 / 79 年,均哲学所图书室藏。勒梅尔(Paul Lemaire)编,63 页,巴黎;布罗夏尔(Victor Brochard)编,141 页,巴黎,1927 年,均北京图书馆藏。La géométrie,拉比埃尔(Claude Rabuel)注释,里昂,1730 年。比絜(Jacques de Bourbon Busse)撰序,128 页,迪迪埃书店(Didier),1971 年,武汉大学图书馆藏。

英译本:*Discourse on Method, Optics, Geometry and Meteorology*,奥尔斯坎普(P. Olscamp)译,美国印第安纳波利斯,1965 年。*A discourse on method*,维也切(John Veitch)译,1901 年;沃拉斯顿(A. Wallaston)译,192 页,1960 年,均北京图书馆藏。林赛(Lindsay)撰导言,254 页,人人丛书第 570 种,1912 / 24 年,武昌华中师范学院藏。

阿斯康贝等译《方法》(7—57),《折光》(摘译,241—256)。La Géométrie,斯密等(Smith and Latham)译,芝加哥,1925 年。

德译本:*Abhandlung über die Methode*,布赫瑙(Artur Buchenau)译,150 页,1919 年,哲学所图书室藏。希尔施(R. Hirsch)译,收于《哲学文集》(*Philosophische Abhandlungen*),武汉大学图书馆藏。

俄文本:Рассуждение о методе,收于《笛卡儿著作选集》257—317,哲学所图书室藏。

日译本:《方法序说》,230 页,落合太郎译,岩波书店,1953/67 年,北京图书馆藏。

** 英译:*I think, therefore I am*,见霍尔丹等编译《笛卡儿哲学著作》1:101;*I am thinking, therefore I exist*,见肯尼《哲学书信》84;*I think, hence I am*,见维也切译本。

*** 参看《数学百科辞典》(1804 页,日本数学会编)第 1347 页,〔北京〕科学出版社,1984 年。

1638 年 · 42 岁 · 写《物理学》·

△ 二月:写信给拉弗莱什的耶稣会神学家瓦蒂埃(Antoine Vatier,1596—1659),说《物理学》已写出一部分,写完将题为《论光》(On Light)。

"笛卡儿在其物理学中认为物质具有独立的创造力,并把机械运动看做是物质生命的表现。他把他的物理学和他的形而上学完全分开。在物理学范围内,物质是唯一实体,是存在和认识的唯一根据”(马克思、恩格斯《神圣家族》。《马恩全集》2:159)。

△ 夏季:在莱顿。写信告诉麦尔塞纳,当时热病流行,独他身免。

△ 从利穆赞(Limousin)那里设法搞到博格朗的批评意见。利是麦尔塞纳介绍来的仆人,他顶替了早先的吉洛。

▲ 乌特勒支大学的勒卢阿 (Le Roy / Henricus Regius,1598—1679)教生理学,实际上大谈笛卡儿学说。

▲ 伽利略的《关于两种新科学的数学证明的论说》在莱顿出版。

△ 在哈勒姆(位于阿姆斯特丹之西,莱顿之北,西靠近北海岸)附近的圣布尔特(Santpoort / Zandpoort),忙于写作(1638—1640)。

* 本年初,他住在埃格蒙特。亚当和丹奈里(Adam and Tannery)说他晚些时候迁回阿姆斯特丹,海尔登认为证据不足。

他在荷兰到底怎样流动转徙,看来,要排列出精确的路线、时间是较难的,本表勉强爬梳整理然后开列,仅供参考,万勿拘泥。

1639 年 · 43 岁　　· 巧妙斗争 ·

▲ 三月:瑞纳里去世。医学教授勒卢阿、修辞学教授艾米利乌 (Antonius Æmilius)撰悼词 (Eloge),借此鼓吹笛卡儿学说。“勒卢阿甚至还认为笛卡儿隐瞒了自己的真正见解”(同前,《马恩全集》2:159)

勒卢阿把瑞纳里去世事函告笛卡儿,并恳求让他前来埃格蒙特拜访。笛得知自己的学说被人擅自解释,“提出了抗议”。*

△ 五月:传说黎塞留有意邀笛卡儿回国,他表示无意离开“可爱的隐居地”。

△ 惠更斯鉴于笛身体时好时坏,劝他发表《论世界》。他自奉“不怕死亡,热爱生活”,况且三十年来,“身强齿健”,而先前他曾告诉麦尔塞纳此稿也许需等他百年后一个世纪才能面世,现在他表示将审度环境条件考虑出版。事实上,他改写了(见后)。

▲ 费马反对笛卡儿的《折光》和《几何》,数学家罗贝尔(Gilles de Personier Roberval, 1602—1675)等支持费马。

▲ 巴黎大学数学教授莫兰(1629—1656)批评笛卡儿的著作。他最初在莱顿做牧师,后改宗天主教,于 1618 年在通俗说教修会任神甫,研究天文学、占星术。

▲ 六月:沃埃特 (Gisbertus Voetius,1589—1676)这位阿尔明尼派牧师

在1638年多德雷赫特宗教会议上指责笛卡儿的学说为无神论，归结出若干论题来批判。

＊ 罗迪斯-勒维(Geneviève Rodis-Lewis)编有笛卡儿《致勒卢阿和雷马克函》(*Lettres a Regius et Remarques Sur L'explication De L'esprit humain*，巴黎，1959年，哲学所图书室藏)。

1640年·44岁

△ 在莱顿(1640.4—1641.4)，充分利用当地图书馆。

△《沉思集》完成，开始征求意见，首先向艾米利乌征集。

▲ 六月：勒卢阿介绍哈维血液循环论，弗特抓住这题目，在大学讲坛批判他背离传统学说。

△ 九月：在阿麦斯福特，五龄小女儿死。十月他的父亲和姐姐也相继去世。因为瓦、施事件(Waessenaer-Stampioen affair)未奔父丧。

△ 十一月：把《沉思集》稿连同第一组反驳和答辩一并寄给惠更斯征求意见，并请他转给麦尔塞纳。

第一组反驳是请在哈莱姆的友人巴纽斯(Bannius)和布勒马征求的；后来，安特卫普人、里昂神学博士、阿尔克马尔的牧师卡特卢(Caterus)写出反驳文字，笛尔卡立即写答辩。

△ 和多德雷赫特新教牧师柯尔维(Andreas Colvius，1594—1676)讨论奥古斯丁学说。

▲ 冬季：乌特勒支大学神学教授沃埃特写信给麦尔塞纳，抨击笛卡儿哲学。麦迅即将信连同自己给沃的复信寄给笛过目。

▲ 沃埃特劝说向他请教的乌特勒支女学者斯丘尔曼斯(Anne Marie Schurmans，1607—1678)一块儿反对笛卡儿哲学。

▲ 年底：霍布斯到法国避风，来到巴黎，见到麦尔塞纳，即收到麦出示笛的征求意见书稿，很快就写出反驳第一部分(笛于1月20日在莱顿收到)。

● 英国资产阶级革命(1640—1660)。

◀ 沉 思 集 ▶
40·41·42·47

1641年·45岁　　·征集意见·

▲ 麦尔塞纳忙于代笛卡儿向各方人士征集意见。

△ 春季：笛卡儿移居恩德吉斯特，开始构思《哲学原理》。后，完成于埃格蒙德。

▲ 五月：麦尔塞纳收到伽桑狄交来的又一组反驳。

△ 八月:拉丁文《第一哲学沉思集》(Medutationes / de Primâ / Philosophiâ / in quâ Dei exlstentla / et Animac immortatitas / demonstratus,《全集》7:1—90〔正文〕,91—447〔反驳和答辩〕,巴黎,1973 年,北京图书馆藏)* 得到国王特许,索邦神学院博士赞许,交索利 (Michael Soly)出版于巴黎。 〔甲〕

正文后,有六组反驳和答辩:第一组——神学家卡特鲁,第二组——若干神学家、哲学家,第三组——霍布斯,第四组——阿尔诺,第五组——伽桑狄,第六组——另外若干神学家、哲学家,作者对每组反驳都答辩。

△ 八月:德洛内(de Launay),这位伽桑狄的支持者针对笛卡儿的"答辩"(第五组)提出批评。笛卡儿上月即予以答复。本月,他把他们称为希巴斯比德(Hyperaspistes,急先锋,借用希腊文,以拉丁文拼写成的词),再做答复。

△ 把《沉思集》分赠各方人士:路易十三的掌玺大臣 (chancelier)塞吉埃(Pierre Séguier,1588—1672),拉弗莱什学院院长、耶稣会神甫诺埃尔(Père Noel)等,有的是直接寄赠,有的请麦尔塞纳代赠。

▲ 十二月:勒卢瓦发表小册子反击沃埃特无理扣他异端帽子,还想剥夺他教席,他为此声辩。这些情况,勒卢瓦都函告笛卡儿。

▲ 沃埃特任乌特勒支大学校长。

* 中译本:《沉思集》,关琪桐,商务印书馆;《对笛卡儿〈沉思〉的诘难》(伽桑狄——第五组反驳),庞景仁,商务印书馆,1963 年;《第一哲学沉思集》,434 页;庞景仁,商务印书馆,1986 年。

英译本:*Meditations on first philosophy,wherein are demonstrated the Existence of God and the Distinction of Soul from Body*,阿斯康贝等译,收于《笛卡儿哲学著作》61—124(正文),127—150(第三组反驳和答辩)。*The Meditations*,维也切译,收于《方法,沉思集和哲学》(*The Method,Meditations and Philosophy*,371 页,206—280〔正文〕,美国,1901 年,哲学所图书室藏);收于《沉思集和〈原理〉选》(*The Meditations and Selections from the Principles*,美国,1954 年,南开大学图书馆藏,1946 年,四川大学哲学系资料室藏)。

德译本:*Meditationes de prima philosophia*,*Maditationen über die Grundlagen der Philosophie*,拉德对照,166 页,布赫瑙译,1959 年,哲学所图书室藏;居特勒(C. Güttler)出版于慕尼黑(München),1901 年,上海图书馆藏。*Betrachtungen über die Grundlagen der Philosophie*,91 页,贝格纳 (Dieter Bergner)译,莱比锡雷克拉姆书店(Reclam),南开大学图书馆藏;收于《哲学文集》(*Philosophische Abhandlungen*,182 页,希尔施[Richard Hirsch]译,柏

林,1924年,武汉大学图书馆藏)87—178。

1624年·46岁 ·伽利略死·

△ 拉丁文《第一哲学沉思集》(*Meditationes de prima philosophia in quibus Dei exisentia et animae humanae a corpore distinctio demonstrantur*,《全集》7:451—561),增附第七组反驳(布尔丹[Pierre Bourdin,1595—1653,耶稣会士])和答辩,交埃尔策非出版于阿姆斯特丹。

△ 六月:在莱顿近郊,会见捷克教育家夸美纽斯(Johanne Komensky / Comenius,1592—1670),后者从英国取道荷兰赴瑞典*,其《泛智的先声》(*Conatuum comeniorum praeludia*,伦敦,1637年)笛卡儿承友人、莱顿市医生荷格兰德(Cornelis van Hogelande)惠予,早就读过,1638年8月专函向荷致谢,并顺便发表了对教育的见解。

△ 三月:接到当地政府交来的控诉状。幸赖法国大使蒂利埃(Thuillérie)请求奥伦治亲王干预调停,才缓和了双方矛盾,避免了激化。

△ 十月:知道波希米亚公主伊丽莎白(Elizabeth de Bohême,1618—1680)**陪伴其寡母伊丽莎白·斯图亚特(Elizabeth Stuart,1596—1662,1613年出嫁)流亡到海牙。

▲ 一月八日:伽利略不堪宗教裁判所折磨,双眼失明,郁郁而终。

▲ 英国物理学家牛顿诞生。牛顿的经典力学体系在英国迅速得到承认,可惜,这时,在法国科学机构占据要津的是笛卡儿派,当后来伏尔泰以自己通俗的文章把牛顿物理学介绍给法国学术界时,还是遇到了很大的阻力。在这方面,即使是牛顿用数学证明笛卡儿的旋涡的性质与观测不合这类明显的问题,法国方面也囿于民族和地域的观念在相当长时期,禁止牛顿学说的传播。笛卡儿的机械论物理学,其弱点在笛卡儿派身上成为阻挡外来进步学说的不光彩的挡箭牌。不过,在牛顿诞生之际,笛卡儿及其学派尚处于开拓、发展的阶段,上述一切尚属后来的事。

● 十二月:黎塞留死。

* 他们在近郊小城恩德吉斯特(又译:安德惹斯特)会见。见〔苏〕克腊斯诺夫斯基(Красновскии)著、杨岂深等译《夸美纽斯的生平和教育学说》(374页)54、58,人民教育出版社,1957年。

** 伊是腓特烈五世十三个子女中,四个女儿里居长者,生于海德堡。她的小妹艾菲(Sophia,1630—1714)即汉诺威选帝侯夫人,在汉诺威侯爵府邀请莱布尼茨去教育自己女儿苏菲·夏洛特(Sophie Charlotte,1668—1705)。

1643 年·47 岁　　·与弗特交锋·

△ 在恩德吉斯特是笛卡儿在荷兰时期，居处最稳定，生活最舒适，安排最妥善，工作最多，交游较广的一段时期。他有自己的马车，皮可神甫来住颇长一段时间，两人常驾车出游；勒卢瓦夫妇和女儿三人也很受欢迎。

△ 据说有一位乡下鞋匠雷布兰次(Dirck 或 Theodore Rembrantsz)，两度来访，皆为仆人所拒，斥为乞丐。

笛得知是来求见，乃约见并待之以礼。雷以后从事天文学研究，著书介绍笛的旋涡论。

▲ 三月：格罗宁根的教授、弗特的弟子同时又成为其工具的斯古克(Martin Schoock / 拉丁文：Schookius)出版《笛卡儿哲学》(Philosophia Cartesiana, siva admiranda methodus novae philosophiae Renati Descartes)于乌特勒支。在序言中抨击笛卡儿给笛诺神甫的信，正文更及于整个笛卡儿哲学。全书实际上是在弗特指导下写成的。

△ 五月：移居阿尔克玛(Alkmaar)附近的埃格蒙德(Egmond op de Hoef / E. Van Hoef)，约一年。

△ 伊丽莎白公主一家的遭遇，她个人心境的抑郁，使她读过《方法谈》《沉思集》后，开始向笛卡儿请教心灵和肉体交通问题，信件往还一直持续到笛去世。

△ 拉丁文《笛卡儿致弗特函》(*Epistola Renati Des-Cartes Ad Celeber—rimum Virum D. Gisbertum Voetium / Lettre de René Descartes à Gisbert Voet*,《全集》8〔下卷〕3—194，哲学所图书室藏)。

斯古克的书稿在工厂排印，笛卡儿就辗转收到校样，并立即着手写批驳文字，即此函。写毕又通过关系，呈交乌特勒支市长。

△ 有人来访，要看看他的藏书，他领人到厨房，看他就要宰剖的动物尸体*。

△ 十一月：《致海牙国家顾问威廉函》(*Letter to the counsellor of state, William, in The Hague*)解释笔仗详细情形，请求干预**。

● 五月：路易十三死，他的儿子路易十四(Louis XIV, Le Grand, 1638—1715)登基，在母后奥地利的安娜(Anne d'Autriche, 1601—1666)主持下，由马萨林(Mazarin, 1602—1661)任宰相，实际管理国家。

* 据说，这位来访者就是索比埃。故事是索的友人传出的。另一方面，笛的论敌则编造了许多稀奇古怪骇人听闻的故事，有说他制造了个自动机女娃娃，证明禽兽是机器，无灵魂。他把这自动机装进箱子，带上船。船长好

奇,打开箱子,娃娃得到生气,立即被视为精灵扔出去了。

** 收于《笛卡儿未刊著作集》(*Œuvres inédites de Descartes*,两卷,1859—1860 年,巴黎,福歇[Foucher de Careil]编)第二卷。

◀回 国 三 次▶

44·47·48

1644 年·48 岁　　·第一次回国·

△ 拉丁文《哲学楷模,即谈方法》(*Specimina / Philosophiae:/ sev / Disser-tatio / de / Methodo / Recte regendae rationis & veritatis in scientiis / investigandae:/ Dioptrice* / et / Meteora;1677 年,埃尔策非出版,与《哲学原理》合订,上海图书馆藏;《全集》6:540—583,584—650,651—720,1970 年,北京图书馆藏)交埃尔策非出版于阿姆斯特丹。

本书正文和两个附录由友人、流亡于荷兰的法国新教徒神学家德库塞尔(Étienne De Courcelles) 据法文译出,经作者审订。

△ 五月:回国一行。离埃格蒙德,去莱顿、海牙,绕道阿姆斯特丹南下。

△ 会见多德雷赫特的贝弗尔罗维(Beverovicius),后者正准备出版笛卡儿的著作和书信(包括谈论血液循环学说者)。

△ 七月:拉丁文《哲学原理》(*Renati Descartes Principia Philosophiae*;222 页,埃尔策非出版,1677 年,上海图书馆藏;《全集》8:1—329,哲学所图书室藏)* 交埃尔策非出版于阿姆斯特丹。作者把本书献给伊丽莎白公主。

△ 十月:在巴黎,见到皮可神甫等。

△ 夏季:结识克莱尔色列 (Claude Clerselier,1614—1684),这位哲学爱好者又介绍自己的姊丈夏纽(Pierre Chanut,1601—1662)** 给笛卡儿。

△ 会见英国作家、外交家迪格比(Sir Kenehm Digby,1603—1665)。迪不久前发表《论躯体》(*Of Bodies*)和《论人的灵魂的不灭》(*Of the Immortality of Man's Soul*),遭忌当道,避居巴黎。

▲ 伽桑狄针对笛卡儿所作著文批评。

△ 一位友人为他画像***。

* 中译本:哲学原理,62 页,关文运,商务印书馆,1959 年。

英译本:*Principles of Philosophy, illustrating Descartes's Use of certain Terms and his Principles in Physics*,阿斯康贝等摘译,183—238;维也切摘译,283—361;米勒 (Miller)译注,325 页,波士顿,1983 年,南开大学图书馆藏。

德译本:*Die Prinzipien der Philosophie*, 248 页, 布赫瑙 (Artur

Buchenau)译，柏林，1965 年，科学院图书馆藏。

日译本：哲学原理，180 页，桂寿一识，岩波书店，1964 年，北京图书馆藏。

** 又作：夏努，笛卡儿的女婿。见《费尔巴哈哲学史著作选》1:340，商务印书馆，1978 年。

*** 见肖瓦（Dr. L. Chauvois）编《笛卡儿的方法及其在生理学上的谬误》(*Descartes sa méthode et ses erreurs en physiologie*，154 页，巴黎，1966 年，京藏）内封画页。

1645 年·四十九岁　　·写《激情论》·

△ 开始写《激情论》(Traité des passions de l'âme)*

▲ 麦尔塞纳本年大部分时间不在法国。

▲ 秋季：夏纽外放，出任法国驻瑞典大使。

△ 十月：复函卡文迪什(William Cavendish Marquess of Newcastle，后来的第一代纽卡斯特伯爵，1592—1676)说明《论动物》一稿因实验材料不足，十五年来一直未续写。

▲ 夏纽向瑞典女王、年轻好学的克里斯蒂娜介绍笛卡儿的《沉思集》。

● 马萨林想帮助瑞典摆脱与丹麦的战争(1643—1645)，以便利用瑞典之想在波罗的海称霸，极力拉拢瑞典全力投入欧洲当时反对哈布斯堡王朝的战争。

瑞典国王阿尔道夫二世(Gustavus Adolphus Ⅱ，1594—1632，1611—1632 在位)晚年积极参与三十年战争，支持德意志新教诸侯反抗天主教联盟军。国王去世后，他的女儿克里斯蒂娜(Alexandra Christina，1626—1689，1632—1654 在位)由大臣奥克森斯提纳(Oxenstierna)辅佐，冲龄践阼，成年后逐渐亲政。

* 春天，他得知伊丽莎白公主患慢性热干咳(a slow fever and a dry cough)，就指出通常慢性热起于心情忧伤，告之以诊治的办法莫过于理智控制感情。公主复信承认自己极度沮丧，除了迪格比的著作，哲学书是什么也读不下去，医生劝她到温泉疗养。笛于是写此文更进一步阐述具体指导。

法文本：*Les passions de l'ame*，242 页，罗迪斯-勒维[Geneviève Rodis-Lewis)撰导言](5—39)注释，序(41—63)，正文(65—218，三部分 212 则)附录(219—222)巴黎，1970 年，哲学所图书室藏。

德译本：*Über die Leidenschaften der Seele*，150 页，布赫瑙译注，序、正文(1—110)，注(111—112)目录(113—120)索引(121—149)莱比锡，1911 年，哲学所图书室藏。

俄文本：Страсти душш(212 节)，收于《笛卡儿著作选集》593—700，哲学所图书室藏。

1646 年·50 岁

△ 秋季：收到伊丽莎白公主惠赠意大利政治思想家马克威里的《君主论》。

△ 寄《沉思集》给侄女卡特琳·笛卡儿（Catherine Descartes，生于 1637 年）。这是他哥哥比埃尔的小女儿，她的三位姊姊是：安娜(1625 年生)，弗朗索瓦兹（Françoise，1629 年生)，玛丽·马德尔安（Marie-Magdeleine，1634 年生)。

▲ 德国数学家莱布尼茨诞生。"莱布尼茨是看出笛卡儿的运动量度和落度定律相矛盾的第一人。另一方面，不能否认笛卡儿的运动量度在许多情况下是正确的。笛卡儿派竭力反对，于是展开了一场著名的延续了许多年的争论……"(恩格斯《自然辩证法》。《马恩全集》20：426—427)。

● 传说法王有意赠与笛卡儿年金，大约三千法郎。

● 伊丽莎白的弟弟腓力（Philip)于六月杀死法国贵族德比内（Marquis d'Épinay)。伊离开海牙，先移居柏林，后住海德堡，中间一度短期到英国居住。晚年，遭海德堡的路德维希(Charles Louis)驱逐，到威斯特法里亚的赫福德(Herforde)，任路德派女修道院长(1677 年)而告终。

● 布雷达大学开办。

1647 年·51 岁　　·第二次回国·

△ 二月：答复夏纽提出的克里斯蒂娜所问关于爱，包括对上帝的爱、爱和憎、情绪控制等问题。

△《哲学原理》由皮可神甫译为法文（Les principes de la philosophie)，以作者写给译者的信代序出版。

△《沉思集》由吕伊纳公爵(Duc de Luynes)* 译为法文，经作者审订后出版。

▲ 五月：莱顿神学院领导宣布要公开辩论问题，以便把笛卡儿学说打成无神论异端。笛卡儿致函院领导剖白自己。

△ 夏秋季：和皮可神甫结伴回国。六月从海牙出发，七月去布列塔尼。

△ 在巴黎，探望病中的青年帕斯卡尔，两位忘年交，晤谈十分相得**。

△ 和伽桑狄言归于好。

△ 秋季：回到埃格蒙德。

△ 开始写法文《凭自然之光，探寻真理》(*La Recherche de la Vérité par*

la lumière naturelle,《全集》10:495—514〔法文〕,514—527〔拉丁文〕)。

△ 年底:收到两本匿名小册子,一本是勒卢阿的《对于人心或理性灵魂的解释:人心是什么,人心会成为什么》(*An Explanation of the Human Mind or Rational Soul: What it is and What it maybe*)出版于比利时。

▲ 克里斯蒂娜收到夏纽交来的《激情论》。

▲ 克里斯蒂娜请弗赖恩沙姆(Johannes Freinsheimius)讲解笛卡儿著作。弗是德国语言学家,应先王之聘来瑞典工作,在埃尔姆 (Elm),后任王室图书馆馆长。

▲ 十二月:伊丽莎白建议笛卡儿撰写教育著作。

* 又作:德吕纳,见庞景仁译《第一哲学沉思集》430;吕伊奈,见何兆武译《思想录》,507。

** 笛和老帕斯卡尔(Étienne Pascal,1588—1651)是老相识。数学史上的"帕斯卡尔蜗线(Iimaçon de Pascal)"即指这位 E. P.《苏联百科词典》(中国大百科全书出版社,1986)1007 作:B. P. ,误。

1648 年 · 52 岁　　· 第三次回国 ·

△ 在埃格蒙德,二十岁的比尔芒 (Francis Burman)来访。比尔芒所记谈话笔记今存格丁根*。

▲ 传说法王再度表示要赠与年金,条件是笛卡儿留居国内。

△ 五月:回国一行,见到伽桑狄、霍布斯、阿尔诺。

△ 六月:收到匿名诘难信(疑为阿尔诺所投寄),内容与第四组反驳相关,当即答复。

△ 会见麦尔塞纳,这位老朋友已病势严重。终于,在笛卡儿返荷不久,麦尔塞纳就去世(九月)。

麦是笛的挚友。笛长年身居异邦而得与祖国始终保持持续而又广泛且密切的联系,与国内各地友人,科学、宗教、文化各界人士通信,主要得力于麦的介绍、中转,使他无须自己直接跟他们逐个联系,这样,麦的遗物里有许多笛信。

这份遗物,由麦的友人、反对笛的数学家罗贝维清理过,后转到拉伊格(La Hixe)手,拉后来送交科学院保存。再往后,巴伊叶要写传记,教士勒 · 格朗 (the abbé,J. B. Le Grand)打算编全集,巴格两人都向科学院借阅过。最后,全集没编出,落入格手的信于格死(1704 年)后遗失。幸存者仅是部分经过誊抄保存的,收入于 1701 年的《遗著集》(*Opera posthuma*),以及克莱尔色列搜集到的一些。

尽管如此,今存七百封来往书信,笛麦书信数量仍是最多的,仅以肯尼《哲学书信集》而论,101 封中就有 42 封是笛给麦的。

△ 十二月:收到女王感谢信,感谢他以长信阐明至善。

△ 请克莱尔色列担任在巴黎的主要通信人、中转者。

● 威斯特法里亚两和约签字,一在奥斯纳布鲁克,一在孟德斯,三十年战争结束。

● 法国福隆德党运动爆发。

* 法文本:*Entretien Avec Burman*,亚当译注,144 页,巴黎,1975 年(第二版),哲学所图书室藏;英文本:*Descartes' Conversation with Burman*,柯丁汉(John Cottingham)译注,120 页,牛津,1976 年,北京图书馆、上海图书馆均藏。

1649————〔五〕

·‖瑞典|讲学‖·

————1650

1649 年·53 岁

△ 二月:收到巴黎转来克里斯蒂娜的信要求解释《哲学原理》《沉思集》。女王请图书馆馆长弗赖恩沙姆讲解,得不到清楚的解释,遂转而提出此要求。

▲ 春季:夏纽经荷兰回国述职,受女王之托,与笛卡儿相约于返任途上同行,以便笛前往瑞典讲学。

△ 笛卡儿忙于出版法文《激情论》。

▲《几何》由莱顿大学教授小凡·斯古顿译为拉丁文,并由德博纳注解,出版于阿姆斯特丹。

△ 收到英国剑桥大学柏拉图派哲学家摩尔(Henry More,1614—1687)来信(二月),对于笛卡儿反对霍布斯唯物论,表示赞赏,但不同意《原理》第二章所阐述的宇宙论观点,笛卡儿详尽答复。

△ 荷兰肖像画家哈尔斯(Frans Hals,1580—1666)为笛卡儿画右侧面半身油画像。今存巴黎克利谢艺术馆(Cliché Musées Nationaux)*。

△ 九月:应克里斯蒂娜之邀,怅怅然离开久居的流亡地,从埃格蒙德(8 月 31 日)搭瑞典海军专轮前往,十月抵斯德哥尔摩**。夏纽尚未返任。

△ 十一月:从此,每周上三次课(?)。清晨五点就须冒北欧的严寒从大使馆前往女王书房讲课。他多年早读晏起的习惯从此打破,开始影响健康。

△ 十二月:为《和平的诞生》(*La naissance de la paix*)这部庆祝威斯特法里亚和约带来和平的芭蕾舞剧写法文诗。不久,由杨森纽(Jean Janssonius)

出版于斯德哥尔摩。

* 据1691年某书说，哈氏应布卢马尔特之请，于1628年作此画，1650年画家萨霍夫刻为雕版。哈氏原作已失，今存萨氏版刻。

1937年六月，法国发行一枚邮票，纪念《方法谈》出版三百周年，作者左侧头像居中，左上角为书，书名却误为 *Discouis sur methode*。

随即又发行一枚改正书名为…de la…，以纠正错票。见斯科特《1985年标准邮票目录》(Scott，1985 *Standard Postage Stamp Catalogue*，四卷本，美国，〔北京〕集邮出版社资料室藏)2(1093页)：979。

又，哈氏所画像，见《简明不列颠百科全书》2：573。

我国画家徐悲鸿留法习艺，在比利时临过一幅笛像后流落民间，为美学家宗白华发现，购赠画家，不知所临原作出自谁手，参看吉林《社会科学战线》1982年。

** 从本月至逝世，不及四个月。有的说"到斯德哥尔摩居住，一年之后便逝世了"(见李怡《社会科学名著浅介》〔124页〕58，香港天地图书有限公司，1980年)。

1650年· 54岁

△ 一月：《激情论》出版于阿姆斯特丹。

△ 二月初：为瑞典政府草拟科学院章程。

△ 二月十一日*：染肺炎，一病不起，葬于斯德哥尔摩。

先是夏纽旅途劳顿，一身病躯返任，笛卡儿殷勤为之照料。等到把夏纽护理痊愈了，他自己也病倒了**。灵床前，瓦拉尔(Valari)套下面模。

1666年，友人达利贝尔(d'Alibert)趁法国官员访瑞之机，提出迁葬要求。埋骨异邦的笛卡儿，骸骨这才得以运回祖国，改葬于巴黎圣日内维尔-杜蒙(St. Genaviève-du-Mont)，并于1819年迁入圣日耳曼教堂(St. Gemain des Prés)，即今先贤祠。

1667年改葬时，本定举行隆重安葬典礼。谁料，宫廷屈从于教会，突然取消原定葬礼上由巴黎大学校长宣读的悼词，原设计雄伟肃穆的墓园更无从谈起。

遗物、遗稿，克莱尔色列于1635年从瑞典运回国。不幸，船驶入内河时失事，小有损失。此后，克陆续清理出版笛卡儿著作和来往书信。

● 1663年，罗马教廷把笛卡儿著作列入《禁书目录》。

* 又作：1650.1.11，见《简明不列颠百科全书》2：573。

** 女王有两位御医，法国人、笛卡儿友人里埃（du Ryer）和荷兰人凡·维勒（Van Weulles），后者据说其友人是笛卡儿在乌特勒支的论敌。

笛病倒时，恰好前者不在，女王派后者来诊治。维要放血，笛坚拒道：你别打算放一滴法国人的血。结果，笛自己采用土法治疗，温酒泡烟叶喝。

凡·维勒，一说是德国人，见伊顿编《笛卡儿选集》（Ralph M. Eaton, Selections，64 开，403 页，芝加哥，1927 年，哲学所图书室藏）导言，第 20 页。武斌译、车铭洲校《伟大哲学家的生活传记》（托玛斯[Henry Thomas and Dana Lee Thomas]等著，*Living Biographies of Great Philosophers*，油印本，312 页，沈阳，1982 年）110，此书包括 21 位哲学家生平。

科学元典丛书

1	天体运行论	[波兰] 哥白尼
2	关于托勒密和哥白尼两大世界体系的对话	[意] 伽利略
3	心血运动论	[英] 威廉·哈维
4	薛定谔讲演录	[奥地利] 薛定谔
5	自然哲学之数学原理	[英] 牛顿
6	牛顿光学	[英] 牛顿
7	惠更斯光论（附《惠更斯评传》）	[荷兰] 惠更斯
8	怀疑的化学家	[英] 波义耳
9	化学哲学新体系	[英] 道尔顿
10	控制论	[美] 维纳
11	海陆的起源	[德] 魏格纳
12	物种起源（增订版）	[英] 达尔文
13	热的解析理论	[法] 傅立叶
14	化学基础论	[法] 拉瓦锡
15	笛卡儿几何	[法] 笛卡儿
16	狭义与广义相对论浅说	[美] 爱因斯坦
17	人类在自然界的位置（全译本）	[英] 赫胥黎
18	基因论	[美] 摩尔根
19	进化论与伦理学(全译本)(附《天演论》)	[英] 赫胥黎
20	从存在到演化	[比利时] 普里戈金
21	地质学原理	[英] 莱伊尔
22	人类的由来及性选择	[英] 达尔文
23	希尔伯特几何基础	[德] 希尔伯特
24	人类和动物的表情	[英] 达尔文
25	条件反射：动物高级神经活动	[俄] 巴甫洛夫
26	电磁通论	[英] 麦克斯韦
27	居里夫人文选	[法] 玛丽·居里
28	计算机与人脑	[美] 冯·诺伊曼
29	人有人的用处——控制论与社会	[美] 维纳
30	李比希文选	[德] 李比希
31	世界的和谐	[德] 开普勒
32	遗传学经典文选	[奥地利] 孟德尔 等
33	德布罗意文选	[法] 德布罗意
34	行为主义	[美] 华生
35	人类与动物心理学讲义	[德] 冯特
36	心理学原理	[美] 詹姆斯
37	大脑两半球机能讲义	[俄] 巴甫洛夫
38	相对论的意义：爱因斯坦在普林斯顿大学的演讲	[美] 爱因斯坦
39	关于两门新科学的对谈	[意] 伽利略
40	玻尔讲演录	[丹麦] 玻尔

41 动物和植物在家养下的变异　　[英] 达尔文
42 攀援植物的运动和习性　　[英] 达尔文
43 食虫植物　　[英] 达尔文
44 宇宙发展史概论　　[德] 康德
45 兰科植物的受精　　[英] 达尔文
46 星云世界　　[美] 哈勃
47 费米讲演录　　[美] 费米
48 宇宙体系　　[英] 牛顿
49 对称　　[德] 外尔
50 植物的运动本领　　[英] 达尔文
51 博弈论与经济行为（60 周年纪念版）　　[美] 冯·诺伊曼 摩根斯坦
52 生命是什么（附《我的世界观》）　　[奥地利] 薛定谔
53 同种植物的不同花型　　[英] 达尔文
54 生命的奇迹　　[德] 海克尔
55 阿基米德经典著作集　　[古希腊] 阿基米德
56 性心理学　　[英] 霭理士
57 宇宙之谜　　[德] 海克尔
58 植物界异花和自花受精的效果　　〔英〕达尔文
圆锥曲线论　　[古希腊] 阿波罗尼奥斯
化学键的本质　　[美] 鲍林
九章算术（白话译讲）　　〔汉〕张苍 耿寿昌

科学元典丛书（彩图珍藏版）

自然哲学之数学原理（彩图珍藏版）　　[英] 牛顿
物种起源（彩图珍藏版）（附《进化论的十大猜想》）　　[英] 达尔文
狭义与广义相对论浅说（彩图珍藏版）　　[美] 爱因斯坦
关于两门新科学的对话（彩图珍藏版）　　[意] 伽利略

科学元典丛书（学生版）

1 天体运行论（学生版）　　[波兰] 哥白尼
2 关于两门新科学的对话（学生版）　　[意] 伽利略
3 笛卡儿几何（学生版）　　[法] 笛卡儿
4 自然哲学之数学原理（学生版）　　[英] 牛顿
5 化学基础论（学生版）　　[法] 拉瓦锡
6 物种起源（学生版）　　[英] 达尔文
7 基因论（学生版）　　[美] 摩尔根
8 居里夫人文选（学生版）　　[法] 玛丽·居里
9 狭义与广义相对论浅说（学生版）　　[美] 爱因斯坦
10 海陆的起源（学生版）　　[德] 魏格纳
11 生命是什么（学生版）　　[奥地利] 薛定谔
12 化学键的本质（学生版）　　[美] 鲍林
13 计算机与人脑（学生版）　　[美] 冯·诺伊曼
14 从存在到演化（学生版）　　[比利时] 普里戈金
15 九章算术（学生版）　　〔汉〕张苍 耿寿昌